BIM工程师职业技能培训辅导用书 **全新版**

零·基·础·学BIM

Revit建模实战教程

（土建篇）

◎ 小筑教育BIM研究院 组编

中国商业出版社

图书在版编目(CIP)数据

零基础学 BIM·Revit 建模实战教程. 土建篇/小筑教育 BIM 研究院组编 .—北京 : 中国商业出版社，2021.6

BIM 工程师职业技能培训辅导用书

ISBN 978－7－5208－1647－2

Ⅰ.①零… Ⅱ.①小… Ⅲ.①土木工程－建筑设计－计算机辅助设计－应用软件－技术培训－教材Ⅳ.①TU201.4

中国版本图书馆 CIP 数据核字(2021)第 102126 号

责任编辑:管明林

中国商业出版社出版发行

010－63180647　www.c-cbook.com

(100053　北京广安门内报国寺 1 号)

新华书店经销

三河市中晟雅豪印务有限公司印刷

★

787 毫米×1092 毫米　16 开　23.75 印张　560 千字

2021 年 6 月第 1 版　　2021 年 6 月第 1 次印刷

定价:88.00 元

(随书附赠《Revit 土建建模常见问题 80 问》)

★　★　★

(如有印装质量问题可更换)

BIM 工程师职业技能培训辅导用书
零基础学 BIM·Revit 建模实战教程(土建篇)

编 委 会

主　　编　傅玉瑞

副 主 编　黄世斌　梁奉鲁　吕　品　付庆学

序 言

▶ BIM 这么火，为什么会的人这么少？

BIM 近几年可谓是娇宠儿，国家政策不断出台，行业协会积极倡导，企业努力推广。大家都知道了 BIM，但会 BIM 技术的小伙伴还是凤毛麟角，据不完全统计，目前国内从事 BIM 技术工作的不到 10 万人，而建筑行业从业人员有 5000 万之多，行业急缺 BIM 人才，已经成了掣肘企业数字化创新发展的瓶颈。

BIM 热度和实际应用差距这么大，小筑认为主要有以下 3 个原因：

【应用环境】BIM 应用在大型央企和重点工程中较多，很多中小企业应用较少，应用少并不是它没有价值，而是企业管理层"看不懂、学不会、不会管"认知盲区的映射。纵观企业内一声不响，横看企业间已遍地开花，领导重视程度和 BIM 应用环境，决定了企业间 BIM 应用水平与深度的差异，也影响了企业个人的 BIM 认知与应用水平。

【心理障碍】BIM 三维新技术相对二维 CAD，复杂度高一些，打破旧思维是一件痛苦的事，很多人认为原来没有 BIM 也一样干活，得过且过的心态比较重。

【学习难度】BIM 软件较多，学习与应用难度比 CAD 要大一些，身边能够给予学习指导的人少，很多人一时学不会就选择放弃，学习能力和学习氛围限制了 BIM 人才的培养。

▶ 如何让 BIM 学习更简单？

不知上面有没有说痛你，BIM 技术是发展趋势，而快速入门是急需技能，此时简单学习应该是一道必须要跨过的槛。我想，此时小筑应该会发挥一些作用。

≫ 5 位老师，历时 90 天，20 版修订，用心写一本书

小筑专家团队在写此书时，结合自身经验，查阅了很多资料，从 BIM 理念、实操技能和专业技能，从学习逻辑到教学方法，均作了深入研究，旨在让内容更贴近

实际工程场景，不仅知其然还要知其所以然，不仅帮助学生学习 BIM 技能还要了解专业知识，从零高效培养 BIM 工程师。

≫30 天目标学习，步步引导

全书定为 30 天学习目标，每日学习内容与作业均做了明确安排，学练结合；

书中每个构件操作均做了学习目标和效果图展示，目标明确，学习动力强；

实操过程所有命令步步引导，图文结合，内容翔实，想错都难。

≫真实图纸，拓展演练

本书使用真实工程图纸操作教学，注重理论和实战同步学习，一套案例穿插完整教学过程，学完本书，即拥有一份 BIM 土建建模实操工作经验。

▶每日建模直播和专业答疑

小筑针对零基础学员特别安排了每日 19：30～20：30 建模直播，以案例方式多维度、更立体地帮助大家快速掌握 BIM 建模技能，同时在学习过程中遇到专业问题可以在群内询问助教老师。

扫描下方二维码，添加助教老师进入"BIM 直播答疑学习交流群"吧！

目　录

第一章　BIM 基础认知 ··· 2

　　第一节　什么是 BIM ··· 2

　　第二节　BIM 在工程各模块的价值体现 ································· 6

　　第三节　从国内外 BIM 发展看个人职业规划 ························· 11

　　第四节　BIM 软件推荐及学习建议 ····································· 16

第二章　前期准备 ··· 20

　　第一节　电脑配置推荐 ··· 20

　　第二节　Revit 建模原理与建模标准 ··································· 21

　　第三节　Revit 软件常用术语介绍 ····································· 27

　　第四节　Revit 软件界面功能介绍 ····································· 29

　　第五节　Revit 软件常用操作命令 ····································· 31

第三章　建模基础 ··· 39

　　第一节　项目文件的创建 ··· 39

　　第二节　标高的创建 ··· 42

　　第三节　轴网的创建 ··· 49

第四章　结构建模 ··· 59

　　第一节　基础的创建 ··· 59

　　第二节　柱的创建 ··· 75

　　第三节　梁的创建 ··· 90

　　第四节　板的创建 ··· 100

　　第五节　楼梯的创建 ··· 110

　　第六节　钢筋的创建 ··· 124

第五章　建筑建模 ··· 145

　第一节　墙体的创建 ··· 145

　第二节　屋顶的创建 ··· 158

　第三节　门窗及幕墙的创建 ··· 165

　第四节　室内外装修的创建 ··· 183

　第五节　台阶的创建 ··· 198

　第六节　坡道（含栏杆）与散水的创建 ··························· 202

第六章　土建族的应用介绍 ·· 214

　第一节　族的认识 ··· 215

　第二节　族的样式创建 ·· 215

　第三节　族的参数创建 ·· 247

　第四节　族的案例应用 ·· 258

第七章　项目样板设置 ··· 280

　第一节　项目组织设置 ·· 282

　第二节　样式设置 ··· 288

　第三节　族设置 ··· 297

　第四节　视图与图纸设置 ··· 301

　第五节　常用注释设置 ·· 309

第八章　模型应用 ··· 316

　第一节　图纸审核 ··· 316

　第二节　渲染设置 ··· 320

　第三节　漫游设置 ··· 329

　第四节　场地布置 ··· 336

　第五节　明细表设置 ··· 345

　第六节　图纸设置 ··· 352

　第七节　格式互导 ··· 361

附录 ··· 369

学习内容安排

天数	任务内容	任务目标	是否完成
·第一天	第一章	了解BIM 了解BIM发展方向	☐
·第二天	第二章第一~二节	选好电脑配置 了解单人做项目和团队做项目的区别 熟悉软件常用术语	☐
·第三天	第二章第三~五节	熟悉软件界面功能 掌握软件修改操作和原理	☐
·第四天	第三章第一~二节	熟悉项目创建方式 了解项目文件保存方式 掌握标高创建与编辑方式	☐
·第五天	第三章第三节	掌握轴网创建与编辑方式	☐
·第六天	第四章第一节	掌握独立基础的布置方式 熟悉板基础的绘制方式	☐
·第七天	第四章第二节	掌握框架柱的放置与编辑方式 了解梯柱、构造柱等与框架柱的放置区别	☐
·第八天	第四章第三节	掌握框架梁的绘制与编辑方式 了解梯梁、圈梁等与框架梁的绘制区别	☐
·第九天	第四章第四节	掌握楼板、屋顶板的绘制与创建方式	☐
·第十天	第四章第五节	掌握混凝土直梯的绘制方式 了解混凝土梯建筑面的补充方式	☐
·第十一天	第四章第六节	掌握给梁、柱布置钢筋的能力	☐
·第十二天	第四章第六节	掌握给墙、板布置钢筋的能力	☐
·第十三天	第四章第六节	掌握给楼梯布置钢筋的能力	☐
·第十四天	第五章第一节	掌握核心墙体的绘制方式 了解地上墙体和地下墙体的区别	☐
·第十五天	第五章第二节	掌握建筑屋顶的创建方式 掌握使用子图元为屋顶起坡的方式 了解建筑屋顶默认的边线起坡方式	☐

天数	任务内容	任务目标	是否完成
• 第十六天	第五章第三节	掌握默认命令布置门窗的方式 掌握幕墙布置门窗的技巧 掌握幕墙的绘制和编辑方式	☐
• 第十七天	第五章第四节	掌握建筑楼板、建筑墙面的对楼内外装饰装修的补充技巧	☐
• 第十八天	第五章第五～六节	掌握楼板附属构件创建台阶的方式 掌握以楼板创建散水和坡道的方式	☐
• 第十九天	第六章第一～二节	熟悉族的基本分类 了解族与族的区别 掌握族二维轮廓、二维注释的创建方式	☐
• 第二十天	第六章第一～二节	掌握族三维形状的创建方式	☐
• 第二十一天	第六章第三节	掌握族常见参数的创建方式 了解参数公式的运用	☐
• 第二十二天	第六章第四节	掌握三维族在实际创建中的运用	☐
• 第二十三天	第六章第四节	掌握二维族在实际创建中的运用	☐
• 第二十四天	第七章第一～三节	熟悉项目信息的设置 熟悉线样式、构件填充图案等图形显示设置	☐
• 第二十五天	第七章第四～五节	了解项目浏览器组织的组织方式 掌握视图和图纸相关设置 熟悉常用的注释功能设置	☐
• 第二十六天	第八章第一～二节	了解图纸报告的制作思路 了解软件碰撞功能的运行方式	☐
• 第二十七天	第八章第三节	了解软件漫游的制作方式	☐
• 第二十八天	第八章第四节	掌握软件场布技巧的使用	☐
• 第二十九天	第八章第五～六节	熟悉图纸的创建方式 熟悉明细表的创建方式	☐
• 第三十天	第八章第七节	了解软件与多个格式互导的情况与方式	☐

扫码获取作业解析

第一天

在一切与天俱来的天然赠品中，时间最为宝贵。

今日作业

回答以下问题，作为今天学习效果的检验。

1. BIM 是什么？

2. BIM 的初衷是要解决什么问题？

3. IFC 是什么？

4. BIM 能力公式是什么？

第一章　BIM 基础认知

📚 **思维导图**

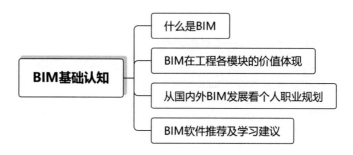

第一节　什么是 BIM

一、BIM 产生的背景

1973 年，全球爆发第一次石油危机，西方经济遭受了巨大打击，由于石油资源的短缺和提价，美国全行业均在考虑节能增效的问题。

1975 年，"BIM 之父"美国乔治亚理工大学的 Chuck Eastman 教授提出了"Building Description System（建筑描述系统）"，以便实现建筑工程的可视化和量化分析，提高工程建设效率（第一次提出 BIM 理念）。

1999 年，Eastman 将"建筑描述系统"发展为"建筑产品模型"（Building Product Model），认为建筑产品模型在概念、设计、施工到拆除的建筑全生命周期，均可提供丰富、整合的信息。

2002 年，Autodesk 公司收购三维建模软件公司 Revit Technology，首次将 Building Information Modeling 的首字母连起来使用，才有了今天众所周知的"BIM"（第一次提出 BIM 概念）。

> 💡 **小筑观点**
>
> 从 BIM 的理念产生和发展背景来看，BIM 最早是为了解决工程效率问题。

二、关于 BIM 概念的解读

BIM 没有官方定义，业界对 BIM 虽然有很多说法，但相对片面，缺少系统认识。以下是从国内权威标准文件中摘取的两种定义：

"在建设工程及设施全生命周期内，对其物理和功能特性进行数字化表达，并依此设计、施工、运营的过程和结果的总称。简称模型。"

——摘录于《建筑信息模型应用统一标准》

"建筑信息模型（BIM）是指在建设工程及设施的规划、设计、施工以及运营维护阶段全寿命周期创建和管理建筑信息的过程，全过程应用三维、实时、动态的模型涵盖了几何信息、空间信息、地理信息、各种建筑组件的性质信息及工料信息。"

——摘录于《建筑信息模型（BIM）职业技能等级标准》

从行业 BIM 应用和技能提升维度，小筑对 BIM 概念作了重新解读，特别是针对"M"字母的解读。

B（Building 首字母），这里的"建筑"不是狭义理解的一栋房子，而是一个概括词。可以是建筑的一部分，可以是一栋房子，也可以是建筑、市政等工程。

I（Information 首字母），分为几何信息和非几何信息。几何信息是建筑物里可测量的信息，非几何信息包括时间、空间、物理、造价等非可测量的相关信息。

M（Modeling 首字母），基于各类 BIM 软件，从不同应用阶段划分了以下三个维度：

（1）模型（Model）：建筑设施物理和功能特性的三维数字表达。

（2）模型化（Modeling）：在三维模型的基础上，动态应用模型帮助设计、施工、造价、运维等阶段提升工作效率，降低成本。

（3）管理（Management）：在模型化的基础上，多维度（质量、进度、成本等）、多参与方（工程参与单位）的协同管理。

> 💡 小筑观点
>
> BIM 不是一种软件，也不仅是为了建模，BIM 是一个共享的知识资源，实现建筑全生命周期信息共享，是一种应用于设计、建造、运营的数字化管理方法和协同工作过程，BIM 是一种信息化技术，它的应用需要信息化软件支撑。

三、BIM 有什么特点

（一）可视化

【痛点场景】

老师给小健一份施工图纸，各个构件的信息在图纸上采用线条绘制表达，其真正的构造形式需要自行想象，如图 1-1-1 所示。

图纸太专业，看不懂
构造太复杂，想象不出来

图 1-1-1　识图困难

【BIM 作用】

BIM 应用软件能够将以往的线条式的构件形成一种三维的立体实物图形展示在人们面前，不仅建筑外观可以三维可视化，建筑内部构造同样可以很清晰地展现出来，如图 1-1-2、图 1-1-3 所示。

图 1-1-2 建筑图纸可视化

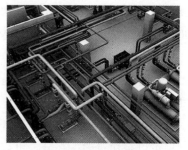

图 1-1-3 管道图纸可视化

（二）协调性

【痛点场景】

在设计工程图纸时，由于各专业设计工程师之间沟通不到位，出现的问题如图 1-1-4～图 1-1-6 所示。

图 1-1-4 无用阳台　　图 1-1-5 悬崖门　　图 1-1-6 建筑空间不够

【BIM 作用】

BIM 建筑信息模型可在建筑物建造前期对各专业的碰撞问题进行协调，生成协调数据。BIM 还可以解决例如电梯井布置与其他设计布置及净空要求的协调、防火分区与其他设计布置的协调、地下排水布置与其他设计布置的协调等。可扫右方二维码观看动画。

（三）模拟性

【痛点场景】

施工过程中出现工序碰撞造成的返工、窝工等现象，现场布置不合理造成的二次搬运等问题，造成时间和金钱的浪费。

【BIM作用】

模拟性是指在建筑全生命周期过程中，利用BIM进行各类信息的模拟。在设计阶段，BIM可以进行一些模拟实验，例如节能模拟、紧急疏散模拟和日照模拟等；在招投标和施工阶段，可以根据施工组织设计模拟实际施工，确定合理施工方案，或者进行5D模拟实现成本控制；在后期运维阶段，可以模拟日常紧急情况处理，例如地震逃生模拟及消防疏散模拟等。可扫上方二维码观看动画。

（四）优化性

BIM模型提供了建筑物的实际存在信息，包括几何信息、物理信息、规则信息等。现代建筑物的复杂程度大多超过参与人员本身的能力极限，BIM及其配套的各种优化工具提供了对复杂项目进行优化的可能。把项目设计和投资回报分析结合起来，计算出设计变化对投资回报的影响，使得业主清楚哪种项目设计方案更有利于自身的需求，对设计施工方案进行优化，可以带来显著的工期和造价改进，如图1-1-7所示。

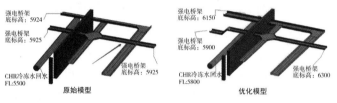

图1-1-7　管线优化

（五）可出图性

BIM模型不仅能绘制常规的建筑设计图纸及构件加工的图纸，还能通过对建筑物进行可视化展示、协调、模拟、优化，并出具各专业图纸及深化图纸，使工程表达更加详细。利用BIM可以自动生成常用的建筑设计图纸及构件加工图纸，进行正向设计，即按照"先模型，后出图"的过程，将设计师的设计思路直接呈现在BIM三维空间，然后通过三维模型直接出图，减少缺漏，提高设计质量。通过对建筑物进行可视化展示、协调、模拟及优化，可以帮助业主生成消除了碰撞点、优化后的综合管线图，生成综合结构预留洞图、碰撞检测侦错报告及改进方案等，如图1-1-8所示。

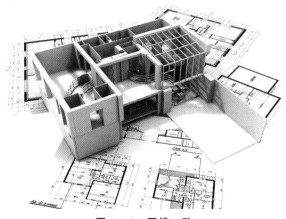

图1-1-8　图模一致

第二节　BIM 在工程各模块的价值体现

一、BIM 如何颠覆传统工程设计

【现在设计问题】

图纸冗繁、错误率高、变更频繁、协作沟通困难，传统 CAD 二维模式直观性差等。

【BIM 价值体现】

BIM 技术在设计阶段的应用主要包括方案比选，协同设计、碰撞检查、性能分析、管线综合、出施工图等。

（一）方案比选

【痛点场景】

为客户提供的设计方案可比选范围小且无法直观呈现设计成果，针对客户提出的要求修改难度高且工程量大。

【BIM 价值】

通过 BIM3D 可视化技术，可以快速生成立体模型，依据客户需求设计多套方案以供比较选择。后期修改方便，可及时与客户沟通交流，最终实现设计最优效果。

（二）协同设计

【痛点场景】

设计人员分别参与不同设计工作，不考虑其他专业设计因素，后续施工过程协调进而二次拆改，造成大量时间及成本上的浪费。

【BIM 价值】

BIM 技术的协同设计是指建立统一的设计标准，包括图层、颜色、线型、打印样式等，所有设计人员在一个统一的平台上进行设计，建立各自专业的三维设计模型，实时在平台上进行汇总整合分析，从而减少各专业之间（及专业内部）由于沟通不畅或沟通不及时导致的错、漏、碰、缺，实现一处修改其他地方自动修改的效果，提升设计效率及设计质量。

（三）碰撞检查

【痛点场景】

场景一：土建设计工程师在设计墙体时，未为暖通等设计预留孔洞，导致安装管道时要重新打孔穿管，甚至将墙体推倒重砌。

场景二：密集的管线排布在安装过程中出现意料之外的碰撞缠绕问题，只得重新建管拉线，延误工期。

【BIM 价值】

利用 BIM 技术建立各专业三维设计模型，将这些模型整合到一起，提前找出在空间上各专业的设计冲突，形成碰撞数据报告，并通过各专业设计人员进行会审提供解决方案，如提前确认好土建部门须预留预埋的情况，安排各专业管道提前做翻弯处理等。在施工之前解决设计冲突打架的情况，确保设计方案的可实施性和图纸的可建造性，减少返工。

（四）性能分析

【痛点场景】

大型公共设施的安全疏散系统，在设计分析上十分片面甚至没有，日后紧急状态下无法真正发挥安全疏散系统的价值。

【BIM价值】

性能分析主要包括结构分析、能耗分析、光照分析、安全疏散分析等，使用BIM技术可以三维立体地动态查看，使设计分析更加准确、快捷与全面。

（五）管线综合

【痛点场景】

密集的管线排布在安装过程中出现意料之外的碰撞缠绕问题，只得重新建管拉线，延误工期。

【BIM价值】

通过建立各专业BIM模型，在前期碰撞检查后，通过模型进行调整修正，综合考虑各方面因素及专业的优先级进行综合布线。通过利用BIM技术进行管线综合排布，不仅能解决各专业设计的碰撞问题，减少施工变更，降低成本，还可以为后期的维护管理提供数据信息支撑。

（六）出施工图

【痛点场景】

在传统的二维平面图纸中，一张图纸修改相应信息必将连带影响其他多张图纸信息的变动，费时费力，出错率高，在一定程度上影响设计质量的提高。

【BIM价值】

基于唯一的BIM模型数据源，任何对工程设计的实质性修改均将反映在BIM模型中，软件可以依据BIM模型的修改信息自动更新所有与该修改相关的二维图纸，为设计人员节省大量的图纸修改时间，在很大程度上提高了设计质量。

💡 **小筑观点**

（1）目前问题解析。

应很多甲方要求，BIM技术在施工阶段应用较普遍，现在国内设计院的BIM正向设计相对较少，设计师们比较习惯于原来的二维设计，转换新方式有阻力。同时，BIM三维设计投入的时间和人力相对二维设计较多，在固定预算的情况下，设计成本会有所增加，所以设计院缺少主动推进BIM正向设计的动力。

（2）正向设计价值。

虽然设计院推行 BIM 存在一些障碍，但应用 BIM 正向设计对项目整体价值会比较高，工程设计本身也会受益，此外，虽然 BIM 正向设计在前期建模时相对慢一些，但后面的专业协调和出图阶段会非常迅速。随着国内建设工程总承包模式的推进和国家对 BIM 设计标准的出台，BIM 正向设计会逐步应用在工程设计中。设计阶段作为工程全生命周期的前期阶段，设计模型出来后，对后期施工、造价和运维阶段信息共享、协同和效率提升会带来很大的帮助。

二、BIM 在施工单位的应用价值

（一）招投标

【痛点场景】

在以往招投标时，甲方对施工单位技术标文件中的施工组织方案、场地布置、工程进度描述感觉不够清晰，直观性差。

【BIM 价值】

施工单位可以在招投标时做施工方案和场地布置的模拟动画，使甲方能够更清晰直观地了解施工工序等现场情况。

在招投标阶段，甲方要求做 BIM 技术动画展示的项目相对较少，因为在不清楚自己是否中标的情况下，如果每个投标参与方均做一份施工模拟动画成本较高，会造成资源浪费。

（二）图纸会审

【痛点场景】

传统的图纸会审参与人员多、枯燥、效率低下、图纸错误查找不全面，如图 1-2-1 所示。

图 1-2-1　传统图纸会审

【BIM 价值】

根据各专业 CAD 图纸，由各专业 BIM 工程师利用中心文件、工作集的方式进行分专业建模。选用具有一定施工现场经验的工程师，在建模过程中，及时发现图纸问题，快速和设计师进行沟通，进行图纸变更。这样一来，图纸会审参与人员少，模型展示图纸错误更直观、全面，进而减少施工阶段返工或浪费现象，节约工期和成本。

（三）深化设计、方案优化并指导施工

根据 BIM 模型，进一步对节点（比如钢结构、复杂钢筋节点等）进行深化设计，输出剖面图、三维图片等，发给各个专业的施工分包，前期保证图纸的准确性和一致性，施工时进行现场指导，保证各细部节点的准确施工，如图 1-2-2 所示。

图 1-2-2　节点深化

（四）可视化施工方案设计和技术交底

【痛点场景】

技术方案无法细化、不直观、交底不清晰等问题经常在施工阶段出现，而 BIM 可以灵活直观地解决这些问题，如图 1-2-3 所示。

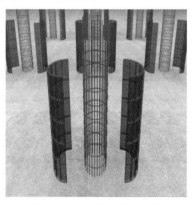

图 1-2-3　技术方案可视化

【BIM 价值】

施工之前，对于重要复杂的节点位置、复杂的工序采取图文并茂的方式进行施工技术交底。在讲解文字同时对班组使用三维模型进行讲解，将工序节点造型形式及注意事项通过立体的模型展现给施工人员。特别是一些复杂钢结构安装顺序及节点位置连接方式，通过三维模型更能直观地展示出来，使施工重点、难点部位可视化，提前预见问题，确保工程质量。

（五）碰撞检查，管线综合

将各专业模型进行统一整合，利用碰撞检测等方法快速统计图纸设计存在的问题，以书面报告的形式进行记录，并汇报建设、设计、施工及监理单位。各方以座谈会的形式，制定详细的修改原则，之后进行设计调整，确认之后出具各专业深化之后的施工图纸。

（六）场地布置，施工模拟

施工现场实际可用场地少，材料、设备多，通过三维动态施工平面布置实现可视化现场监管、场地动态布置等功能。

通过三维可视化功能，再加上时间维度，可以进行虚拟施工，直观快速地将施工计划与实际进展进行对比，同时进行有效协同，施工方、监理方以及非工程行业出身的业主领导均能对工程项目的各种情况了如指掌，从而缩短施工周期，降低总包和分包的履约压力。

（七）基于模型的算量、概预算以及现场材料/设备管理

作为一个富含工程信息的数据库，BIM 模型可真实地提供造价管理所需工程量数据。基于这些数据信息，计算机可快速对各种构件进行统计分析，大大减少烦琐的人工操作和潜在错误，便捷实现工程量信息与设计文件的完全一致。通过 BIM 所获得准确的工程量统计，可用于工程项目的成本估算、成本比较、概预算、材料管理和竣工决算等。

三、BIM 对造价工作带来哪些影响

（一）工程造价目前存在的问题

（1）造价管理周期长，涵盖工程建设每个阶段，数据量大且计算复杂。

（2）传统单机、单条套定额计价软件造成造价管理仍局限于事前招投标和事后结算阶段，无法做到对造价全过程的管控，精细化水平和实际效果不理想。

（二）BIM 技术在造价方面的应用价值

1. 提高工程量的计算效率

基于 BIM 的自动化算量方法，将造价工程师从传统的机械劳动中解放出来，节省更多的时间和精力用于更有价值的工作，如询价、风险评估，并可以利用节约的时间编制更准确的预算。

2. 提高工程量计算的准确性

BIM 模型是一个存储项目构件信息的数据库，可以为造价人员提供造价编制所需的项目构件信息，从而大大减少根据图纸人工识别构件信息的工作量以及由此引发的潜在错误，得到更加客观的数据。

3. 提高设计阶段的成本控制能力

基于 BIM 的自动化算量方法，可以快速计算工程量，及时将设计方案的成本反馈给

设计师，便于设计前期控制成本。其次，基于 BIM 设计可以更好地应对设计变更，直观显示变更结果，使设计人员清楚地了解设计方案的变化对成本的影响。

4. 提高工程造价分析能力

通过 BIM 技术，在统一的三维模型数据库的支持下，从最开始就进行模型、造价、流水段、工序和时间等不同维度信息的关联和绑定，在过程中能够以最短的时间实现任意维度的统计、分析和决策，保证多维度成本分析的高效性和准确性。

第三节　从国内外 BIM 发展看个人职业规划

一、国内 BIM 发展情况

（一）国内 BIM 发展重要节点

2005 年，华南理工大学建筑学院通过与 Autodesk 联合的方式创建了专业的 BIM 实验室，首次将 BIM 技术引入中国。

2007 年，建设部发布《建筑对象数字化标准》，预示着 BIM 技术即将广泛推广。

2011 年，住房和城乡建设部发布《2011—2015 年建筑业信息化发展纲要》，拉开 BIM 在中国应用的序幕。

2012 年，住房和城乡建设部发布《关于印发 2012 年工程建设标准规范制订修订计划的通知》，宣告了中国 BIM 标准制定工作的正式启动。

2015 年，住房和城乡建设部发布《关于推进建筑信息模型应用的指导意见》，指出："到 2020 年末，新立项项目勘察设计、施工、运营维护中，集成应用 BIM 的项目比率达到 90%。"

2016 年，住房和城乡建设部发布《2016—2020 年建筑业信息化发展纲要》。

2018 年 5 月，住房和城乡建设部发布《城市轨道交通工程 BIM 应用指南》。

2019 年 4 月，教育部等四部门印发《关于在院校实施"学历证书＋若干职业技能等级证书"（1＋X）制度试点方案》的通知中包含"建筑信息模型（BIM）职业技能等级证书"。

2019 年 4 月，人力资源和社会保障部发布 13 个新职业，其中建筑信息模型技术员（BIM）名列前茅。

2020 年 4 月，住房和城乡建设部发布《住房和城乡建设部工程质量安全监管司 2020 年工作要点》，试点推进 BIM 审图模式，提高信息化监管能力和审查效率，推动 BIM 技术在工程建设全过程的集成应用。

2020 年 8 月，住房和城乡建设部等九部门联合发布《关于加快新型建筑工业化发展的若干意见》，大力推广建筑信息模型（BIM）技术，加快推进 BIM 技术在新型建筑工业化全寿命期的一体化集成应用。

（二）中国国家 BIM 标准

中国国家 BIM 标准名称及实施状态见表 1-3-1。

表 1-3-1　中国国家 BIM 标准名称及实施状态

序号	标准名称	标准实施状态
1	《建筑信息模型应用统一标准》	2017 年 7 月开始实施
2	《建筑信息模型存储标准》	编制中
3	《建筑信息模型分类和编码标准》	2018 年 5 月开始实施
4	《建筑信息模型设计交付标准》	2019 年 6 月开始实施
5	《制造工业工程设计信息模型应用标准》	2019 年 10 月开始实施
6	《建筑信息模型施工应用标准》	2018 年 1 月开始实施

🔆 小筑观点

　　BIM 在国内的发展及普及相对 CAD 较缓慢，但近几年随着国家政策引导和甲方企业要求，BIM 技术应用发展速度加快。雄安新区作为城市样板，要求所有新建建筑必须使用 BIM 技术。预测在不远的将来，国家会出台强制标准使用 BIM 技术，届时建工从业人员人人均需掌握此项技术。

二、国外 BIM 技术应用发展情况

（一）BIM 在美国的发展现状

美国是较早启动建筑信息化应用研究的国家，BIM 在美国的发展从民间对 BIM 需求的兴起到联邦政府对 BIM 发展的重视及推行相应的指导意见和标准，最后到整个行业对 BIM 发展的整体需求提升。目前，美国大多数建筑项目已经开始应用 BIM，国家 BIM 标准把 BIM 应用最高级别定义为"国土安全"。

（二）BIM 在英国的发展现状

英国的 BIM 应用发展与大多数国家不同，在工程建设中，英国政府要求强制使用 BIM。2011 年 5 月，英国内阁办公室发布了政府建设战略（Government Construction Strategy）文件。文件提出，自 2016 年起，所有英国政府项目开始强制遵循 3D—BIM 要求。

（三）BIM 在北欧国家的发展现状

瑞典、挪威、丹麦和芬兰是 BIM 发展应用的典范国家，也是一些主要的建筑业信息技术的软件厂商所在地，这些国家是全球最先一批采用基于模型设计的国家。截至目前，瑞典施工企业 95％以上的施工项目拥有 BIM 模型，专业包涵结构、建筑、机电全专业模型。

（四）BIM 在新加坡的发展现状

自 2010 年起，新加坡建筑业开始采用 BIM 并构建 BIM 能力。2010 年实施了 BIM 发展路线规划，到 2015 年 80％的建筑使用 BIM。到 2015 年，所有新建建筑面积小于 5000m² 的工程均需要采用 BIM 电子提交方式。2015—2018 年，工程建设各方形成了虚拟设计和施工能力。

三、BIM 的发展阶段及趋势

（一）BIM 的发展阶段

BIM 技术在我国的发展经历了概念导入、理论研究与初步应用、快速发展及深度应用三个阶段。

1. 概念导入阶段

本阶段是从 1998 年至 2005 年。在理论研究上，本阶段主要是针对 IFC[①] 标准的引入，并基于 IFC 标准进行一些研究工作。

2. 理论研究与初步应用阶段

本阶段是从 2006 年至 2010 年。在该阶段，BIM 的概念逐步得到行业的认知与普及，科研机构针对 BIM 技术开始理论研究工作，并开始应用 BIM 技术到实际工程项目，但主要聚焦在设计阶段。

3. 快速发展及深度应用阶段

自 2011 年以后，BIM 技术在我国得到了快速的发展，无论是国家政策支持，还是理论研究方面，均取得了重大突破，尤其是在工程项目上得到了广泛应用。在此基础上，BIM 技术不断地向更深层次应用转化。

（二）BIM 的发展趋势

1. BIM 1.0

该阶段以设计阶段应用为主，以设计院为先锋用户，重点关注 BIM 建模的模型设计与搭建。

2. BIM 2.0

该阶段中，BIM 应用从设计阶段向施工阶段延伸，重点探索基于 BIM 模型的应用，承接前期设计模型，聚焦项目层，解决实际问题。

3. BIM 3.0

该阶段是以施工阶段应用为核心，BIM 技术与管理全面融合的拓展应用阶段，它标志着 BIM 应用从理性走向攀升阶段。在此阶段下，BIM 技术应用呈现出从施工技术管理应用向施工全面管理应用拓展、从项目现场管理向施工企业经营管理延伸、从施工阶段应用向建筑全生命期辐射的三大典型特征。

---

① IFC 是 Industry Foundation Classes 的缩写，是建筑工程数据交换标准，用于定义建筑信息可扩展的统一数据格式，以便在建筑、工程和施工软件应用程序之间进行交互。

在工程项目中，当需要多个软件协同完成任务时，不同系统之间就会出现数据交换和共享的需求。这时需要把数据信息从一个软件完整地导入到另外一个软件，如果涉及软件系统很多，这将是一个很复杂的技术问题。如果有一个标准、公开的数据表达和存储方法，每个软件都能导入、导出这种格式的工程数据，问题将大大简化，而 IFC 就是这种标准、公开的数据表达和存储方法。

关于 BIM 的发展趋势，小筑建议结合国内建筑行业的"四化"发展来了解，"四化"即信息化、数字化、智能化和智慧化。任何新技术不会脱离行业大发展趋势，以行业发展为主线，更容易通透理解。以下是小筑站在施工单位视角，对"四化"的理解：

（1）信息化。

工程信息在线化。建筑行业的信息化水平仅高于农业，在所有行业中倒数第二。很多人认为 BIM 是信息化的基础，其实是不正确的，目前很多企业也在建设信息化模块，甚至成立了信息化部门，但这里的信息化只是做了一个信息化管理平台，把现场发生的要素搬到平台上，将信息在线化，比如现场的一些审批、一些信息的多部门同步、一些关键指标的看板和现场一些实时影像，领导不用去现场也能了解各个工程的现状，方便做业务管理决策。

通俗地讲，信息化是搬运工，即把线下信息搬到线上，提升的只是信息管理决策效率，但对业务本身并没有帮助，所以很多一线人员都不愿做，感觉劳民伤财，其实这是精细化运营发展的一个必要过程。

（2）数字化。

物理空间工程业务逻辑和流程在数字空间虚拟重构，在数字空间中找到最优业务路径，迭代物理空间业务逻辑和流程。

通俗来讲，数字化是针对业务本身，提前在电脑软件中把工程虚拟建造一遍，在虚拟建造的过程中发现图纸、施工组织管理等问题，通过多次模拟，找到最优业务路径，优化现场实际施工方案，提升业务效率。比如动态场地布置、机电管综施工等。所以，BIM 是数字化的基础。

（3）智能化。

智能化分为两部分，一是施工方案智能化，二是结合硬件智能作业。

方案智能化：上面我们说数字化是针对施工作业本身的动作，施工作业是分散的多个点，而智能化可以把这些点连成线。通过项目多单点数据整合分析以及不同业务点的数据关联，从而模拟出一个工程项目的完整施工组织安排及业务细节操作，其实就是施工组织设计的数字版，这个过程不再是由项目总工手工编制而成，而是通过对项目特点的分析，系统自动生成，项目总工只需逐项确认操作细节，细部调整即可。

硬件智能化：目前现场劳务队伍老龄化比较严重，招工困难，可以想象未来5～10年，愿意从事工程建设的工人会越来越少，施工机械化和智能化是必然选择。建筑机器人现在也比较流行，在数字化的基础上，结合硬件进行实操作业，现在工地门禁的人脸识别和安全帽远程定位就是一个基础应用，抹灰、混凝土振捣、铺砖、砌墙、钢筋绑扎等专业机器人在业内正逐步开发使用。

小筑观点

（4）智慧化。

在智能化的基础上，生成大量数据，通过机器学习，系统主动推荐施工方案或管理方案。对于智慧化的理解，业内没有统一意见，经常把智能化与智慧化混淆，所以想要实现工程智慧化，还有很长一段路要走。

（三）个人如何做职业规划

1. 未来的工程现场是什么场景

随着社会的发展和科技的进步，未来建筑工地将不再是一个劳动密集型场景，而是遥控作业、智能终端等场景。因为人工智能、机械化施工、装配式技术、BIM 技术、物联网技术等新技术日新月异，以后可能不会再有现在这么多所谓的农民工在建筑工地施工作业，取而代之的是工程师或操作工指挥机械或机器人来完成施工作业，工地信息化和机械化程度高。

小筑观点

未来建工行业会更注重人才的综合能力，即除了熟练掌握专业技能外，还需要掌握一定的信息化应用技术。

2. BIM 人才需具备的能力

（1）BIM 人才能力要求。

随着建筑信息化时代的到来，行业岗位人才需求也发生了巨大变化，BIM 人才除了需要具备基本的工程专业能力外，还需具备 BIM 实操技能，管理人才还需具备基于多参与方的管理协同能力。BIM 人才应该是复合型人才，只有这样才能真正在项目中发挥价值。

（2）BIM 人才需求层次如图 1-3-1 所示。

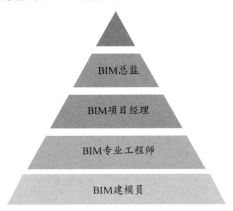

图 1-3-1　人才需求层次图

（3）BIM 人才发展路径。

①专业从事 BIM 工作：目前 BIM 技术处于前期发展阶段，很多企业均有专门的 BIM 岗位，比如甲方、设计院、施工单位和 BIM 咨询公司，如果后期专业从事 BIM 工

作，建议考虑设计院和 BIM 咨询公司。将来，BIM 正向设计在设计院会有长线发展，在咨询公司成长比较快，可以快速经历各种项目。在施工单位一个项目需要经历 2～3 年时间，而在咨询公司 1 年可以做多个项目，从 BIM 建模员开始，快的 1～2 年即可以独立带队做项目，做 BIM 项目经理，后期可以跳槽至施工单位做 BIM 中心负责人或去甲方组建 BIM 团队。

②在岗提升 BIM 技能：未来，BIM 技术将是一项基础必备技能，"BIM＋岗位"将是一种趋势，即未来的岗位名称会改为 BIM 项目经理、BIM 项目总工、BIM 土建工程师等，所以建议从业人员在学习专业技能的同时，还要注重 BIM 技术的提升。

第四节　BIM 软件推荐及学习建议

一、精通 BIM 技术需要学习哪些软件

针对土建从业者，小筑按照 BIM 技术实际应用划分了以下五款主流软件，各软件功能对比见表 1-4-1。

（1）核心建模：Revit。

（2）碰撞检测：Navisworks。

（3）渲染漫游：Fuzor、Lumion。

（4）动画制作：Navisworks、Fuzor、Lumion。

（5）项目管理：BIM5D。

表 1-4-1　五款 BIM 软件功能对比

软件名称	核心功能	功能 2	功能 3	学习难度	优点	缺点
Revit	参数化建模	渲染、算量、出图	文档编制	★★★	功能齐全	正版价格高
Navisworks	碰撞检查	4D 控制	施工演示	★★★	电脑要求低，功能齐全	渲染漫游动画效果较差
Fuzor	轻量级演示	渲染漫游	动画创建	★★	操作方便，与 Revit 同步交互功能强	渲染效果较差，价格较高
Lumion	渲染漫游	场景创建	—	★★★	渲染动画效果好	对电脑要求高
BIM5D	施工精细化管理	施工模拟	砌体排布	★★★★	管理功能强大，可实现生产、成本、质安、技术、合同等多维管理	操作功能多，涉及业务流程广，对电脑要求高

二、学习 BIM 只懂软件操作就可以吗

BIM 的学习是循序渐进的过程，很多人认为学习 BIM 就是学习软件工具，做模型生产就是 BIM，这样的观点是极为片面的。

通俗来讲，仅学好 BIM 软件而不理解现场工作，很难把 BIM 应用落地使其真正发挥优化当前工作的作用，也就是说，只有 BIM 软件操作能力和专业技术能力同时掌握，才能真正掌握 BIM 能力，即

BIM 能力＝BIM 软件操作能力＋专业技术能力

所以，对于有现场经验、有 CAD 基础、没有 BIM 基础的从业人员来说，学习 BIM 技术会比较快，把 BIM 技术逐步应用到项目上会给其职业成长助力很多。

对于没有现场经验的在校学生，BIM 技术作为一项新技能，对其日后的职业发展将有很大帮助，但需要在实际工作过程中不断学习现场知识，不断融合发展，利用 BIM 跟完一两个项目，届时基本具备了综合利用 BIM 技术指导施工的技能。

三、正确的 BIM 学习方法

(一) 认识 BIM 技能学习带来的价值

在正式开始学习之前，建议大家先了解 BIM 技能学习思路，其是指导学习的基础，同时也有助于大家对 BIM 学习有一个系统的认识。下面是小筑教育研发的"BIM 技能学习价值曲线"，如图 1-4-1 所示。

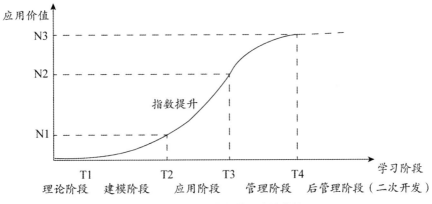

图 1-4-1　BIM 技能学习价值曲线

(1) 建模是 BIM 技能应用、管理的基础，同时也非常关键，此部分技能基础不牢固，后面模型应用会遇到很多困难。

(2) 对实际工程项目而言，建模部分并不能产生很多价值，BIM 技术真正的价值体现在应用和管理部分，从目前来看更多体现在应用部分，比如：管综碰撞、场布、施工模拟等。对于管理部分，比如结合进度、造价的 BIM5D 等，行业管理技术平台还在逐步完善中。随着国内 BIM 行业标准的出台，基于 BIM 理念与技术的二次开发平台会逐步发展起来，届时 BIM 技术的大发展时期将正式到来。

(二) 学习 BIM 的正确方法

BIM 技术学习不同于应试备考学习，如建造师学习更多的是理论的知识理解与掌握，而技能的学习更加注重对技术的实操能力，注重动手训练，可以说三分学习七分操练，再浅显的技能如果不演练操作的话，很难真正理解和掌握。

按照技能提升和实际应用维度，BIM 学习可以分为三个阶段：建模阶段、应用阶段、管理阶段。

建模阶段是基础阶段，因为建模属于最基础的技能，项目 BIM 应用和管理建立在模型之上，要求对软件基本构件的绘制方法和原理全面掌握；应用阶段更多的是结合实际案例学习，此阶段更多的是注重利用软件解决实际问题；管理阶段更多的是对造价、进度等信息的动态综合管理，比如 BIM5D，基于软件操作对实际问题的协同管理。

技能学习的目的不是考试，而是能够实际解决工作中的问题，建议大家在 BIM 学习过程中以目标问题为导向，这样学习效率会比较高，学习效果也比较好，同时学习的成就感也比较强。

扫码获取作业解析

📅 第二天

黑夜到临的时候，没有人能够把一角阳光继续保留。

今日作业

回答以下问题，作为今天学习效果的检验。

1. Revit 软件的建模原理是什么？

2. 项目常规 BIM 建模流程是什么？

3. 一般项目的设计模型精度是多少？施工图模型精度是多少？

第二章　前期准备

 **思维导图**

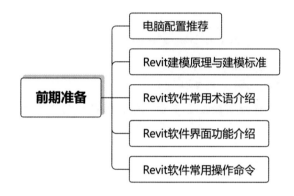

第一节　电脑配置推荐

BIM 作为当前建造业发展的一种应用手段，其能够深入地贯穿于项目工程工作流程中。在使用软件前，需要了解什么样的电脑配置适合工作，什么样的电脑配置适合软件学习，所以这一节我们先了解一下，使用 BIM 类软件对电脑的配置要求。

一、台式电脑配置推荐

台式电脑配置推荐见表 2-1-1。

表 2-1-1　台式电脑配置推荐

项目	基础配置	优良配置	高端配置
CPU	INTEL i5 10400F 6 核 12 线程	Intel 酷睿 i7 9700K	3700X、i9 9900K、3800X、3900X
散热	冷锋霜塔 Ts4 静音版	酷冷 T610P	—
主板	技嘉 B460M-D2SV 金牌超耐久	华硕 Z390	—
内存	威刚 16G（8G×2）DDR4 2666	海盗船 16G（8G×2）3200	16G 及以上（8G×2 或者 16G×2）
固态	三星 PM981 256G	—	SN550、SN750、970EVO Plus

续表

项目	基础配置	优良配置	高端配置
显卡	七彩虹 1660SUPER AD OC 三风扇	索泰 2060S（或者蓝宝石 5700XT 白金）	2070SUPER、2080SUPER
电源	鑫谷 GP600 500W	海盗船 RM750X	海韵、振华 650W 及以上
硬盘	—	三星 970EVO 500G	—
显示器	—	AOC C32G1	—
备注	参考价格 5000 元左右，仅适合 BIM 建模，大型项目会稍微卡顿	参考台式机价格在 10000 元左右，满足 BIM 建模与应用	参考台式机价格在 20000 元左右，适合用作 BIM 工作站，一个项目一台足够

二、笔记本电脑配置推荐

笔记本电脑配置推荐见表 2-1-2。

表 2-1-2　笔记本电脑配置推荐

类型	CPU	显卡	内存	硬盘	屏幕	备注
基础配置	i5-10300H	独显 GTX 1650Ti	三星 16GB 2933MHz	固态 SSD 512GB	144Hz 电竞屏	三款笔记本电脑价格均在 6000 元左右，做汇报、展示模型、建模学习均无问题，制作动画渲染会有轻微卡顿
	i5-9300H	独显 RTX2060	DDR4 8G	固态 SSD 512GB	普通色域屏	
	i5-10300H	GTX1650Ti	16GB	1T SSD	144Hz 高色域真电竞屏	
高端配置	第六代 i7-6700HQ 四核处理器	GTX 1060 6G	16GB	高速固态硬盘	IPS 全高清雾面屏	价格在 15000 元左右，适合出差、整合大型模型、渲染应用

第二节　Revit 建模原理与建模标准

一、建模原理

Revit 建模是通过控制参数，按照软件构件组合规则，形成三维信息表达的数字模型。

（一）三维模型

BIM 的核心应用是依靠各类方式创建的整体三维模型，三维模型比起二维图纸表达信息更直观、全面。

（二）参数控制

内置的控制参数可以控制三维模型的各处尺寸，不同的情况下，灵活地控制参数可以让一个三维模型的应用范围极为广泛，无须重复建模。

（三）信息关联

为了满足出图、施工等方面的要求，三维模型中同样预设了多类信息，这些信息和 BIM 应用流程的各个阶段相互关联，信息的丰富程度决定了三维模型的"使用寿命"。

二、建模标准

在应用 BIM 软件建模时，存在不同的建模流程。本书以 Revit 2020 版本的土建建模为主线，结合项目建模一线人员的工作经验，介绍单人建模和团队建模两种方式建模时，应注意的相关标准流程和模型建立标准。

（一）单人建模

单人建模时不需要考虑多人配合，建模成果的拆分建立和一并建立主要受限于工作设备（电脑配置）。其构件和模型文件的命名，如不需要考虑对外交付就不需要相关标准，如需要对外交付，参照团队建模方式即可。

1. 新建项目及项目样板

在软件初期建模之前，需要先打开 Revit 软件进行新建项目，同时需要选择对应的项目样板文件，如需新建样板，可根据需求自行建立。

2. 绘制轴网和标高

轴网和标高是对于 BIM 建模必不可缺的两项定位信息。轴网决定平面绘图的定位，而标高决定构件所处不同的空间位置，因此首先确定项目的轴网和标高信息是建模的前提。

3. 结构建模

BIM 建模过程中，基本都是按照先结构后建筑的思路。在进行结构建模时，按照先地下后地上的绘制顺序进行建模。常见的结构构件一般包括基础构件、结构柱、剪力墙、结构梁、结构板、楼梯等构件，根据结构类型的不同，绘制顺序也不同。本书以框架结构为例进行介绍，结构建模思路按照柱、梁、板、楼梯、二次结构等顺序进行绘制。

【名词解释】

二次结构在框架、剪力墙、框剪工程中一次结构（指主体结构的承重构件部分）施工完毕以后才施工，是相对于承重结构而言的，为非承重结构和围护结构，比如构造柱、过梁、女儿墙等。

4. 建筑建模

BIM 建模过程中，在进行建筑建模时，按照先主体后装饰再零星的思路进行建模。常见的建筑构件一般包括砌体墙、门窗、内外装修、台阶、散水等构件。建筑建模可按照砌体墙、门窗、内装、外装、室外零星等构件顺序进行绘制。

5. 场地建模

BIM 建模过程中，场地建模是确定工程项目所处地段场地模型的过程。根据工程所在地不同位置的高程信息，可以绘制出符合实际情况的场地情况，同时也可以结合实际再绘制建筑地坪及场地类构件，直观形象地表达模型周边情景，更具模拟性。

（二）团队建模

1. BIM 实施基本标准

因为多人协作建模，所以要有一个共同遵守的 BIM 实施基本标准，主要的标准共四项。

（1）建立项目统一的轴网、标高。此内容需要结合本书第三章的标高、轴网创建和第七章的项目样板制作来完成。

（2）规范统一的软件平台。建模软件与应用软件统一，例如建模使用 Revit 2020 版、碰撞使用 Navisworks 2020 版等。

（3）各专业 BIM 模型精度标准。不同的建模精度，对不同的模型产生的效果不同。例如框架柱（一个六面体）和幕墙（七八个异形构件组合）的区别。

（4）族文件、项目文件命名标准。名称上的统一便于模型管理，以及后期模型应用便捷。

2. BIM 团队建模流程

此处以翻模（根据设计图纸做模型）为主线梳理，一般情况下，接收到建模任务时，施工图纸已经备好，根据图纸再细分为施工 BIM 模型的创建、施工 BIM 深化图纸生成、模型审核及图模会审、编制 BIM 工作进度计划表四个过程。

（1）施工 BIM 模型的创建。

常规 BIM 模型建立流程，一般是分人分专业创建模型，任务分配完成后，各专业同时根据图纸创建模型。模型搭建完成后将各专业模型进行专业综合、碰撞检查、优化模型，确保模型的可实施性和准确性。模型创建标准一般由甲方或 BIM 咨询方制定，可参考的具体模型建立标准见本节下一部分内容。

（2）施工 BIM 深化图纸生成。

由经过审查及修改后的 BIM 深化模型生成施工深化 CAD 图纸，可用于指导现场施工，减少施工过程中的错漏碰缺和返工问题。

（3）模型审核及图模会审。

工程参与各方针对提交的 BIM 模型开展图模会审，确认模型修改的合理性、为审查图纸问题提供 BIM 支持。由模型审查确认的图纸问题应及时反馈，使其更新以保证与 BIM 模型的一致性及对现场施工指导的可实施性。模型审查及图模会审应出具模型审查意见表和图模会审意见表。

（4）编制 BIM 工作进度计划表。

BIM 咨询方每月底编制下月度的 BIM 模型审核计划表，明确各方 BIM 模型创建、审核及会审的时间节点，同时要求施工总包方提交下月 BIM 实施计划。计划的编制可以保证 BIM 工作的实施进度，可以确保虚拟 BIM 模型对现实工程建造的指导价值。

三、项目模型文件的命名标准

土建项目建模时，需要考虑规范的模型名称、成果文件名称等因素。以成果文件名称命名为例，命名规则一般按照××-专业-楼层的格式来进行命名。

命名规则中"××"为项目代号，如某某小区、某某大厦、某某地块等。

土建项目专业可以细分为多个专业，其在项目中一般以缩写展示，结构、建筑、幕墙，其对应缩写为 STR、ARC、CUR，也可以仅展示头字母，如 S、A、C。

建模时考虑到团队合作因素、项目大小因素等，一般由每人负责一或几层楼进行建模、或者每人负责一个楼的专业模型进行建模。那么对应建模成果就会出现一个成果文件只包含一个或几个楼层，或一个成果文件包含一栋楼的整个结构专业模型或幕墙专业模型的情况。

上述情况的前者，楼层名可以根据楼层高度从低到高，如 B1、D1、F1、F2。如果一个文件包含多个楼层，那么楼层名根据楼层高度从低到高，如 F1－F3 进行描述。命名成果应如：

××-ARC-B1，B1 表示地下一层。

××-ARC-（F1—F3），（F1—F3）表示地上部分一至三层。

上述情况的后者，如果一个文件包含整个专业模型，则不需要写楼层名称，命名成果应如：

××-ARC，表示包含整栋建筑模型。

四、BIM 建模精度

在 BIM 技术的应用中，BIM 模型的建立与管理是不可或缺的关键工作，但是在工程生命周期的不同阶段，建模的设计阶段和施工阶段较为成熟。

一般设计模型精度为 LOD300（构件级，明确显示出具体建筑构件所占空间及位置），施工模型精度为 LOD400（零件级，模型外形构造的可见尺寸与实物一致），而一般的实际工程中，设计图纸往往由于交付深度的不足（图纸设计不完善，会存在错、漏、碰、缺等问题），所以有了 LOD350（LOD300 基础上加上模型间连接部件的具体信息）作为过渡，这也是模型能够检查图纸问题的最直观表现。

BIM 建模深度按照不同专业划分，包括建筑、结构、设备（机电）专业。具体的建模各阶段精度要求可在随书附送的附件中获得。各阶段模型精度要求的简单解释如下。

LOD100：一般为规划、概念设计阶段。包括建筑项目基本的体量信息（如长、宽、高、体积、位置等）。可以帮助项目参与方尤其是设计与业主方进行总体分析（如容量、建设方向、每单位面积的成本等）。

LOD200：一般为设计开发及初步设计阶段。包括建筑物近似的数量、大小、形状、位置和方向。同时还可以进行一般性能化的分析。

LOD300：一般为细部设计。这里建立的 BIM 模型构件中包含了精确数据（如尺寸、位置、方向等）。可以进行较为详细的分析及模拟（例如碰撞检查、施工模拟等）。

LOD350：在 LOD300 基础之上再加上建筑系统（或组件）间组装所需的接口（Interfaces）信息细节。

LOD400：一般为施工及加工制造、组装。BIM 模型包含了完整制造、组装、细部施工所需的信息。

LOD500：一般为竣工后的模型。包含了建筑项目在竣工后的数据信息，包括实际尺寸、数量、位置、方向等。该模型可以直接交给运维方作为运营维护的依据。

扫码获取作业解析

📅 第三天

■■时间像弹簧，可以缩短，也可以拉长。

今日作业

回答以下问题，作为今天学习效果的检验。

1. Revit 软件界面中功能区分为几个层级，分别是什么？

2. Revit 软件界面中项目浏览器的作用是什么？绘图区域的作用是什么？

3. 族一般分为几种？墙是哪种族？

4. 图元的分类从粗到细分别是什么？

第三节　Revit 软件常用术语介绍

一、Revit 介绍

Revit 是 Autodesk 公司一套系列软件的名称，2013 版之前有 3 个软件，2013 版及以后归并在一个软件里。Revit 软件组成如图 2-3-1 所示。

Revit软件组成		
Revit Architecture 建筑	Revit Structure 结构	Revit Mep 水暖电

图 2-3-1　Revit 软件组成

二、样板与项目文件格式

一般来说，Revit 常用的文件格式包括以下四类：

rvt 格式：rvt 格式为项目文件格式，即建模工程项目常用的保存格式。

rte 格式：rte 为项目样板格式，即在新建项目时选择的样板文件，其中包含了各种预载入的族和预设置的属性和参数，是一个项目的起点。

rfa 格式：rfa 为族文件格式，即在建模过程中用到的各类自建族，如门、窗、柱、梁等。

rft 格式：rft 为族样板格式，即在建族过程中使用的各类族样板文件。

三、项目

在 Revit 软件中，项目是单个设计信息数据库模型，包含了建筑的所有信息（从几何图形到构造数据），如模型构件、项目视图和设计图纸。

四、图元

在创建项目时，可以添加 Revit 参数化建筑图元，Revit 按照类别、族、类型对图元进行分类，如图 2-3-2 所示。

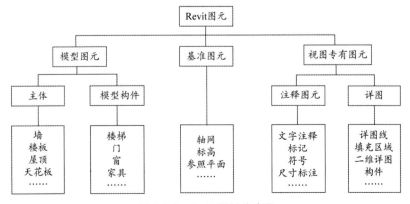

图 2-3-2　Revit 图元分类图

五、类别

用于对建筑模型图元、基准图元、视图专有图元进一步分类。

例：墙、屋顶以及梁、柱等。

六、族

族是 Revit 软件中非常重要的一项内容，它是建模过程中应用各类构件实现建筑形体的基础所在。族可以根据参数属性集的共用、使用上的相同和图形表示的相似来对族进行分组。一个族中不同的图元部分或全部属性都可能存在不同的数值，但是属性的设置方法是相同的。例如某一钢制防火门视为一个完整的族，但构成该族的各部分图元（如门框和门板）可能会有不同的尺寸等。

族基本分为三种：可载入族、系统族及内建族。

（1）可载入族可以载入到项目中，根据族样板进行创建，确定族的属性和表示方法等。

（2）系统族包括墙、尺寸标注、天花板、屋顶、楼板和标高等，它们不能作为单个文件载入或创建。在 Revit Architecture 中预定义了系统族的属性设置及图形表示。

（3）内建族用于定义在项目的上下文中创建的自定义图元，项目不希望重用的独特几何图形，可以使用内建图元。

七、类型

特定尺寸的模型图元族就是族的某一个类型，如图 2-3-3 所示。

图 2-3-3 族与类型

八、实例

放置在项目中的实际项（单个族），它们在建筑（模型实例）或图纸（注释实例）中都有特定的位置。类别、族、类型、实例之间的关系如图 2-3-4 所示。

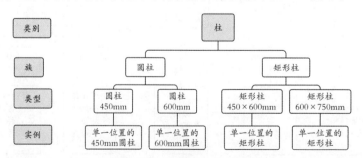

图 2-3-4 Revit 族实例分级

第四节　Revit 软件界面功能介绍

在学习 Revit 功能操作之前，需要熟悉 Revit 的基本界面和模块。

一、Revit 启动界面

Revit 启动界面如图 2-4-1 所示。

图 2-4-1　软件启动界面

在 Revit 启动界面，可以根据需要新建项目模型或者族，也可以直接打开已有项目或者族文件，同时在此界面默认显示最近访问的文件，该文件以图标（或文字记录）的方式进行显示。

二、用户界面组成部分

用户界面组成部分，内容模块划分较多，根据常用的模块功能区，划分为以下 7 个区域部分，如图 2-4-2、图 2-4-3 所示。

图 2-4-2　项目上部界面

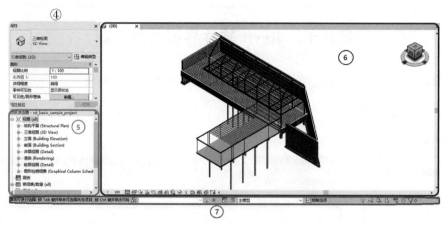

图 2-4-3　项目下部界面

（1）区域 1 为快速访问工具栏：用于显示部分常用命令，以便快速选择和使用。

（2）区域 2 为功能区：包含选项卡、面板、命令三个部分（如图 2-4-4 所示），主要用于对命令进行分类。"文件"选项卡中主要包括新建、保存、导出等命令，"建筑"选项卡中主要包括墙、板、门窗等命令。较特殊的是"修改"选项卡，当"修改"选项卡后出现其他文字时，该选项卡内会出现适用于当前状态的可操作命令，此时也称为"上下文选项卡"。

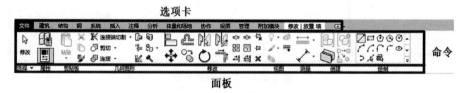

图 2-4-4　功能区

（3）区域 3 为选项栏：用于对当前激活的命令或选定的图元构件显示可使用的选项，如创建墙体时的相关设置选项。

（4）区域 4 为属性选项板：用于查看和修改所选中的或将要创建的图元的相关属性，分为类型选择器、属性筛选器、编辑类型按钮、实例属性四部分，可对选择中的图元进行类型和属性上的筛选且对类型属性及实例属性进行编辑，如图 2-4-5 所示。

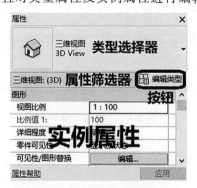

图 2-4-5　属性选项板

（5）区域 5 为项目浏览器：用于显示当前项目中所有视图、明细表、图纸、族和其他部分的逻辑层次。展开和折叠各分支时，将显示下一层内容。

（6）区域 6 为绘图区域：用于显示当前项目的视图（以及图纸和明细表）。每次打开项目中的某一视图时，此视图会显示在绘图区域中其他打开的视图的上面。可在此区域内对图元进行创建或观察。绘图区域左下角有用于对当前视图进行设置的视图控制栏，可以对当前视图中的图元的显示比例、显示方式、显示精度、隐藏/隔离等进行控制，如图 2-4-6 所示。

视图标签栏

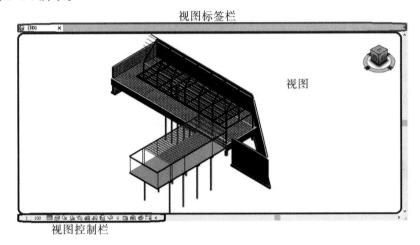

视图

视图控制栏

图 2-4-6　绘图区

（7）区域 7 为状态栏：用于提供当前可执行操作的提示。选择图元或光标指向构件时，状态栏会显示族和类型的名称。右侧的几个控件中最重要的是最右侧的选择控制控件，用于控制光标可选择的内容，如图 2-4-7 所示。

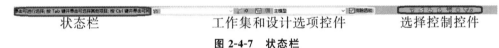

状态栏　　　　　　　　工作集和设计选项控件　　　　　选择控制控件

图 2-4-7　状态栏

各功能区模块的具体内容在后续章节中会详细讲解，本节不再赘述。

第五节　Revit 软件常用操作命令

一、选择操作

在 Revit 软件中，选择图元的方式有以下几种。

选择提示（又名预选状态）：当光标放到视图内某构件上时，该构件将以加粗的蓝色线框状态显示。

点选与切换：光标放置到图元上，被选中的图元将显示蓝色边缘（默认），单击 Tab 键可在光标附近更换选择对象。

左右框选：从右向左框选时，光标范围内图元均被选中，从左向右框选时，图元没有完全在范围内则不被选中。

加选与减选：当复数图元均需要选中但距离过远时，长按 Ctrl 键，光标即可多次选择。如选取内容超出所需范围，长按 Shift 键，光标即可对已选中图元进行单击，使其退出选中状态。

二、视图操作

在 Revit 软件中，对视图的操作方式有以下几种：

（1）二维视图：按下鼠标滑轮即可拖拽视图，平移视口位置。滚动鼠标滑轮即可放大或缩小视口所视范围。

（2）三维视图：长按 Shift 键和鼠标滑轮，可围绕选中的图元进行观察，同样可以使用在二维视图中操作，在三维视图中平移或缩放视口以方便查看视图内容。

（3）缩放匹配：当操作视图使视口距离模型过远导致无法观察到模型时，可右键视图空白处，选择"缩放匹配"选项以使图元满铺视图。同样应注意，当视图内有图元距离主体过远时，满铺视图会导致视图中图元过小而无法观察到。

三、修改操作

在 Revit 软件中，对图元的常用修改命令有以下几种。

（一）移动和复制

命令描述：通过选择基点的方式将选中的图元移动/复制到指定位置，如图 2-5-1 所示。

操作方式：单击选择需要移动/复制的图元，单击使用移动/复制命令，光标在图元上（最好是棱角处）单击以定义基点（用于确定方向），光标向一个方向移动到指定位置后再次单击左键完成移动/复制（或者向一个方向移动后直接按键盘上数字输入距离，该距离单位默认为 mm）。

注意：移动图元时，相连的图元会互相限制（如两条相交的墙），使其无法正常移动（呈 7 字相交的墙选中 I 处墙体向下移动时，移动变成延长）。使相连图元完整移动到其他位置，应勾选选项栏中的"分开"。

使用频率评价：★★★★

图 2-5-1　修改面板—移动与复制

（二）对齐

命令描述：选好目标，再选图元，图元会向目标的位置移动。如图 2-5-2 所示。

操作方式：先单击"对齐"命令，然后选择一个线或模型表面作为对齐目标，再选择一个线或模型表面作为移动实体，单击完成后会移动到选定位置。

注意：对齐时应注意避免选择的移动实体处于被限制状态。

被限制状态：被锁定命令锁定无法移动；与其他构件连接导致移动方向受限（如呈7字相交的墙选中 I 处上方墙体端头，向上方远处对齐，则无法移动）。需要将多个图元与某处位置对齐移动时，可勾选选项栏中的"多重对齐"。

使用频率评价：★★★★★

图 2-5-2 修改面板—对齐

（三）镜像

命令描述：用于创建一个与选定图元构造相反的镜像成果，如图 2-5-3 所示。

操作方式：选择要镜像的对象，然后单击"镜像"命令，通过拾取现有的线、模型边（拾取轴镜像）或自行绘制轴线（绘制轴镜像）作为镜像轴。完成操作后镜像图元创建成功。

注意：建议新手在二维视图中操作，绘制轴镜像时注意绘制的轴线为两点成线，应避免绘制方向错误以导致镜像位置错误。

使用频率评价：★★★★★

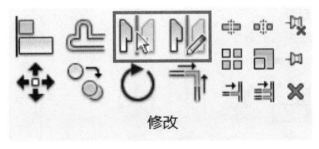

图 2-5-3 修改面板—镜像

（四）修剪/延伸图元

命令描述：

（1）修剪/延伸单个/多个图元：线图元使线性图元修剪/延伸到目标位置。

（2）修剪/延伸为角：使交叉或未交叉的线性图元相交成角。

如图 2-5-4 所示。

操作方式：

先单击"修剪/延伸单个/多个图元"命令，选择一个线性图元作为修剪/延伸目标，然后单击一个可与/正与目标相交的线性图元，完成后以目标位置为准分为两侧，比目标长的线性图元，被光标单击的一侧将保留，没有被单击的位置将被删除（修剪图元）。比目标短的线性图元，将延伸到目标位置与目标相交（延伸图元）。单个和多个的区别在于完成一次操作后，需要继续先选目标再选实体，还是继续选其他实体以将其修剪或延伸。

"修剪/延伸为角"的使用方式与以上操作方式一致，区别在于选择完成后，修剪/延伸的图元还包括目标，以达成两者成角的作用。

注意：一个是以目标为准，将被选线条实体修剪或延伸，另一个是选择两个目标，将两个目标以修剪或延伸的方式相交成角。

使用频率评价：★★★★

图2-5-4　修改面板—修剪图元与修剪为角

（五）锁定、解锁、删除

命令描述：添加"锁定"（图钉）可使选中的图元不能被删除或移动，使用"解锁"可解除，不需要的图元选中后选择"删除"命令可将其删除，如图2-5-5所示。

操作方式：选中图元，然后选择对应命令之后，没有锁定的将被锁定，被锁定的可解锁，无锁定的可删除。

注意：上述描述为三个命令。

使用频率评价：★★★

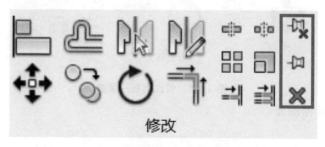

图2-5-5　修改面板—锁定、解锁、删除

（六）偏移

命令描述：选中一个线性图元（线、墙、梁）使其复制或移动到指定位置，如图2-5-6所示。

操作方式：单击"偏移"命令，在选项栏设置偏移数值，再将光标放置到线性图元附近，光标在线性图元的哪一侧，哪一侧对应位置就会出现蓝色虚线（成功后图元出现的位置），确定方向和位置后单击鼠标左键，完成偏移。

注意：应注意无法对面、独立类图元产生作用（如实体楼板或柱子）。

使用频率评价：★★

图 2-5-6　修改面板—偏移

（七）旋转

命令描述：使图元围绕指定的原点（默认为图元中心）处旋转，如图 2-5-7 所示。

操作方式：选择要旋转的图元，单击"旋转"命令，此时旋转中心默认为该图元的正中心，然后在图元的一个方向单击鼠标左键，定义旋转初始线，移动光标，光标相对于初始线在哪个方向则图元向哪个方向旋转，光标与初始线的相对角度，则是图元旋转的角度，可直接单击"确定"，方向和角度完成旋转，也可以移动光标，确定角度后直接输入数值，按 Enter 完成旋转。

注意：相连的图元会互相限制（如两条相交的墙），其无法正常旋转。可勾选选项栏中"复制"，复制一个新的图元。按空格键可取消原点，移动光标到想要的位置，再单击鼠标左键重设原点。

使用频率评价：★★★★

图 2-5-7　修改面板—旋转

（八）拆分

命令描述：对一个线性图元（线、墙、梁）进行打断。

操作方式：单击"拆分"命令，然后放置光标到图元上（线、墙、梁），单击鼠标左键，可将其拆为两段。

注意：无法对面、独立类图元产生作用（如实体楼板或柱子）。拆分完成的图元看上去还是一体，需要拖拽端点离开原处才可看出。拖拽时离原来位置太近容易让线性图元再次合为一体连接在一起。

勾选选项栏中"删除内部线段"时，连续在一个图元上两处不同位置单击切断时，两处切断位置之间的部分会被删除。

（九）用间隙拆分

命令描述：打断墙体，拆出指定间距，如图2-5-8所示。

操作方式：单击"间隙拆分"命令，在选项栏处设置拆分间距（1.6～304.8mm），然后直接单击墙体。

注意：仅能对墙使用。

使用频率评价：★

图2-5-8　修改面板—拆分

（十）阵列

命令描述：对选中的图元通过线性（直线方向）和半径（环绕方向）可创建出大量重复的图元。

操作方式：

直线方向阵列：单击选择需要阵列的实体，然后单击"阵列"命令，在选项栏中设置阵列数量（项目数），选择阵列方式（第二个或最后一个），单击阵列图元某处选择阵列基点，移动光标选择阵列方向和距离，然后单击左键确定阵列方向和距离（此为手动选择方向，也可以直接输入阵列距离后按回车，单位为mm）。

环绕方向阵列：单击选择需要阵列的实体，然后单击"阵列"命令，在选项栏中单击"半径"阵列按钮（勾选"成组并关联"框左侧），再设定项目数和阵列方式，单击视图上图元附近某处为旋转阵列起始线，移动光标确定旋转阵列的方向和角度，再单击鼠标左键将方向和角度确定。

注意：直线方向阵列类似于设定间距直接创建多个实体的复制命令，操作方式类似。环绕方向阵列类似于设定角度直接创建多个实体的旋转命令，操作方式类似。"第二个"和"最后一个"的区别在于，一个是设置第一个和第二个的距离，后面每个新创建的实体之间的间距，根据第一个和第二个的距离重复创建；另一个是设置第一个和最后一个的距离，之后每个新创建的实体均分第一个和最后一个实体之间的距离。

使用频率评价：★★★

（十一）缩放

命令描述：可以对选中的图元（一般是线或者是导入的DWG二维图纸文件）缩小

或放大，如图 2-5-9 所示。

操作方式：先选中需要缩放的图元，然后单击"缩放"命令，在选项栏中选择缩放模式，图形模式下，操作内容类似于"移动/复制"，先点基点再点位置，两个点之间的距离是图形缩小（第二点点在图形内）/放大（第二点点在图形外）的距离，数值模式下，可直接设定缩放倍数，然后单击图形某处作为缩放基点，完成缩放。

注意：实体图形不能用缩放直接改变构件大小（如柱尺寸、实体楼板厚度与范围、门窗大小等）。

使用频率评价：★

图 2-5-9 修改面板—阵列与缩放

扫码获取作业解析

第四天

▓▪▪如果青春的时光在闲散中度过，那么回忆岁月将是一场凄凉的悲剧。

今日作业

> 　　按照以下要求创建建筑标高并保存，作为今天学习效果的检验。
>
> 　　以默认的建筑样板为准，创建某幼儿园项目标高，其中基础标高为−1.2m，室内草坪地面低于首层地面300mm，室外地坪低于首层地面450mm，首层和二层层高均为3.6m，女儿墙顶高度为900mm。
>
> 　　请根据描述，创建对应标高及楼层平面视图。其中女儿墙及室外地面、室内草坪地面视图不必创建，要求标高名称按题目中描述命名。创建完成后，以"第四天—标高创建"为名保存为项目文件。

第三章　建模基础

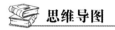 **思维导图**

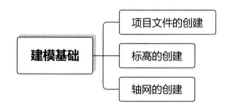

第一节　项目文件的创建

一、章节概述

本节主要阐述建模前期项目文件的创建，学习内容及目标见表 3-1-1。

表 3-1-1　学习内容及目标

序号	模块体系	内容及目标
1	业务拓展	（1）项目文件包含了后期建模过程中的所有数据，建立项目文件是建模工作的基础前提 （2）找到已提供的项目模板 2020.rte 文件，以此为基础建立项目文件，保存为 rvt 格式的项目文件
2	任务目标	（1）完成项目文件的创建 （2）设置基础单位 （3）保存项目文件
3	技能目标	（1）掌握使用"新建"—"项目"命令建立项目文件 （2）掌握使用"项目单位"命令修改项目文件的基础单位设置 （3）掌握使用"保存"命令保存项目文件

二、任务实施

（一）创建项目文件

（1）打开 Revit 2020 软件，在初始界面中单击"文件选项区"内"模型"下"新建…"按钮。

（2）此时弹出"新建项目"窗口，单击"浏览（B）…"按钮，在弹出的"选择样板"窗口内，找到提供的"项目样板2018"样板文件并选中，单击"确定"按钮退出窗口，再次单击"确定"完成项目文件的创建，如图 3-1-1、图 3-1-2 所示。

图 3-1-1　寻找样板

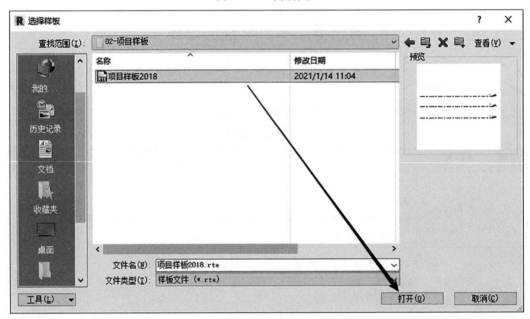

图 3-1-2　选择样板

（二）设置基础单位

（1）进入项目主界面，单击上方"管理"选项卡。单击"设置"面板中的"项目单位"工具，打开"项目单位"窗口。

（2）设置当前项目中的"长度"单位为"毫米（mm）"，舍入"1 个小数位"；"面积"单位为"平方米（m²）"，舍入"2 个小数位"，单击"确定"按钮退出"项目单位"窗口，如图3-1-3、图 3-1-4 所示。

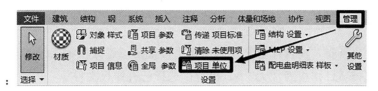

图 3-1-3 设置单位

图 3-1-4 设置单位

（三）保存项目

保存设置好的项目文件，如图 3-1-5 所示。

（1）单击"快速访问工具栏"中保存按钮，弹出"另存为"窗口。

（2）指定存放路径，设置文件命名，再单击"选项"按钮，在弹出窗口中调整备份数及缩略图预览设置。

（3）将"最大备份数"设置为"3"。

（4）单击"保存"按钮，关闭窗口。将项目保存为"综合楼.rvt"。

图 3-1-5 保存项目

三、操作说明

（1）新建项目时，项目样板文件的选择非常重要，可以根据需求自建（新建项目选择样板时，选择项目样板为"无"），也可以选择已有样板文件。

（2）项目样板的创建以及创建样板需要达成的效果，需要在学完整本书内容后方能了解。

（3）在建模初期进行项目单位信息的设置有利于项目基础信息的准确统计。

（4）建模过程中，注意随时保存文件，可以使用快速访问工具栏中的保存按钮或者使用快捷键（Ctrl+S）。

第二节　标高的创建

一、章节概述

本节主要阐述建模前期标高的创建，学习内容及目标见表 3-2-1。

表 3-2-1　学习内容及目标

序号	模块体系	内容及目标
1	业务拓展	（1）Revit 中标高用于体现各类构件在高度方向上的具体定位 （2）在建模之前，要根据项目层高及标高进行规划，决定标高体系创建的类型
2	任务目标	（1）完成项目标高的创建 （2）创建标高对应平面视图
3	技能目标	（1）掌握使用"标高"命令创建标高 （2）掌握使用"复制"命令快速创建标高 （3）掌握使用"平面视图"命令创建标高对应平面视图

以某项目为例，完成本节对应任务后，整体效果如图 3-2-1 所示。

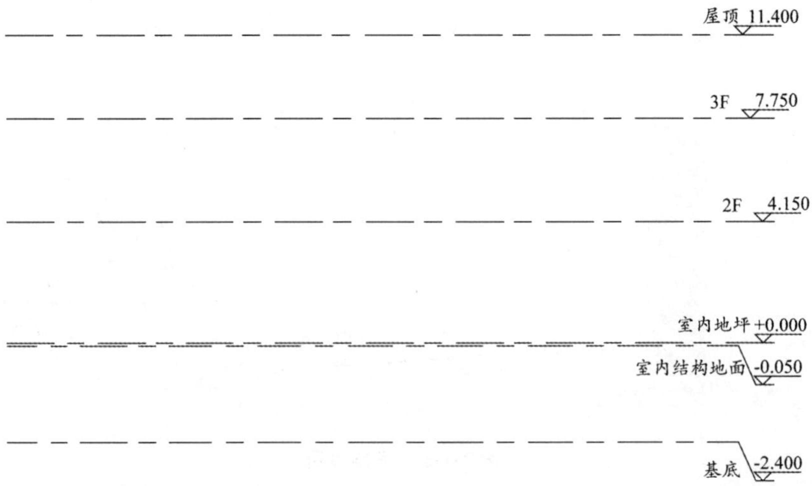

屋顶 11.400

3F　7.750

2F　4.150

室内地坪 +0.000

室内结构地面 -0.050

基底 -2.400

图 3-2-1　效果

二、任务实施

（一）创建项目标高

（1）打开 Revit 2020 软件，并打开上一节中创建的项目文件（单击图标式历史记录或通过打开按钮寻找）。

（2）在绘图区域中可观察到，项目样板中已建立标高 1F、2F 与 3F，且 1F 标高为±0.000，2F 标高为 4.200，3F 标高为 7.800，如图 3-2-2 所示。

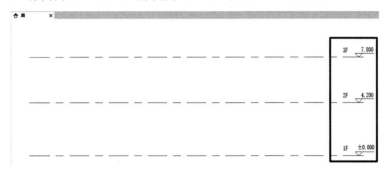

图 3-2-2　进入立面

（二）修改原有项目标高体系

（1）因根据给定的样板文件进行新建项目，默认存在了 1F、2F、3F 三个标高信息，打开小筑教育给定的 CAD 工程图纸，查看结构施工图及建筑施工图得知：1F 结构底标高为－0.05；2F 结构底标高为 4.150；3F 结构底标高为 7.750；屋面结构底标高为 11.400。

（2）单击"1F"标高线选择该标高，单击标高名称，将其重命名为"室内地坪"，弹出提示窗口选择"是"。

（3）选择对应标高线，再单击"2F""3F"对应标高数值，修改标高分别为 4.150 和 7.750，结果如图 3-2-3 所示。

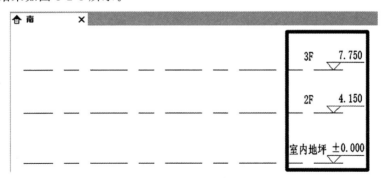

图 3-2-3　修改名称和高度

（三）创建新标高信息

（1）单击"建筑"选项卡下"基准"面板中的"标高"工具，进入"修改｜放置标高"上下文选项卡。

（2）选择"绘制"面板中标高的生成方式为"直线"。单击选项栏中的"平面视图类型"按钮，打开"平面视图类型"窗口，在视图类型列表中仅选择"楼层平面"视图类型（蓝色为被选状态，再次单击可取消），单击"确定"按钮退出窗口，如图 3-2-4 所示（设置完成后，在绘制标高时则会自动生成与标高同名的楼层平面视图。在这里进行室内结构地面、室外地坪、屋顶、基底四个新标高的绘制）。

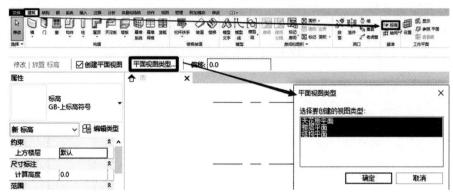

图 3-2-4　选择跟随绘制创建的视图

（3）将光标移至标高"室内地坪"下方任意位置，光标指针此时显示为十字绘制状态，并在指针与标高"室内地坪"间将显示临时尺寸标注（临时尺寸的长度单位为 mm）移动光标指针，当指针与标高"室内地坪"标高线任意端点对齐时，Revit 将显示端点对齐蓝色虚线，单击鼠标左键，确定为标高起点，移动光标指针到"室内地坪"另一端点处长度位置，当对齐虚线显示时，单击鼠标左键完成绘制。

（4）绘制完成后，单击修改标高名称为"室内结构地面"，标高数值改为 −0.050，在选中标高线的状态下，单击标高线上三角符号前的弯头符号（类似闪电样式），即可为标高线添加弯头，添加的弯头可通过拖拽控制点（蓝色小圆点）的方式改变高度位置（拖拽控制点与标高线高度平齐时，弯头将取消），结果如图 3-2-5 所示。

图 3-2-5　绘制标高

（四）复制标高

（1）单击任意标高线，进入"修改｜标高"上下文选项卡，如图 3-2-6 所示。

（2）在"修改"面板中选择"复制"命令，再次单击标高线，向上或向下垂直移动鼠标（也可勾选选项栏处"约束"以便于固定垂直方向，以免手抖导致的方向倾斜），此时弹出临时尺寸标注，直接输入需要的数值即可完成轴线复制。

（3）按照复制的方式完成室外地坪－0.300、屋顶11.400、基底－2.400标高的绘制（或者在复制时勾选"多个"以便于在复制时可以连续输入间距，连续复制多个轴网），如图3-2-6所示。

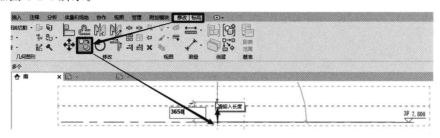

图3-2-6 复制标高

（五）手动创建平面视图

平面视图的视角是以标高为基础创建的。通过剖开对应标高层的模型观察对应标高层的平面表示。

随着标高的创建，其平面视图会跟随创建，创建的视图类型与绘制标高时选项栏处"平面视图类型"设置的内容有关。

通过复制方式创建的标高，其平面视图无法创建。平面视图是否已创建可通过观察标高符号颜色判断：当对应标高的平面视图已被创建时，其符号颜色为蓝色，反之则为黑色。

对于未创建平面视图的标高层，可以在"视图"选项卡中"创建"面板内，单击"平面视图"选择新建"楼层平面"，直接生成对应的楼层平面，如图3-2-7所示。

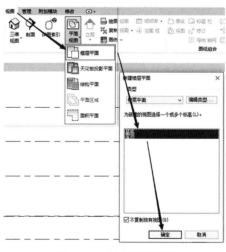

图3-2-7 创建平面视图

三、操作说明

（1）新建标高时，一定要厘清思路，进入立面视图，创建初始标高体系，然后根据图纸进行添加、修改完善对应标高。

（2）在建模初期，要考虑所做专业适合哪类标高体系。一般来说，土建专业建议采

用结构标高体系创建，而机电专业建议采用建筑标高体系创建，这样便于 Revit 后期与其他 BIM 软件进行协同应用。本书以结构标高体系进行建立。

（3）创建标高的方式有绘制、复制、阵列等，在创建时应注意创建方式的不同导致的结果不同，即标高对应视图无法在非绘制状态下自动创建，需要手动单击命令补充。

扫码获取作业解析

第五天

■·■·■世上真不知有多少能够成功立业的人，都因为把难得的时间轻轻放过而致默默无闻。

今日作业

> 按照以下要求创建轴网并保存，作为今天学习效果的检验。
>
> 以第四天的创建成果为基础，创建如下图所示的轴网，并按图示要求调整每层的轴网显示情况，并以"轴网创建"为名保存为项目文件。完成后，将成果以"第五天—轴网绘制"为名保存。

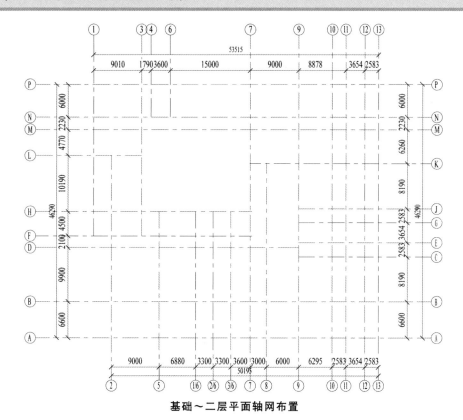

基础～二层平面轴网布置

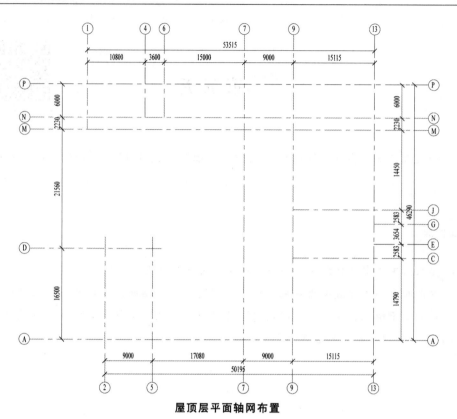

屋顶层平面轴网布置

第三节　轴网的创建

一、章节概述

本节主要阐述建模前期轴网的创建，学习内容及目标见表3-3-1。

表3-3-1　学习内容及目标

序号	模块体系	内容及目标
1	业务拓展	（1）Revit中轴网用于体现各类构件在平面视图上的具体定位 （2）在建模之前，要根据项目平面及轴网信息进行规划，找到最全面的轴网信息，一般为首层建筑平面图
2	任务目标	（1）完成项目轴网的创建 （2）创建轴网标注信息
3	技能目标	（1）掌握使用"轴网"命令创建轴网 （2）掌握使用"复制""阵列"命令快速创建轴网 （3）掌握使用"对齐"命令快速创建轴网标注 （4）掌握使用轴网相关设置，调整轴网名称、轴网高度、轴网长度等内容

完成本节对应任务后，整体效果如图3-3-1所示。

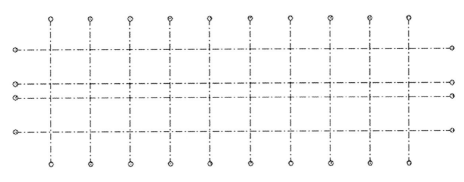

图3-3-1　效果

二、任务实施

（一）创建项目轴网

（1）打开Revit 2020软件，在左下角"项目浏览器"中展开"楼层平面"视图类别。快速双击鼠标左键"室内结构地面"视图名称进入该视图中。

（2）单击上方"建筑"选项卡下"基准"面板中"轴网"工具，如图3-3-2所示。

图 3-3-2　单击轴网命令

（二）绘制竖向轴线

（1）在自动跳转出的"修改｜放置轴网"上下文选项卡下，单击"绘制"面板中"直线"绘制方式。

（2）单击左下角任意点向上拖动鼠标进行绘制，绘制时可以按住 shift 键，以按照正交模式绘制，移动鼠标一定距离后再次单击左键，确定轴线结束终点，完成绘制，最后单击轴端点处数字名称，在弹出输入栏内输入"1-1"完成轴号更改，结果如图 3-3-3 所示。

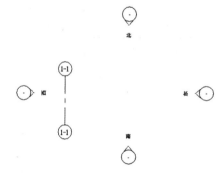

图 3-3-3　平面绘制轴网

（三）使用"复制"及"阵列"功能快速创建轴线

"复制"功能的使用可参照前文"复制标高"内容，此处不再赘述。

"阵列"功能可以一次复制出多条距离相同的轴线，具体操作如下。

（1）单击绘制出的 1-1 号轴线，弹出"修改｜放置轴网"上下文选项卡。

（2）单击"修改"面板中的"阵列"工具，在选项栏中取消勾选"成组并关联"选项，"移动到"选项选择"第二个"，参照所给图纸中"一层平面图"的轴线情况，设置项目数为"10"，勾选"约束"选项。

（3）向右拖动鼠标，然后直接输入"7200"（轴网间距尺寸），再按下"Enter"键，结果如图 3-3-4 所示。

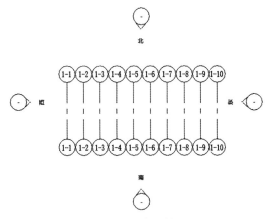

图 3-3-4　阵列轴网

（四）创建竖向轴线尺寸标注

（1）单击"注释"选项卡"尺寸标注"面板中的"对齐"工具。

（2）鼠标指针依次单击轴线"1-1"到轴线"1-10"共计十根轴线，左键单击靠轴网范围下侧空白位置，生成线性尺寸标注。局部轴网如图 3-3-5 所示。

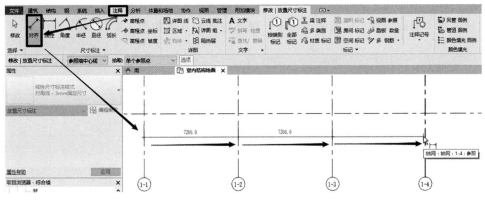

图 3-3-5　标注竖向轴网

（五）创建水平轴网及尺寸标注信息

创建水平轴网操作方式同竖向轴网，可以结合"复制""阵列"命令进行快速创建，注意不同方向的轴网在绘制前应先修改轴号，创建完成后进行对齐标注，同竖向轴线尺寸标注操作方式，结果如图 3-3-6 所示。

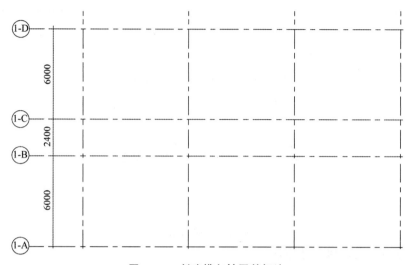

图 3-3-6　创建横向轴网并标注

（六）创建屋顶层轴网平面

由于三层和屋顶层的构造改变，导致部分轴网需要调整其显示和长度，而轴网标号具有唯一性，因此在三层与屋顶层轴网发生改变时，会影响其他层的轴网显示，所以需要通过轴网本身的设置来达到图纸要求。屋顶层轴网效果如图 3-3-7 所示。

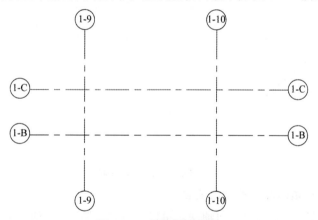

图 3-3-7　调整轴网效果

（1）在左下角"项目浏览器"中展开"立面"视图类别。快速双击鼠标左键"东"视图名称进入该视图中，单击"1-A"轴线，然后单击打开"对齐约束锁"（如图 3-3-8 所示），之后单击轴号下方空心圆部位（即轴线端点），向下拖动"1-A"轴线至"屋顶"下，重复以上步骤同样将"1-D"轴线拖至"屋顶"标高下，结果如图 3-3-9 所示。

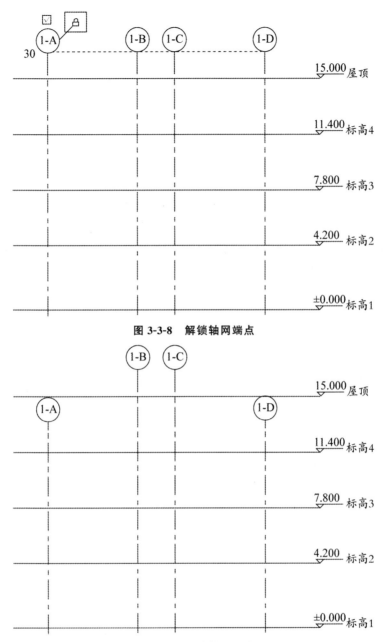

图 3-3-8 解锁轴网端点

图 3-3-9 拖拽轴网端点

（2）在左下角"项目浏览器"中展开"立面"视图类别。快速双击鼠标左键"北"视图名称进入该视图中，单击"1-1"轴线，然后单击打开"对齐约束锁"，之后向下拖动"1-1"轴线端点至"屋顶"标高下，重复以上步骤再拖动"1-2～1-8"轴线端点至"屋顶"标高下，结果如图 3-3-10 所示。

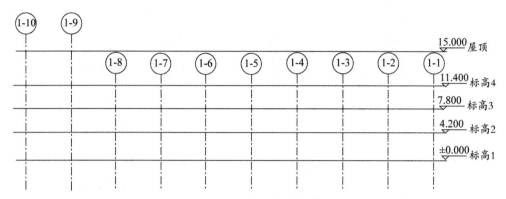

图 3-3-10   解锁并拖拽轴网端点

（3）双击"楼层平面"视图分组中"屋顶"视图名称，进入该视图中，单击"1-C"轴线后单击其"3D"图标（如图 3-3-11 所示）切换为"2D"（如图 3-3-12 所示）。同时轴线端点由空心圆切换为蓝色实心端点样式。

图 3-3-11   3D 状态   图 3-3-12   2D 状态

（4）单击拖拽"1-C"轴线至如图 3-3-13 所示位置。

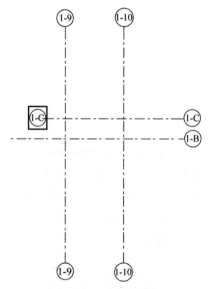

图 3-3-13   拖拽 2D 长度

（5）重复上述步骤将"1-B""1-9""1-10"轴线切换为"2D"后直接拖拽至如图 3-3-14所示位置（轴线端点应对齐）。

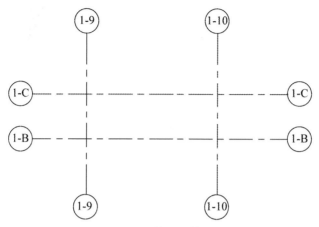

图 3-3-14　轴网调整结果

（七）创建屋顶层轴线尺寸标注

"对齐"功能的使用同竖向轴线尺寸标注内容，此处不再赘述，结果如图 3-3-15 所示。

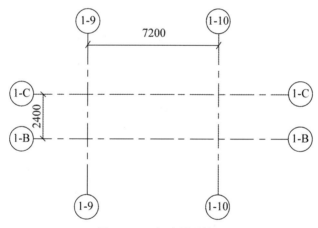

图 3-3-15　标注屋顶轴网

（八）调整绘图区域符号位置

绘图区域符号⊙表示项目中的东、西、南、北各立面视图的位置。

（1）小范围框选，选中任意一个立面视图符号，选取完成后，单击"修改｜选择多个"选项卡下"过滤器"命令，在弹出的窗口中，查看到选中的内容为立面和视图即可，如有其他内容，则取消勾选，然后单击"确定"。

（2）将其移动到轴线外侧进行放置，以保证立面显示效果正常，重复这两步直至四个符号均放到轴线范围外。至此完成全部轴网的绘制与调整任务，如图 3-3-16 所示。

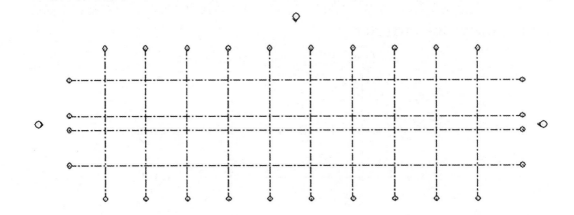

图 3-3-16　移动立面符号

三、操作说明

（1）新建轴网时，进入楼层平面视图，创建竖向轴网、水平轴网，然后根据项目图纸信息修改轴号、轴距等。

（2）在绘制轴网过程中，可以使用"复制""阵列"工具快速创建，提高效率。

（3）绘制轴网完成后，注意使用"对齐"工具添加轴距标注信息，根据图纸信息，通过调整轴号附近的复选框勾选与否来调整轴号的显示隐藏及轴线的长度。

（4）从立面观察轴网，可知轴网有高度属性，当轴网高度不在某层标高范围内（即脱离了对应视图可见范围内）时，再次进入该层标高视图内，视图内对应轴网将消失不见。

（5）立面视图符号可以理解为相机，相机背后的景物无法被摄入镜头内，符号中圆形部分即为机身，三角形部分即为镜头，一般建筑范围均在轴网范围内，因此立面视图符号必须在轴网范围外。

（6）立面视图符号由两部分组成，单击选择只能选择一部分内容，因此必须小范围框选，即仅框选立面符号。

扫码获取作业解析

 第六天

落木无边江不尽，此身此日更须忙。

今日作业

　　按照以下要求布置独立基础，作为今天学习效果的检验。

　　以第五天的创建成果为基础，布置如下图所示尺寸的基础到指定位置上，基础中心与轴网交点对齐，基础顶高为－1.2m，混凝土材料为"C30"，其下有材料为"C15"，厚100，各边比基础底边宽100的基础垫层。完成后，将成果以"第六天—基础布置"为名保存。

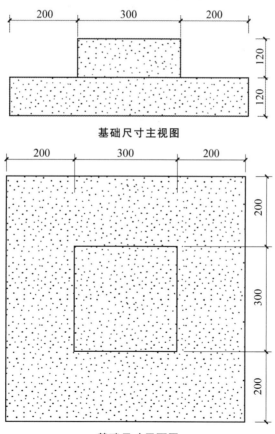

基础尺寸主视图

基础尺寸平面图

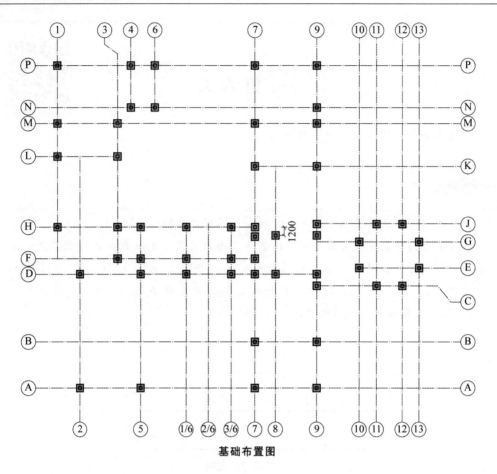

基础布置图

第四章　结构建模

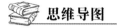 **思维导图**

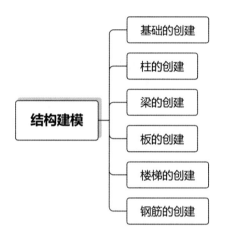

第一节　基础的创建

一、章节概述

本节主要阐述如何创建与绘制基础构件及基础垫层，学习内容及目标见表4-1-1。

表 4-1-1　学习内容及目标

序号	模块体系	内容及目标
1	业务拓展	（1）基础是将结构受力传递到地基上的结构组成部分；垫层是基础下部不可或缺的部分，起到隔离、找平、保护基础等作用 （2）基础形式有多种，一般包括独立基础、筏板基础、条形基础、桩基础等
2	任务目标	（1）完成独立基础族的创建 （2）完成本项目所有独立基础和基础垫层的绘制 （3）对绘制完成的独立基础进行尺寸标注，对基础垫层进行显示
3	技能目标	（1）掌握使用"创建族"命令创建独立基础族 （2）掌握使用"移动""复制""阵列"命令快速放置独立基础 （3）掌握使用"尺寸标注"命令对独立基础进行标注 （4）掌握使用"结构基础：楼板"命令创建基础垫层，进行绘制 （5）掌握使用"视图范围"命令使基础垫层构件显示

完成本节对应任务后，整体效果如图 4-1-1 所示。

图 4-1-1　基础创建整体效果

二、任务实施

（一）创建独立基础构件

1. 创建独立基础

单击 Revit 2020 软件上方"结构"选项卡中的"基础"面板，可以看到包括"结构基础：独立""结构基础：墙""结构基础：楼板"三类基础构件，分别对应独立基础、条形基础、筏板基础三类构件的绘制应用。根据所给图纸中基础平面布置图可以看出，主要基础形式为独立基础。

单击"插入"选项卡下"载入族"命令，在弹出的"载入族"对话框中打开提供的配套文件下"结构"→"基础"文件夹，双击或选中"独立基础"后单击"打开"按钮，将该族载入项目中，如图 4-1-2 所示。

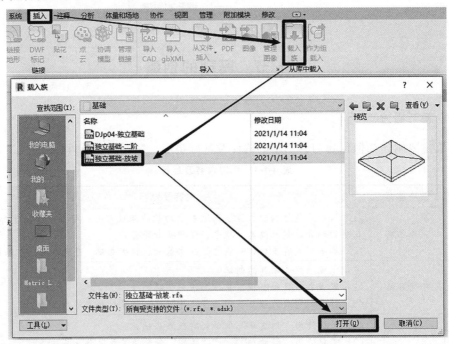

图 4-1-2　载入基础

2. 修改参数信息

（1）载入"独立基础-放坡"族文件后，单击"结构"选项卡的"基础"面板中"独立"命令，此时属性选项板中"类型选择器"内将出现刚载入的基础族，单击"编辑类型"按钮可对基础的长度及宽度等属性进行修改,如图 4-1-3 所示。

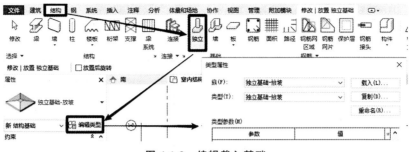

图 4-1-3 编辑载入基础

(2)弹出"类型属性"窗口后,可以查看基础族的尺寸标注信息,单击左下角"预览"按钮即可弹出基础族图形预览窗口,单击任意尺寸参数时,图形预览窗口将同步显示尺寸约束的对应位置,图形预览窗口中操作方式同三维视图中旋转视图方式一致,也可以灵活运用窗口中右上角视图立方以观察参数约束位置,如图 4-1-4 所示。

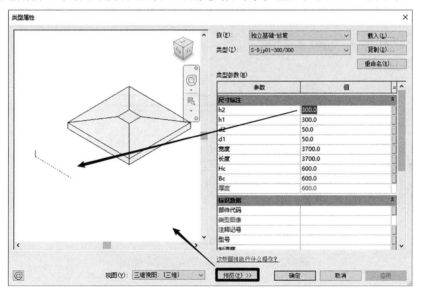

图 4-1-4 调整数值查看对应控制位置

(3)以所给图纸中"基础平面图"内独立基础"Djp01"为例,该族已创建了 Djp01 族类型。参数"h2""h1""宽度""长度""Hc""Bc"分别对应"300""300""3700""3700""600""600",其中"d_1""d_2"是柱外边距基础顶面两侧(一个参数两侧、两个参数四边)外边控制距离,如图 4-1-4 所示。

(4)通过"复制"方式创建族类型。根据上述内容中参数对应尺寸,参照"基础平面图"图纸,分别定义 Djp02、Djp03、Djp05 独立基础构件,根据图纸图示信息,首先单击"复制"创建对应族类型,再修改属性参数与图纸一致,设定完成后单击"确定"即可使用,如图 4-1-5～图 4-1-7 所示。

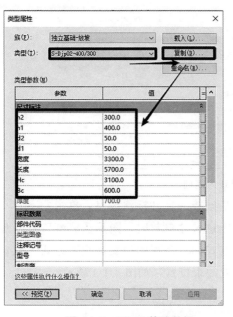

图 4-1-5　Djp02 基础数据

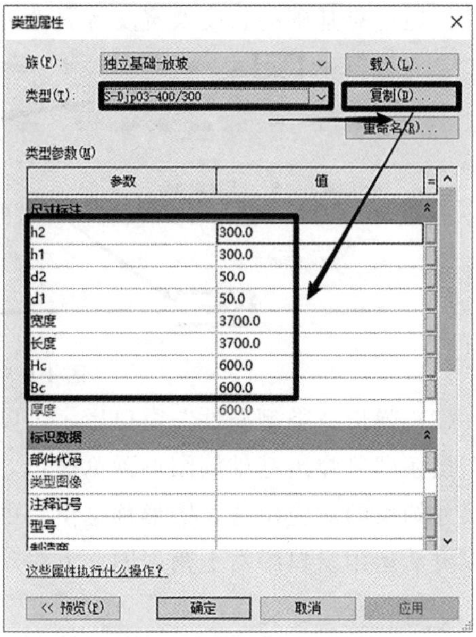

图 4-1-6　Djp03 基础数据

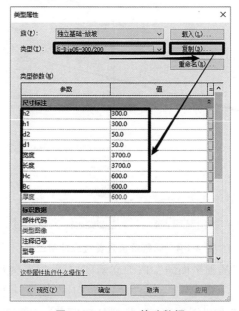

图 4-1-7　Djp05 基础数据

Djp04 因顶部独立柱不对称导致基础顶面偏移，仅靠参数修改已无法达到项目需求，需载入已备好的族文件，操作方式及位置同载入"独立基础-放坡"方式一致。

3. 定义基础材质信息

在布置（单击独立基础命令后）或选中独立基础的状态下（可选中多个），单击"属性"选项板中的"结构材质"右侧按钮，打开"材质浏览器"窗口，当前选择为"混凝土-现场浇注混凝土"，单击鼠标右键，在右键菜单中选择"重命名"，修改为"混凝土-现场浇注混凝土-C30"，单击"确定"按钮，退出"材质浏览器"窗口，如图 4-1-8 所示。

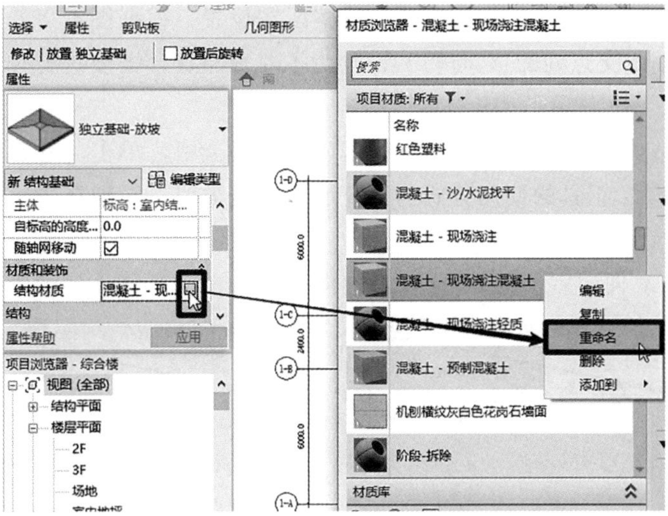

图 4-1-8　设置基础材质

（二）放置独立基础构件

1. 布置独立基础构件

构件定义完成后，开始布置独立基础构件。根据"基础平面布置图"布置放坡独立基础，首先双击"基底"视图名称，进入基底视图。布置独立基础构件操作步骤如下：

（1）在单击独立基础命令时，可在"属性"选项板中找到"S-Djp01-300/300"，设置"标高"属性为"基底"，设置"自标高的高度偏移"属性为"600.0"，按"Enter"键确认。

（2）光标移动到 1-1 轴线与 1-D 轴线交点位置处，单击鼠标左键即可布置 S-Djp01-300/300构件，如图 4-1-9 所示。完成布置后，如不需要再次单击布置，可按"Esc"键取消布置状态。

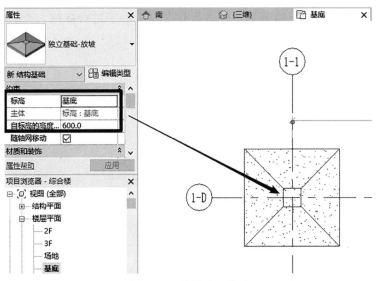

图 4-1-9　放置独立基础

2. 调整独立基础位置

放置独立基础后，需要根据图纸信息调整所在位置。根据图纸可知，基础 Djp01 在 1-1 轴线和 1-D 轴线交点处的 X 向和 Y 向均为不对称布置，需要进行位置调整，具体操作步骤如下：

（1）选中 Djp01 后，在"修改｜结构基础"选项卡中，单击"修改"面板内的"移动"工具（"移动"工具的使用方式与"复制"工具类似，区别在于"移动"工具使用完成后构件会移动而不会复制）。

（2）分别在 X 向向右移动 50 及在 Y 向向下移动 50，如图 4-1-10 所示。

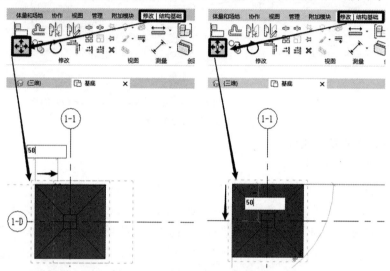

图 4-1-10　调整基础位置

3. 对独立基础进行尺寸标注

根据图纸标注信息，可以使用"对齐"命令对 Djp01 进行标注，"对齐"具体操作方法同轴网内容，此处不再赘述，结果如图 4-1-11 所示。

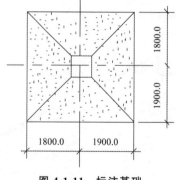

图 4-1-11　标注基础

4. 精确放置独立基础构件

参照上述操作方法，将其他独立基础构件 Djp02、Djp03、Djp04、Djp05 进行布置，并在"属性"选项板"实例属性"区域中进行位置的精确修改，需注意各构件标高设置不同，具体如下：

（1）"S-Djp01-300/300"，设置"标高"为"基底"，"自标高的高度偏移"为"600"。

（2）"S-Djp02-400/300"，设置"标高"为"基底"，"自标高的高度偏移"为"700"。

（3）"S-Djp03-400/300"，设置"标高"为"基底"，"自标高的高度偏移"为"700"。

（4）"S-Djp04-400/200"，设置"标高"为"基底"，"自标高的高度偏移"为"600"。

（5）"S-Djp05-300/200"，设置"标高"为"基底"，"自标高的高度偏移"为"500"。

放置过程中，可以结合"复制""阵列"等工具快速放置，全部完成后，结果如图4-1-12所示。

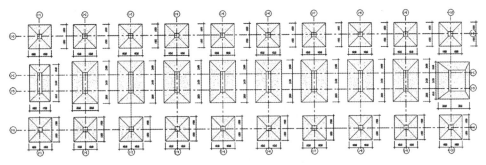

图 4-1-12 放置并标注基础

5. 查看绘制成果三维样式

（1）单击"快速访问工具栏"中"三维视图"按钮（小房子样式图标），切换到三维模式进行查看。

（2）单击"视图控制栏"中"视图样式"按钮，选择"真实"模式，如图4-1-13所示。

图 4-1-13 查看基础成果

（三）创建基础垫层构件

在Revit软件中没有专门的基础垫层构件，一般使用"结构基础：楼板"工具创建基础垫层，命名"垫层"即可。

（1）在"项目浏览器"中展开"楼层平面"视图类别，双击"基底"视图名称，进入"基底"楼层平面视图。

（2）单击"结构"选项卡下"基础"面板中的"板"工具（全称为"结构基础：楼板"）。

（3）单击"属性"选项板中的"编辑类型"按钮，打开"类型属性"窗口。

（4）单击"复制"按钮，弹出"名称"窗口，输入"100 厚 C15 素混凝土垫层"，单击"确定"关闭命名窗口，如图 4-1-14 所示。

（5）单击"类型属性"窗口中"结构"属性右侧"编辑"按钮，进入"编辑部件"窗口，修改"结构［1］"的"厚度"为"100"，如图 4-1-15 所示。

（6）单击"结构［1］"的"材质"中"〈按类别〉"右侧"..."按钮（单击按类别文字后出现），进入"材质浏览器"窗口，在该窗口中找到"混凝土-现场浇注混凝土-C30"材质，右键选择"复制"，并将复制出的材质名称修改为"混凝土-现场浇注混凝土-C15"。单击"确定"关闭窗口，再次单击"确定"退出"类型属性"窗口，此时属性信息修改完毕，如图 4-1-16 所示。

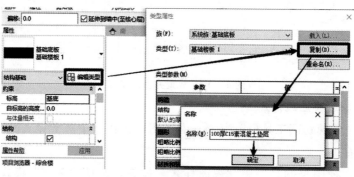

图 4-1-14　设置垫层类型

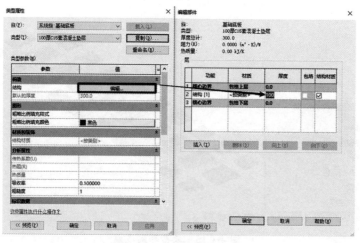

图 4-1-15　设置垫层尺寸

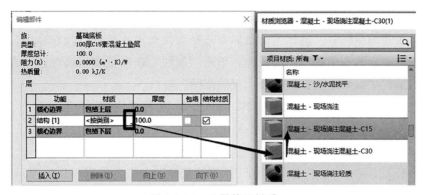

图 4-1-16　设置垫层材质

（四）放置基础垫层构件

1. 布置基础垫层构件

在定义完成基础垫层构件后，根据"基础平面布置图"得知基础垫层出边距离为100mm，垫层顶标高为－2.500m。布置基础垫层构件的具体操作如下：

（1）在"属性"选项板设置"标高"为"基底"，"自标高的高度偏移量"为"0.0"（设置时，光标不可移出"属性"选项板范围，光标移出即视为修改完成）。

（2）在"绘制"面板中选择"矩形"方式，选项栏中"偏移量"设置为"100"。

（3）以 Djp01 的基础垫层为例，光标移动至 1-1 轴与 1-D 轴间的 S-Djp01-300/300 构件左上角位置单击鼠标左键，松开左键，移动鼠标，当粉色矩形框（基础板边界）到达 S-Djp01-300/300 构件的右下角时再单击鼠标左键。

操作过程如图 4-1-17 所示。

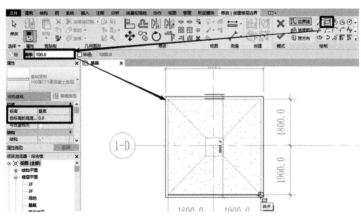

图 4-1-17　绘制垫层

（4）绘制完成后，单击上下文选项卡中"模式"面板内绿色对勾确认，待弹出"是否载入跨方向符号族"窗口，单击"否"即可（使用非本书提供的样板可能不会弹出此窗口，但不影响后续操作）。

2. 修改视图范围

由于基底标高为－2.400，垫层顶部标高也是－2.400，这种情况下，在基底平面视图下是默认不显示垫层的。修改视图范围的具体操作如下：

（1）单击视图空白处，确认当前鼠标未选择图元也未执行任何操作命令，此时"属性"选项板内显示的即为视图相关属性，单击"属性"选项板实例属性区域内"视图范围"属性右侧的"编辑"按钮，打开"视图范围"窗口。

（2）在"底部（B）"右侧"偏移（F）"处输入栏内输入"－100"，在"标高（L）"右侧"偏移（S）"处输入栏输入"－100"，随后单击"确定"按钮，关闭窗口，如图 4-1-18 所示。

此时 S-Djp01-300/300 构件下面的 100 厚垫层显示出来，如图 4-1-19 所示。

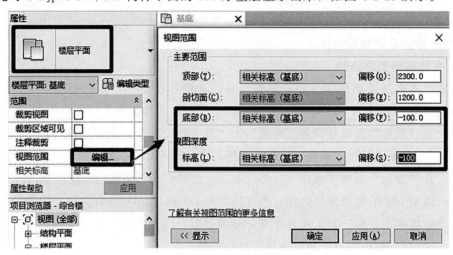

图 4-1-18　修改视图范围

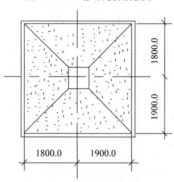

图 4-1-19　查看垫层成果

3. 绘制其他基础垫层

根据上述操作，完成其他独立基础垫层构件的绘制，单击三维视图查看效果，布置完成后基底平面视图如图 4-1-20 所示，三维视角如图 4-1-21 所示。绘制过程中大小一致的垫层可用"复制""阵列"命令快速布置。

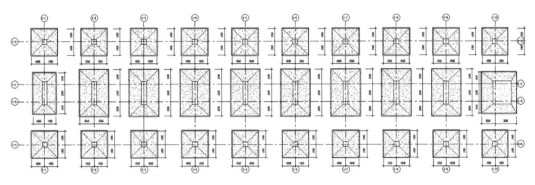

图 4-1-20 绘制所有垫层

图 4-1-21 查看基础与垫层效果

4. 成果保存

单击"快速访问工具栏"中"保存"按钮，保存当前项目成果。

三、操作说明

（1）新建独立基础时，进入基底楼层平面视图，以"独立基础－放坡"族文件为基础创建所需族文件，也可以使用下载导入的族文件或族库大师等三方插件快速导入族文件，将修改好的族文件导入到项目，根据基础平面图相应标注定义每一个基础构件，定义完成后，进行位置布置。

（2）新建基础垫层时，一定要厘清思路，进入基底楼层平面视图，以"结构基础：楼板"为参照创建基础垫层构件，修改对应属性参数，根据已绘制的基础边线为参照，通过设定偏移量，以绘制"矩形"方式创建垫层，更加便利。

（3）在放置基础和垫层构件过程中，可以结合"移动""复制""阵列"等工具命令快速放置构件，快速高效。

（4）可以使用"对齐"命令标注独立基础边线尺寸及距离轴线的尺寸等信息。

（5）可以设置楼层平面"属性"中"视图范围"，将低于或高于本楼层的构件通过设置主要范围和视图深度加以显示，形象直观。

四、基础创建知识拓展

（一）筏板基础的创建

筏板基础可以使用"结构"选项卡下"基础"面板中的"结构基础：楼板"命令进行创建，绘制并编辑厚度的方法同"基础垫层"构件，注意设置标高和偏移，绘制方式根据需求选择即可，结果如图 4-1-22 所示。

图 4-1-22　板基础

（二）条形基础的创建

条形基础可以使用"结构"选项卡下"基础"面板中的"结构基础：墙"命令进行创建，修改调整族属性和参数，绘制时可以单击"选择多个"按钮（不单击则为单选生成），框选（选择多个墙体）或单击（选择某个墙体）选中需要布置条形基础的墙体，单击"完成"即可生成，如图 4-1-23、图 4-1-24 所示。

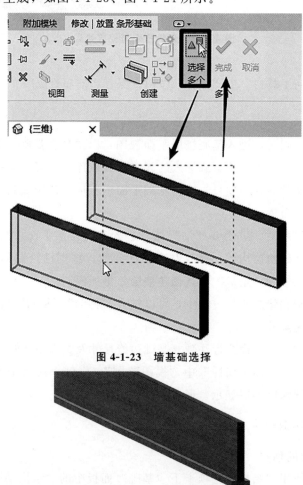

图 4-1-23　墙基础选择

图 4-1-24　墙基础创建

创建完成后，按"Esc"键取消放置条形基础状态。再单击选择创建的条形基础构件，单击"属性"选项板中"编辑类型"按钮，在弹出的窗口中，可通过"结构材质""宽度""基础厚度"参数来修改基础的材质、宽度和厚度。

修改"结构用途"参数为"承重"时，基础宽度数值等于实际基础宽度；参数为"挡土墙"时"基础长度"参数分为"坡脚长度"和"根部长度"且以墙左右边为准调整基础宽度（即实际宽度为两边长度加上墙厚），如图4-1-25所示。

图 4-1-25　墙基础设置

五、基础施工流程

一般基础是在基坑开挖后开始进行施工的，施工过程中要注意基坑的清理以及基础的定位（抄平放线），基础施工流程为浇筑垫层混凝土→放置钢筋（此时，支撑结构主体的结构柱或者地下结构墙也应绑扎完成）→支模板→浇筑基础混凝土→地下结构柱、结构墙等构件支模板→浇筑柱或墙混凝土→基坑回填。

（一）技术流程

1. 浇筑垫层混凝土

首先清理槽，即清理基坑，按照图纸要求，清理基槽底部杂物，并将底部处理到坚实紧密的程度，然后以场地内做好的垫层轮廓线为准支起模板，最后在模板内浇筑混凝土，并处理垫层混凝土使其满足下一步工作要求。

2. 绑扎地下部分构件钢筋

根据图纸放线，找出图纸在现实工作场地中对应的轴线、结构柱、墙、地梁、基础等位置，然后在相应位置放置并绑扎钢筋。

3. 浇筑基础混凝土

根据前一工作步骤中放好的基础、地梁等相关轮廓线，支模板，然后在模板内浇筑混凝土，最后处理好混凝土使其满足下一阶段工作要求。

4. 回填土

回填前，应对基础、箱型基础墙或地下防水层、保护层等进行检查验收，并办理好隐检手续。基础混凝土强度应达到规定要求，方可进行回填土。根据工程特点、填方土料种类、密实度要求、施工条件等合理确定填方土料含水率控制范围、虚铺厚度和压实遍数等参数。重要回填土方工程，其参数应通过压实试验来确定，回填土每层填实后，应按规范规定进行环刀取样，测出干土的质量密度，达到要求后，再进行上一层的铺土。填土全部完成后，应进行表面拉线找平，凡高出允许偏差的地方，及时依线铲平；凡低于标准高程的地方应补土夯实。

（二）质量及安全隐患注意要点

（1）放线时，轴线有偏差，可能会导致基础部分定位错误。

（2）筏板基础，方案中由于计算错误，施工中可能会引起筏板钢筋重力失衡，导致筏板钢筋倒塌。

（三）基础建模与建造的区别

（1）建模流程与建造流程：两者一致，均是从下往上做结构主体，自下往上的建模过程中，会逐渐增进对整体结构布设的理解，便于继续建模。

（2）建模的技术流程与施工技术流程：模型不可能将每一步的施工操作体现在模型中，如果要体现出这些，将每个工作流程和工人操作步骤体现在模型中，那应该单独做一个典型的用于施工交底的单个模型，否则整个建模速度和效率将大大降低。

（3）基础的整体建模是先做型体，再补充钢筋，所以在一开始制作型体时，应该为后期添加钢筋做考虑，设置相应正确的保护层。建造流程是先画线定好型体范围，根据范围找到钢筋位置（减去保护层得知），最后在模板内浇筑型体（保护层是外侧钢筋距离混凝土表面的距离）。

扫码获取作业解析

第七天

年难留，时易损。

今日作业

按照以下要求创建结构柱并保存，作为今天学习效果的检验。

以第六天的创建成果为基础，布置240×240结构柱到以下图示指定位置上，柱混凝土材料为"C30"，一层柱底部需与基础顶面相连。完成后，将成果以"第七天——混凝土柱布置"为名保存。

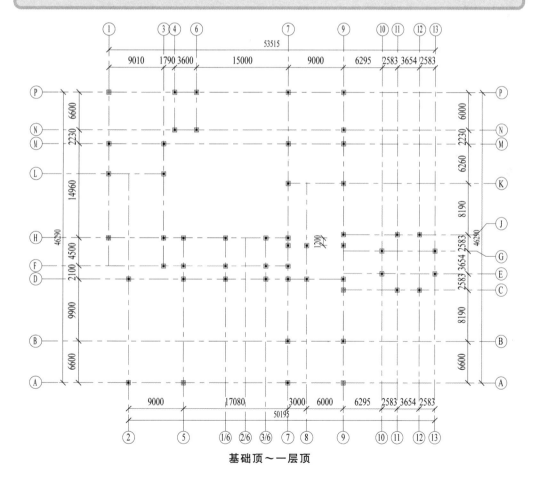

基础顶～一层顶

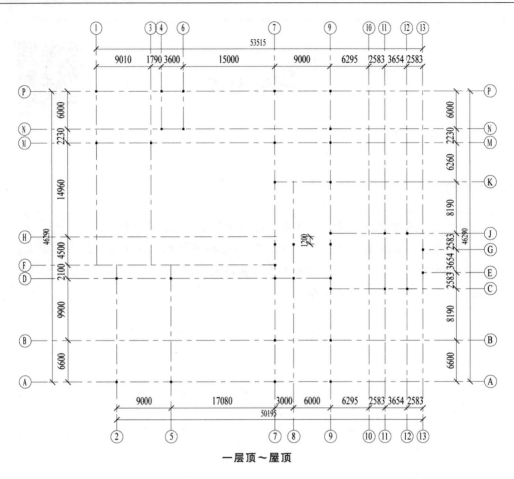

一层顶～屋顶

第二节　柱的创建

一、章节概述

本节主要阐述如何创建与绘制结构柱构件及梯柱构件，学习内容及目标见表4-2-1。

表 4-2-1　学习内容及目标

序号	模块体系	内容及目标
1	业务拓展	（1）柱是建筑物中竖向承重的主要构件，承托在它上方所受荷载重量 （2）柱的形式有多种，包括框架柱、框支柱、暗柱等 （3）梯柱为楼梯框架的支柱，一般分为两类，包括独立柱和框架柱
2	任务目标	（1）完成本项目结构柱的创建及绘制 （2）完成本项目梯柱的创建及绘制
3	技能目标	（1）掌握使用载入"结构柱"命令创建修改结构柱族 （2）掌握使用"柱"命令创建放置结构柱及梯柱 （3）掌握使用"过滤器""复制到剪贴板""粘贴""与选定的标高对齐"等工具命令快速创建结构柱及梯柱

完成本节对应任务后，整体效果如图 4-2-1 所示。

图 4-2-1　结构柱创建成果

二、任务实施

Revit 软件中提供了两种不同性质的柱：结构柱和建筑柱。单击"建筑"选项卡下"构建"面板中"柱"下三角，可看到"结构柱"以及"柱：建筑"两个柱命令。同时"结构"选项卡下"结构"面板中也有"柱"命令，实际也是结构柱，只是位置不同。建筑柱和结构柱在 Revit 软件中所起的功能与作用各不相同，其中建筑柱主要起到装饰和维护作用，而结构柱则主要用于支撑和承载重量。对于大多数结构体系，一般采用结构柱。下面以综合楼案例为例，重点讲解"结构"选项卡"结构"面板中的"柱"创建项目结构柱的操作步骤。

（一）创建结构柱构件

1. 载入"结构柱"族文件

（1）在"项目浏览器"中展开"楼层平面"视图类别，双击"基底"视图名称，进入"基底"楼层平面视图。

（2）单击"插入"选项卡"从库中载入"面板中的"载入族"命令。

（3）在弹出的"打开"窗口中，打开"结构"→"柱"→"混凝土"文件夹。

（4）单击"混凝土"文件夹中"混凝土-矩形-柱.rfa"，单击"打开"命令，载入到综合楼项目内，如图4-2-2所示。

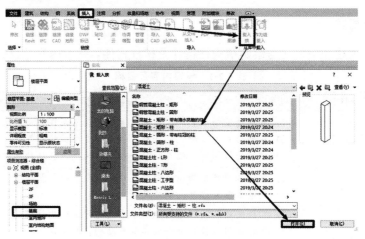

图4-2-2 柱族载入

2. 建立结构柱构件类型

（1）单击"编辑类型"后，选择"复制"命令，输入类型名称为"S-KZ1-600×600-基础顶-4.150标高"（"S"是structure的首字母，意指"结构"），单击"确定"按钮关闭命名窗口。

（2）根据所提供的结构图纸中"基础顶4.150柱平法施工图"的柱截面信息，分别在"b"位置输入"600"，"h"位置输入"600"，单击"确定"按钮退出"类型属性"窗口，如图4-2-3所示。

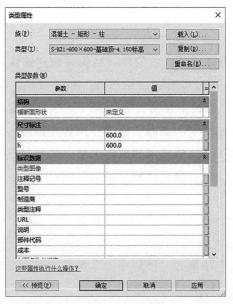

图4-2-3 柱族调整

3. 建立其他结构柱构件

根据"基础顶 4.150 柱平法施工图""4.150～11.400 柱平法施工图"图纸中柱截面信息，按照上述操作方法，建立其他框架柱构件，包括基础顶～4.150 标高内的 KZ2、KZ3、KZ4、KZ5、KZ6（1-2 轴线/1-3 轴线与 1-A 轴线/2-G 轴线范围内，尺寸为 400×400），4.150～11.400 标高内的 KZ1、KZ2、KZ3、KZ4、KZ5 以及 11.400～15.000 标高内的 KZ2a、KZ5a 等柱构件，定义完成后如图 4-2-4 所示。

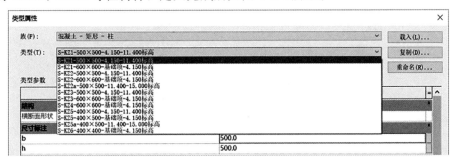

图 4-2-4　柱族类型设置

（二）放置结构柱构件

1. 布置基础顶～4.150 标高范围结构柱构件

（1）首先进入"基底"楼层平面视图，再根据图纸中柱标注信息，单击"结构柱"命令，在"修改｜放置结构柱"上下文选项卡中，单击"放置"面板中的"垂直柱"，即生成垂直于标高的结构柱。

（2）选项栏选择"高度"，到达标高选择"2F"。

Revit 软件提供了两种确定结构柱高度的方式：高度和深度。高度是指从当前标高（当前视图默认的标高，即视图用哪个标高创建的哪个就是默认的标高）为柱底部，柱体按规则向上生长，顶部标高在选项栏中自行设置的方式确定结构柱高度；深度是指从当前标高（当前视图默认的标高）为柱顶部，柱体按规则向下生长，底部标高在选项栏中自行设置的方式确定结构柱高度。

（3）在"属性"选项板中类型选择器内找到"S-KZ1-600×600-基础顶～4.150 标高"类型，光标移到 1-2 轴与 1-A 轴交点位置处，单击左键布置"S-KZ1-600×600-基础顶～4.150"独立基础，操作过程如图 4-2-5 所示。当弹出如图 4-2-6"警告"窗口时，单击右上角叉号关闭即可。

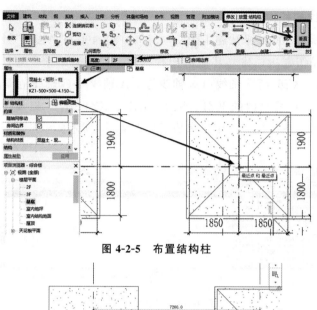

图 4-2-5　布置结构柱

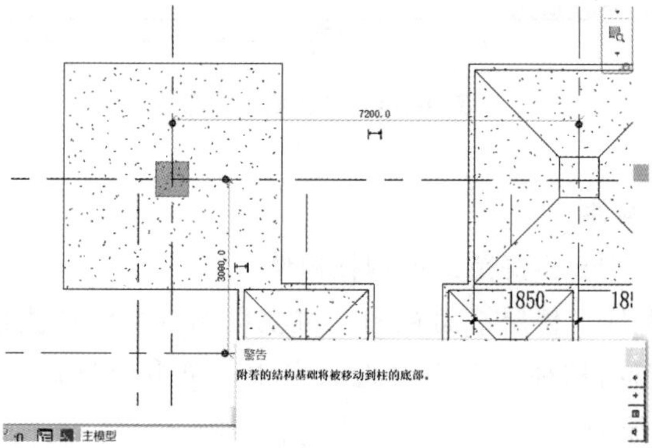

图 4-2-6　基础跟随柱底部警告

（4）单击"快速访问工具栏"中三维视图按钮（小房子样式），切换到三维，可以看到原本的独立基础向下移动到了垫层构件的下面，如图 4-2-7 所示。

图 4-2-7　基础跟随柱底部结果

出现上述现象的原因在于该 KZ1 框架柱的标高范围为"基础顶～4.150"，但是在"基底"楼层平面进行绘制，默认柱底标高就变成了基础底，而独立基础会自动跟随柱底部高度（这个设置无法更改），因此要对框架柱设置合适的底部偏移。

（5）选中该 KZ1，在"属性"选项板中设置"底部标高"为"基底"，输入"底部偏移"为"600"（原因是该 KZ1 下方的独立基础厚度为 600mm，现在要设置 KZ1 的底部标高变为实际上的基础顶面，所以要偏移输入 600，在放置其他结构柱构件时，同样要考虑下方独立基础的厚度，按照同样的方式进行处理）。

（6）"顶部标高"为"2F"，因"2F"处标高为 4.150，因此不用输入顶部偏移，默认为"0"即可，按"Enter"键确认，弹出 Revit 警告，单击"确定"即可，如图 4-2-8 所示。

（7）再次查看三维效果，可以看出垫层移到了基础底部，结构柱放置正确，如图 4-2-9 所示。

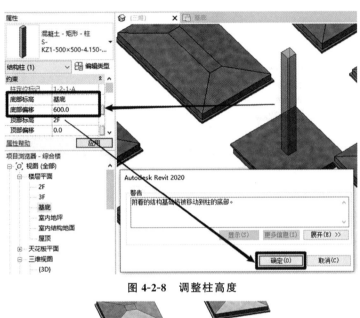

图 4-2-8　调整柱高度

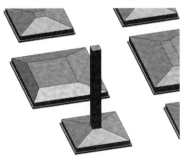

图 4-2-9　调整柱高度成果

2. 精确调整结构柱的放置位置

在放置结构柱过程中，根据图纸标注定位，往往出现多处需要做偏移定位调整的情况。根据"结施-4"图纸，可以看出 1-2 轴线交 1-A 轴线处的柱中心在 Y 向向上偏移了 50。可参考移动独立基础的操作，将结构柱移动，以符合图纸。

在放置柱过程中，如果想隐藏其他已有构件，如独立基础，可以先选中独立基础，通过单击下方"视图控制栏"中的"临时隐藏/隔离"（隐藏是指将选中的图元或类别隐藏；隔离是指只显示选中的图元或类别，该命令图标为眼镜样式），这里选择"隐藏"，显示内容就不再包括独立基础，如果想恢复原来的显示状态，可以再次单击该命令"重设临时隐藏/隔离"选项即可恢复，如图 4-2-10、图 4-2-11 所示（已打开视图名称以标签形式显示在上方，可直接单击标签切换绘图区中视图）。

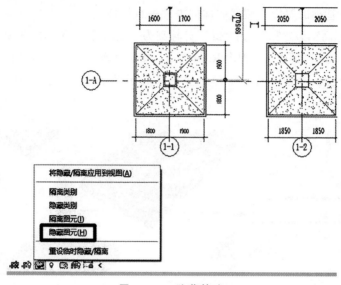

图 4-2-10　隐藏基础

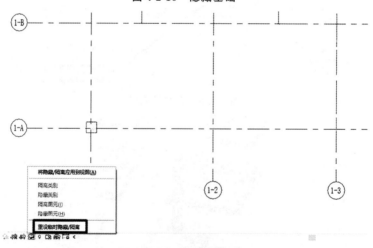

图 4-2-11　恢复隐藏基础

3. 放置基础顶～4.150 标高范围内其他结构柱构件

根据上述操作方法，结合图纸中柱标注信息，放置其他结构柱构件，包括基础顶～4.150 标高范围内的 KZ1、KZ2、KZ3、KZ4、KZ5、KZ6 等柱构件。放置完成后，根据图纸定位对其位置进行精确调整，包括水平定位的调整和底部偏移的调整，操作同前。调整完成后，对其进行尺寸标注。

放置过程中，可以结合"移动""复制""阵列"等工具命令快速放置，提高效率。全部放置及调整完成后如图 4-2-12 所示。

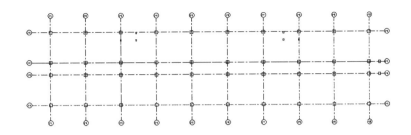

图 4-2-12 修改工具布置结构柱

创建完成后，其他结构柱底部应根据基础高度参考本节基础厚度操作进行调整，然后再单击"快速访问工具栏"中"默认三维视图"查看三维效果，如图 4-2-13 所示。

图 4-2-13 一层结构柱布置效果

4. 放置 4. 150～11. 400 标高范围内其他结构柱构件

为了绘图方便，可以将首次放置的结构柱构件复制到其他楼层，再进行构件的替换及位置的精确调整。具体操作如下：

（1）进入"基底"楼层平面视图，框选所有柱构件，单击上方"选择"面板中"过滤器"命令，在弹出的窗口中仅勾选"结构柱"，然后单击"确定"，以避免多余选择。此时 Revit 自动切换至"修改｜结构柱"上下文选项，如图 4-2-14 所示。

（2）单击"剪贴板"面板中"复制到剪贴板"工具，然后单击"粘贴"下"与选定的标高对齐"工具，如图 4-2-15 所示。

（3）待弹出"选择标高"窗口，选择"2F"，单击"确定"按钮，当前复制操作已完成。此时被复制出的结构柱处于被选中状态，直接调整"属性"选项板中"顶部偏移"为"3650"（二层到屋顶层层高）或者直接调整"顶部标高"为"屋顶"，再切换到"2F"楼层平面视图查看复制效果，如图 4-2-16 所示。

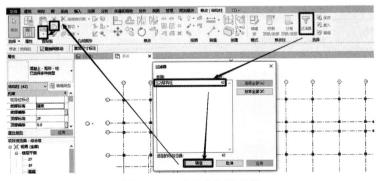

图 4-2-14 跨层复制结构柱

图 4-2-15　跨层粘贴结构柱

图 4-2-16　粘贴结构柱数据调整

复制完成后，由于 4.150～11.400 这一层与下层柱信息不同，需要将复制的图元进行更换。具体操作如下：

（1）选择一个"S-KZ1-600×600-基础顶～4.150 标高"类型的柱图元，单击鼠标右键选择"选择全部实例→在视图中可见"，此时"2F"当前视图中所有的"S-KZ1-600×600-基础顶～4.150 标高"这一类型的柱图元会全部被选中。

（2）在"属性"选项板中的类型选择器内选择"S-KZ1-500×500-4.150～11.400 标高"，此时所有被选中的柱图元将自动进行替换，如图 4-2-17 所示。

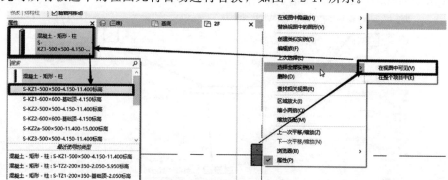

图 4-2-17　替换结构柱

按照上述方法，完成"2F"其他结构柱构件的替换，同时删除复制到"2F"的KZ6，替换完成如图4-2-18所示。

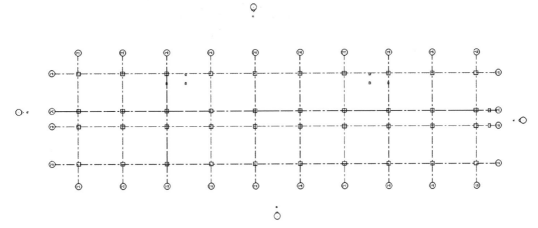

图 4-2-18　替换结构柱

替换完成后，根据图纸中柱的水平定位进行修改，操作方法同前（"移动"工具的使用），完成后单击"默认三维视图"查看三维效果，调整完成后如图4-2-19所示。

图 4-2-19　一～二层结构柱效果

5. 放置 11.400～15.000 标高范围内其他结构柱构件

按照上述方法，绘制11.400～15.000结构柱（标高计算至15.000），并进行尺寸标注，完成后如图4-2-20所示。

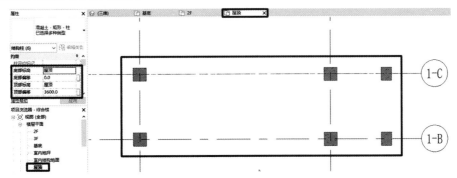

图 4-2-20　屋顶层结构柱布置

单击"默认三维视图"查看整体效果，如图4-2-21所示。

图 4-2-21　一层～屋顶层设备间结构柱布置效果

（三）创建梯柱构件

创建梯柱的过程与结构柱类似，由于 Revit 软件中没有专门绘制梯柱构件的命令，所以一般使用"结构"选项卡"结构"面板中的"柱"工具创建梯柱构件类型，在命名中包含"梯柱"或"TZ"类文字即可。

根据"楼梯详图"图纸，本项目中包含 TZ1 和 TZ2 两类梯柱构件，其中 TZ1 的标高范围为基础顶～2.050，TZ2 的标高范围为 2.050～5.950。根据前文"结构柱"的创建方法，定义 TZ1 和 TZ2 两个族构件，定义完成如图 4-2-22、图 4-2-23 所示。

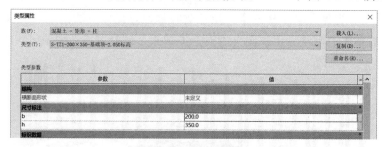

图 4-2-22　梯柱设置一

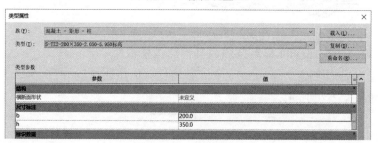

图 4-2-23　梯柱设置二

（四）放置梯柱构件

（1）放置梯柱构件操作方法同结构柱，先进入"基底"楼层平面视图，根据楼梯详图放置 TZ1 构件，放置完成后，可以对其柱边界和附近柱边界或轴线使用"对齐"尺寸标注工具，注释其尺寸间距。通过单击梯柱，使尺寸变为可编辑状态，随后参考图纸信息，精确调整梯柱位置即可，完成后再根据图纸进一步完成高度的控制。过程如图 4-2-24所示。

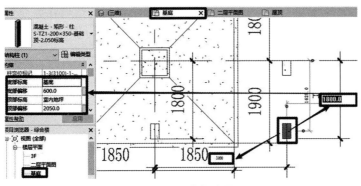

图 4-2-24　梯柱放置

（2）放置"2F"的 TZ2，由于 TZ2 和 TZ1 的平面定位相同，只是空间位置不同，操作方法可以使用"复制到剪贴板""与选定的标高对齐"等命令，将在"基底"放置的 TZ1 复制到"2F"楼层平面，然后替换为 TZ2 构件，修改底部标高、顶部标高及对应的偏移量，具体操作同前文。

（3）至此完成整个项目所有的框架柱与梯柱绘制，保存项目，然后单击"默认三维视图"查看三维整体效果，如图 4-2-25 所示。

图 4-2-25　梯柱布置效果

（五）调整柱材料

选择已完成的柱构件，在"属性"选项板的"结构材质"中选择"混凝土-现场浇注混凝土-C30"，如图 4-2-26 所示。

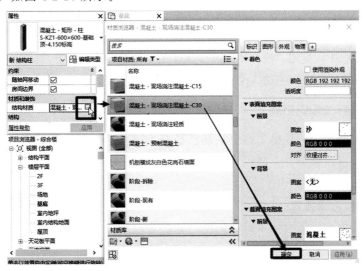

图 4-2-26　结构柱调整材质

调整实例属性"材质"的方式有两种，一是直接在放置结构柱之前单击该属性进行调整，二是在放置结构柱之后手动选择调整。

前者优点在于：材料在被放置构件前已被指定，放置完构件后，构件材料不需要后续手动调整。缺点在于：当更换了新的柱类型后或需要更换新材料时，仍需要再次更改，若有不及时或忘记更改，后续放置的柱材料均错误，一旦构件过多，手动调整时很容易遗漏，故不建议不熟悉软件和图纸的人员使用此方法。

后者优点在于：所有柱子均是未经修改的，可直接框选某个范围内的柱，直接更改被选中的柱材料，同时也需要十分熟悉图纸并及时与原图纸对照，以免漏改、多改。

三、操作说明

（1）新建结构柱时，一定要厘清思路，结合柱平面施工图，分析对应柱标高范围和定位信息等内容，进入对应的楼层平面视图，以载入的结构柱族文件为基础创建修改所需族文件，根据图纸信息定义每个柱构件，定义完成后，根据图纸位置进行布置。

（2）新建梯柱的方法同结构柱，注意结合图纸进行标高的修改。

（3）绘制柱构件过程中，可以结合"移动"修改平面定位，选中柱构件可以在"属性"选项板中进行底部标高、顶部标高、底部偏移和顶部偏移的设定，决定其空间位置。同时可以使用"对齐""复制""阵列""在轴网处"等工具命令快速放置柱，提高建模效率。

（4）可使用"复制到剪贴板""与选定的标高对齐"等命令将放置的图元进行层间复制，复制后根据图纸信息修改平面定位、标高设定、偏移量等信息，如需修改替换其他构件，先选中放置后的图元，在"属性"选项板下拉选择其他构件，完成图元的替换。

（5）随书案例相对较为简单，如遇复杂工程图纸，每层对应的框柱型号不一定上下一致，所以直接选中所有类似型号的构件再替换，完成后务必要把替换完成的框柱单独隔离，模型和图纸逐个进行对照，将不同型号的框柱替换为正确的类型。

（6）建模过程中，使用"过滤器"进行选择是一种非常便利的方式，同时可以结合"临时隐藏/隔离"在当前视图中控制构件图元的显示和隐藏情况，有利于建模过程清晰化。

四、结构柱相关知识拓展

在基础施工时，结构柱地下部分钢筋已经开始绑扎。在基坑回填时，结构柱、墙已经施工到建筑首层顶板部分。随后，二层及以上结构柱的施工阶段始终与墙、楼梯一同进行。

（一）结构柱技术流程

（1）柱钢筋绑扎：由于地下部分的柱与基础直接相连，故两部分的钢筋绑扎可同时进行。

（2）支柱模板：在支柱模板时，首先应熟悉图纸，确定结构柱位置，根据做好的施工放线（明确的柱位置及高度）、批准的模板施工方案进行结构柱的模板施工。

（3）浇筑混凝土：浇筑前，办理隐检手续，验收合格后方可浇筑混凝土。

（二）质量与安全隐患注意要点

（1）柱首次浇筑时，应先向柱模的底部铺一层 50～100mm 厚、与混凝土成分相同的水泥砂浆，然后才能浇筑混凝土。

（2）当柱浇筑高度小于或等于 3m、断面尺寸大于 400mm×400mm、且无交叉箍筋时，混凝土可由柱顶部直接倒入；当柱浇筑高度超过 3m 时，可设置串筒、导管、溜槽或在模板侧面开门子洞下料。混凝土必须分段浇筑，每段的浇筑高度不得超过 2m。

（3）柱的断面尺寸小于 400mm×400mm 或有交叉箍筋时，应在柱模侧面开设浇灌洞口，在洞口处装设溜槽下料，并应分段浇筑，每段高度不得大于 2m。

（三）结构柱建模与建造的区别

（1）结构柱施工属于基础施工之后的内容，建模过程也是一样，但应注意建模时，结构柱底部会自动吸附柱底附近的独立基础模型（"独立基础"命令创建的模型），设定结构柱高度时，最好一次设定正确。

（2）结构柱建模时，一般不建议跨层设置尺寸同样大小的结构柱，直接设定顶部高度到最高层数，不方便后期修改，以及模型转化到其他软件中使用时的辨识问题。

（3）在结构件中，结构柱的默认剪切关系低于板、墙，但高于梁和独立基础（仅限于独立基础命令制作的基础，板基础也同样属于板类，所以高于柱），与其他结构构件接触时，会自动触发剪切关系（柱子被墙板剪切，但剪切梁、同时吸附基础到柱底），计量时应注意这一点，控制其剪切关系。

扫码获取作业解析

第八天

▪▪▪把握住今天，胜过两个明天。

今日作业

　　按照以下要求创建梁并保存，作为今天学习效果的检验。

　　以第七天的创建成果为基础，布置JL、KL到以下图示指定位置上，JL尺寸为200×300，轴线外梁位置标注以梁中心为准，KL尺寸为240×400，梁混凝土材料均为"C30"，轴线上梁中心均以轴线对齐，梁顶标高以图名为准。完成后，将成果以"第八天—梁绘制"为名保存。

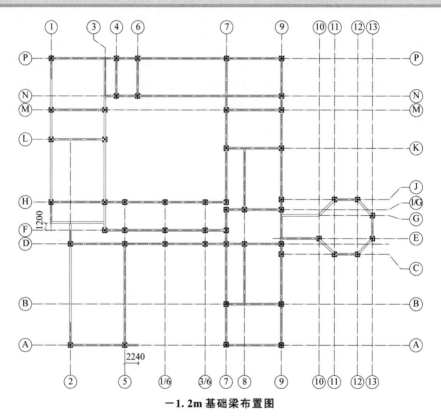

－1.2m基础梁布置图

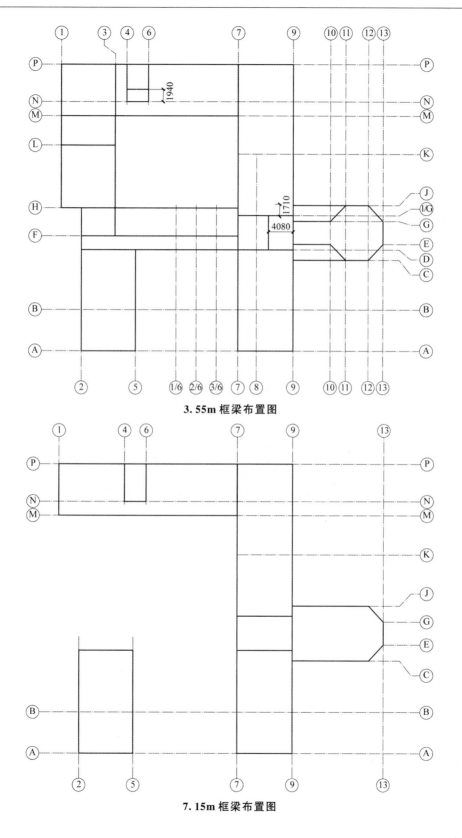

3.55m 框梁布置图

7.15m 框梁布置图

<h1 style="text-align:center">第三节　梁的创建</h1>

一、章节概述

本节主要阐述结构梁构件及梯梁构件的创建，学习内容及目标见表 4-3-1。

表 4-3-1　学习内容及目标

序号	模块体系	内容及目标
1	业务拓展	（1）梁是由支座支承，承受的外力以横向力和剪力为主，以弯曲为主要变形的构件 （2）梯梁是沿楼梯轴横向设置并支撑于主要承重构件上的梁
2	任务目标	（1）完成本项目框架部分结构梁的创建及绘制 （2）完成本项目框架部分梯梁的创建及绘制
3	技能目标	（1）掌握使用"梁"命令创建修改结构梁及梯梁 （2）掌握使用"对齐"命令修改梁平面位置 （3）掌握使用"过滤器""复制到剪贴板""粘贴""与选定的标高对齐"等工具命令快速创建结构梁及梯梁

完成本节对应任务后，整体效果如图 4-3-1 所示。

图 4-3-1　结构梁布置整体效果

二、任务实施

（一）创建结构梁构件

1. 步骤 1

（1）单击"结构"选项卡"结构"面板中的"梁"工具，在"属性"中单击"编辑类型"，以当前样板自带的"混凝土-矩形梁"为基础建立项目中结构梁构件。

（2）查看"标高 4.150 梁平法施工图"图纸中"KL13"梁的相关信息，单击"复制"按钮，在"名称"窗口中输入"S-KL13-300×550-4.150 标高"（命名规则为"结构-框梁名称-截面尺寸-标高高度"），单击"确定"，然后在"b"处输入为 300，"h"处输入 550，如图 4-3-2 所示。

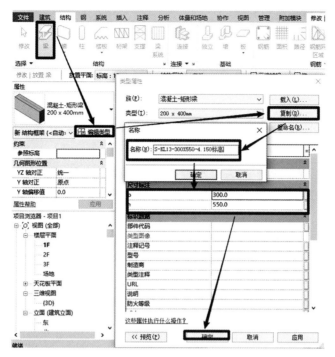

图 4-3-2　设置结构梁类型

（3）在"属性"选项板实例属性区域设置材质为"混凝土-现场浇注混凝土-C30"，完成 KL13 的定义。操作方式同结构柱，此处不再重复说明。

2. 步骤 2

参考上一步骤，依次进行 4.150 标高、7.750 标高、11.400 标高、15.000 标高梁平法施工中所有结构梁构件的定义，包括框架梁 KL、非框架梁 L 和屋面框架梁 WKL。梁的标注信息参照"标高 4.150 梁平法施工图""标高 7.750 梁平法施工图""标高 11.400 屋面梁平法施工图"三张图纸，操作方法同前文，完成后如图 4-3-3 所示。

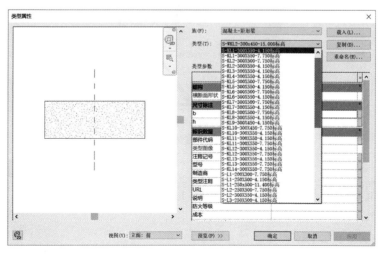

图 4-3-3　设置所有结构梁类型

（二）放置结构梁构件

1. 布置结构梁构件

根据"结施-6"图纸，布置首层结构梁。一般布置梁的顺序为：先主梁，后次梁，从上往下、从左往右依次进行布置。下面以放置 KL13 为例讲解结构梁的布置，具体操作步骤如下：

（1）进入"2F"楼层平面视图，单击"结构"选项卡中"结构"面板的"梁"命令。

（2）在"属性"选项板中，类型选择器内切换到"S-KL13-300×550-4.150 标高"梁类型，确保选项栏内"放置平面"为"2F"，"属性"选项板中"参照标高"为"2F"，如图 4-3-4 所示。

（3）在"绘制"面板中选择直线绘制方式，左键单击 1-1 轴与 1-D 轴交叉点处为梁起点，然后再次单击 1-10 轴与 1-D 轴交叉点处为梁终点，此时梁绘制完成，待弹出不可见警告提示时，关闭提示即可。警告如图 4-3-5 所示。

（4）退出绘制状态（按 Esc 键），此时属性选项板中显示属性自动变更为"楼层平面"相关视图属性，然后单击属性选项板中实例属性区域的"视图范围"属性后的"编辑"按钮，在弹出的窗口中设置底部偏移"-100"、视图深度偏移"-100"，完成后平面中即可显示绘制的梁。修改视图范围操作在"基础"一节中已有介绍，此处不再赘述。

出现步骤（3）警告提示的原因在于梁顶部默认与所绘制标高平齐，但以标高作出的视图的视图范围默认设置仅能查看到标高高度处，因此梁处于刚好无法看到的范围，在延伸视图范围深度后，便可查看梁高度。结果如图 4-3-6 所示。

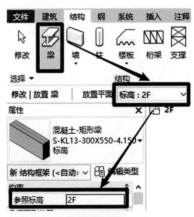

图 4-3-4　设置梁布置高度

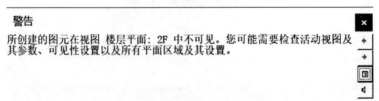

图 4-3-5　结构梁不可见警告

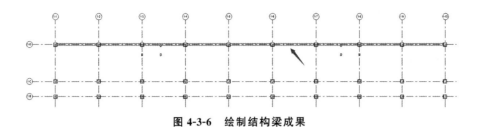

图 4-3-6　绘制结构梁成果

2. 精确调整结构梁的放置位置

（1）将 KL13 布置完成后，参照图纸可知 KL13 的定位不符合图纸情况，需要将梁的上边线与柱边对齐。

（2）单击进入"修改"选项卡，单击"修改"面板中的"对齐"工具命令，先单击柱的上边线，再单击梁的上边线，可以将梁边与柱边对齐。操作过程如图 4-3-7 所示，结果如图 4-3-8 所示。

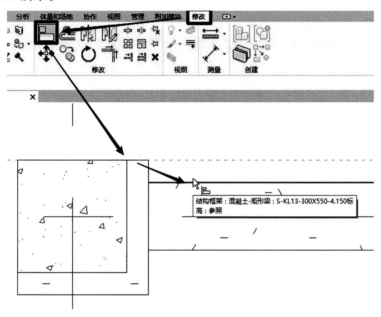

图 4-3-7　结构梁对齐

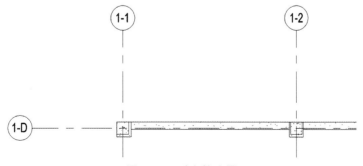

图 4-3-8　对齐柱边界

3. 放置 4.150 标高其他所有的结构梁构件

根据上述操作方法，利用"复制""移动""对齐""阵列"等工具快速完成 4.150 标高其他结构梁的放置，放置完成后，根据图纸精确调整定位，结果如图 4-3-9 所示。

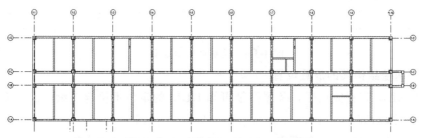

图 4-3-9 修改命令布置—层顶结构梁

4. 放置 7.750、11.400、15.000 标高所有的结构梁构件

参照上述操作方法，利用"复制""移动""对齐""阵列"等工具快速完成 7.750、11.400、15.000 标高结构梁的放置，放置完成后，根据图纸精确调整定位。完成后平面效果如图 4-3-10、图 4-3-11、图 4-3-12 所示，三维效果如图 4-3-13 所示。

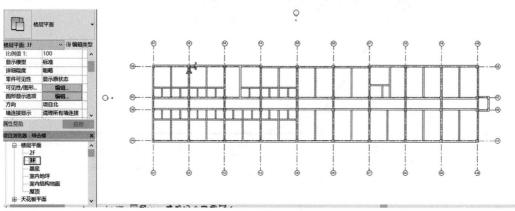

图 4-3-10 二层顶结构梁

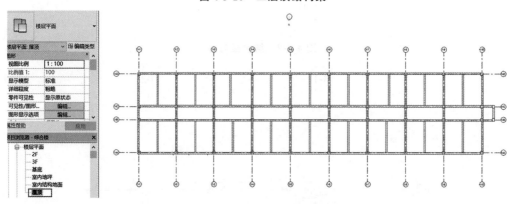

图 4-3-11 三层顶结构梁

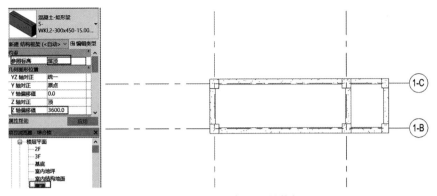

图 4-3-12 屋顶设备间顶结构梁

图 4-3-13 结构梁布置效果

(三) 创建梯梁构件

创建梯梁的过程与结构梁类似,由于 Revit 软件中没有专门绘制梯梁构件的命令,所以一般使用"结构"选项卡"结构"面板中的"梁"工具创建梯梁构件类型,在命名中包含"梯梁"或"TL"类文字即可。

根据"楼梯详图"图纸,本项目中包含三类梯柱构件:TL1、TL2 和 TL3。根据前文"结构梁"的创建方法,定义 TL1、TL2 和 TL3 三个族构件,定义完成如图 4-3-14、图 4-3-15、图 4-3-16 所示。

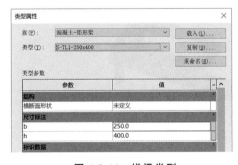

图 4-3-14 梯梁类型

图 4-3-15 梯梁类型

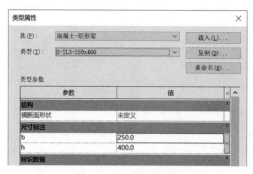

图 4-3-16　梯梁类型

（四）放置梯梁构件

放置梯梁构件的操作方法同放置结构梁，需要结合图纸，查看 TL1、TL2、TL3 在不同楼层情况下的对应标高和平面定位，设置放置平面，梯梁构件放置后，统一修改各梯梁构件的属性选项板中的 Z 轴偏移值，确保梁构件高度正确，如图 4-3-17、图 4-3-18 所示。

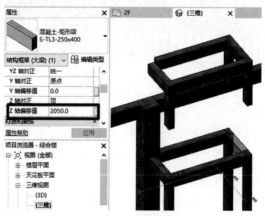

图 4-3-17　布置梯梁一

图 4-3-18　布置梯梁二

三、操作说明

（1）新建结构梁时，一定要厘清思路，结合梁平面施工图，分析对应梁标高范围和定位信息等内容，进入对应的楼层平面视图，根据软件自带的结构梁构件创建结构梁，根据图纸信息定义每个梁构件，定义完成后，根据图纸位置进行放置，放置过程中要设定放置平面标高。

（2）新建梯梁的方法同结构梁，注意结合图纸进行标高的修改。

（3）绘制梁构件过程中，可以结合"对齐"修改平面定位，可以直接对齐到柱边线。选中梁构件可以在"属性"选项板进行起点标高偏移和终点标高偏移的设定，或者放置梁前进行参照标高及 Z 轴偏移值的设定，均会决定其空间位置的表达。同时可以使用"对齐""复制""阵列""在轴网处"等工具命令快速放置梁，提高建模效率。

（4）可以使用"复制到剪贴板""与选定的标高对齐"等命令将放置的图元进行层间复制，复制后根据图纸信息修改平面定位、标高设定、偏移量等信息，如需修改替换其他构件，先选中放置后的图元，在"属性"选项板下拉选择其他构件，完成图元的替换。

（5）建模过程中，使用"过滤器"进行选择是一种非常便利的方式，同时可以结合"临时隐藏/隔离"在当前视图中控制构件图元的显示和隐藏情况，有利于建模过程清晰化。

四、结构梁相关知识拓展

结构梁根据位置、构造要求不同分为地梁、框架梁等，一般与其直接连接的构件同时浇筑，例如，地梁与基础直接连接，其钢筋与基础钢筋同时绑扎并浇筑完成，框架梁与楼板直接连接，其钢筋与楼板钢筋同时绑扎并浇筑完成。

（一）结构梁技术流程

（1）接基础部分结构梁：首先在指定范围内搭设、绑扎钢筋，然后在相应位置支设模板，最后与基础部分一并浇筑混凝土。

（2）悬空部分结构梁：首先支设梁模板，此时与梁相接的板模板也一并搭设，然后布设、绑扎梁钢筋，待板钢筋布置完成后，混凝土一同浇筑完成。

（二）质量与安全隐患注意要点

（1）混凝土振捣要到位，尤其是梁柱交接位置，振捣时快插慢拔，避免离析。

（2）梁和板应同时浇筑，在浇筑与柱、墙连成一体的梁和板时，应在柱和墙浇筑完成后，停 1～1.5h 再进行浇筑。

（3）和板连成整体的大断面梁允许将梁单独浇筑，其施工缝应留在板底以下 2～3cm 处。

（4）沿着次梁方向浇筑楼板，施工缝应留置在次梁跨度的中间 1/3 范围内。施工缝的表面应与梁轴线或板面垂直，不得留斜槎。施工缝宜用木板或钢丝网挡牢。

（三）结构梁建模与建造的区别

（1）根据项目要求进行梁的建模，有些项目要求按跨绘制，即一跨绘制一段，有些项目对此不做要求。

（2）梁模型必须规范命名，一是碰撞时容易从名称上分辨，同时也便于后期更改模型时不会牵连其他同类型梁。二是在导入到其他软件中时，梁的规范命名可以提高正确率（如 Revit 模型转为广联达模型时）。

（3）梁的默认剪切关系处于所有结构件的最低级，会被所有结构构件（结构选项卡下做出的构件）剪切，计量时应注意这一点。

扫码获取作业解析

第九天

■■■光阴潮汐不等人。

今日作业

　　按照以下要求创建混凝土板并保存，作为今天学习效果的检验。

　　以第八天的创建成果为基础，布置混凝土板到以下图示指定位置，混凝土板厚度为120，混凝土材料均为"C30"，板顶标高以图名为准。完成后，将成果以"第九天—混凝土板绘制"为名保存。

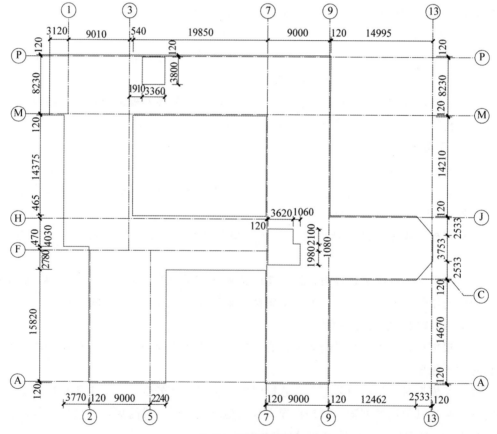

3.55m 结构板布置

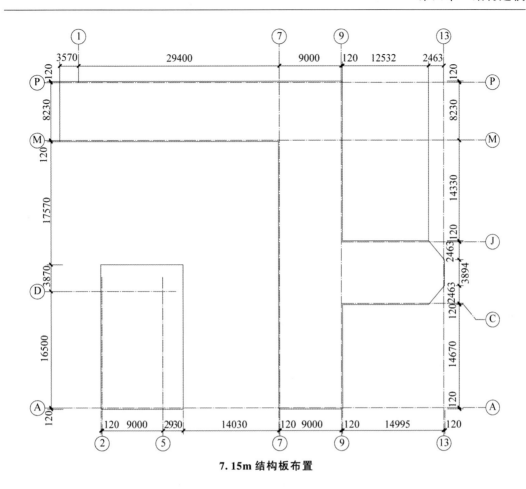

7.15m 结构板布置

第四节　板的创建

一、章节概述

本节主要阐述结构板构件及平台板构件的创建，学习内容及目标见表4-4-1。

表 4-4-1　学习内容及目标

序号	模块体系	内容及目标
1	业务拓展	（1）楼板是分隔建筑竖向空间的水平承重构件 （2）楼板的基本组成可划分为结构层、面层和顶棚三个部分 （3）平台板一般包括楼梯间的顶部平台和中间层休息平台两类
2	任务目标	（1）完成本项目框架部分结构板的创建及绘制 （2）完成本项目框架部分平台板的创建及绘制
3	技能目标	（1）掌握使用"楼板：结构"命令创建并修改结构板 （2）掌握使用"修改/延伸为角（TR）"命令修剪楼板轮廓，"对齐"命令修改梁平面位置 （3）掌握使用"复制到剪贴板""粘贴""与选定的标高对齐"等工具命令快速创建结构板及平台板

完成本节对应任务后，整体效果如图4-4-1所示。

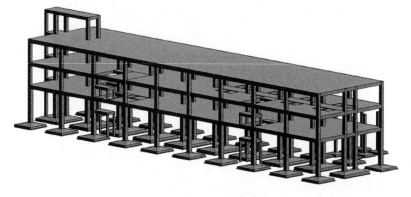

图 4-4-1　结构板布置整体效果

二、任务实施

Revit软件中提供了三种楼板：面楼板、结构楼板和楼板。其中，面楼板用于将概念体量模型的楼层面转换为楼板模型图元，该方式只能用于从体量创建楼板模型的情况；结构楼板方便在楼板中布置钢筋、进行受力分析等结构专业应用；楼板和结构楼板类似。在做结构建模时，一般多用结构楼板构件。下面以综合楼案例为例，重点讲解"结构"选项卡"结构"面板中的"楼板：结构"创建项目结构板的操作步骤。

（一）创建结构板构件

以"标高4.150板平法施工图"图纸中"120mm楼板"为例，创建结构板的具体操作如下：

（1）进入"2F"平面视图中，单击"结构"选项卡"结构"面板中的"楼板：结构"工具。

（2）在"属性"选项板中单击"编辑类型"，以软件自带的"系统族：楼板"为参照定义结构构件。

（3）单击"复制"按钮，输入命名为"S-楼板-120mm"。

（4）单击"结构"处"编辑"按钮，进入"编辑部件"窗口，修改"结构［1］"厚度为"120"，在"材质"中设置材质为"混凝土-现场浇注混凝土-C30"，完成120mm楼板的定义，如图4-4-2所示。

图 4-4-2　结构板设置

（二）放置结构板构件

（1）上述定义操作完成后，进行以下操作：

①在绘制状态下（查看"修改"选项卡是否是"修改｜创建楼层边界"上下文选项卡状态即可得知是否在绘制状态下，如不是，单击结构选项卡下"楼板"命令即可进入），修改"属性"选项板中实例属性部分设置"标高"为"2F"。

②在"绘制"面板中选择"线"命令，沿综合楼外侧梁边线位置处，自左向右依次单击柱角处，如图4-4-3所示，绘制直线（作为板边线），围绕综合楼外侧梁边界一圈生成楼板边界轮廓，如图4-4-4所示。

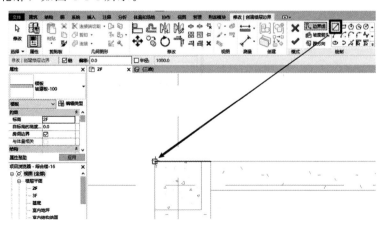

图 4-4-3　绘制板边界

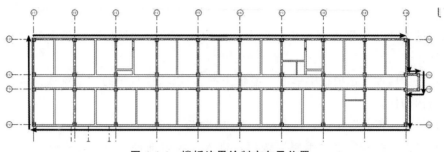

图 4-4-4　楼板边界绘制方向及位置

（2）根据"结施-7"图纸得知，本层两个楼梯位置处结构板暂不需绘制，需要剔除。1-7 轴与1-8轴存在的部分封闭区域位置处板标高为（$H-0.08$）m（即顶标高为4.070m），且厚度为140mm；1-8轴与1-9轴之间存在部分封闭区域位置处板标高为（$H-0.3$）m（即顶标高为3.850m），也需要在原有封闭区域将其剔除。参照上一步操作，依次绘制上述区域相邻梁内边线，完成开洞区域的绘制，如图4-4-5～图4-4-7所示。

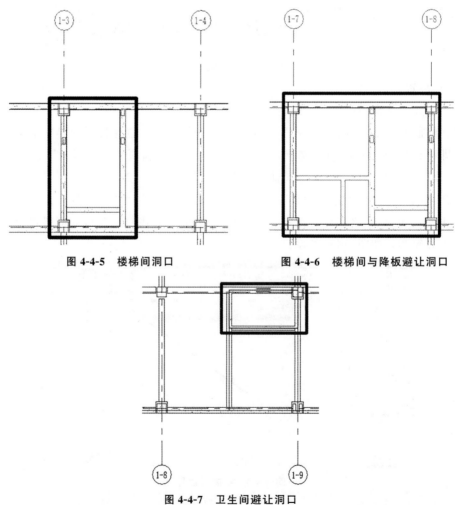

图 4-4-5　楼梯间洞口　　　　　　**图 4-4-6　楼梯间与降板避让洞口**

图 4-4-7　卫生间避让洞口

（3）整体边线绘制完成后，单击"模式"下绿色对勾确认，待弹出 Revit 提示，单击"否"即可。结果如图 4-4-8 所示。此时若弹出警告或任何提示，单击"否"即可，没有任何影响。

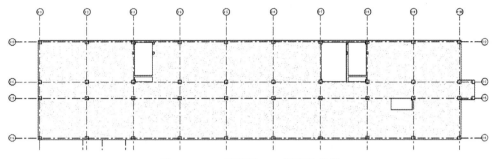

图 4-4-8　二层地面 120 厚度结构板

（4）绘制 140mm 厚度板，按照上述操作方式，定义"S-楼板-140mm"，设置实例属性中"标高"为"2F"，"自标高的高度偏移"为"−80"（表示此处板高度比结构标高低 0.08m），此时可以使用"拾取线"绘制工具（绘制面板中倒数第三个），直接拾取板边线和梁内侧边线完成绘制，如图 4-4-9 所示。部分由于被拾取模型过长导致的两处过长线条可使用修改命令"修改/延伸为角（TR）"（先点命令，再单击要保留的线条一侧，即可长线变短，短线变长，线条相交成角，线彼此平行除外）进行调整，如图4-4-10所示，最后完成绘制。

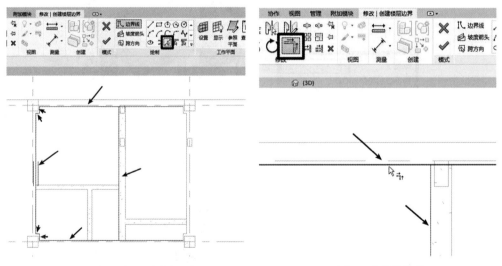

图 4-4-9　降板区域补板　　　　图 4-4-10　降板区域边界修剪

（5）按照上述同样操作方法，绘制标高为 3.850 的结构板。

（三）创建并放置平台板构件

平台板构件包括楼层平台板与休息平台板，根据"楼梯详图"图纸得知，两者厚度均为 100mm，标高分别为 2.050、4.150、5.950 和 7.750。

（1）以绘制 2.050 和 4.150 标高处平台板为例，进入"2F"楼层平面。

（2）按照上述方法创建"S-楼板-100mm"，设置标高为"2F"，"自标高的高度偏移"分别为"0""－2100"（分别对应两块板的高度），如图 4-4-11～图 4-4-13 所示。

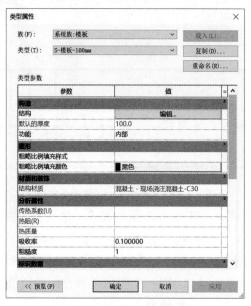

图 4-4-11　楼梯间楼层板设置

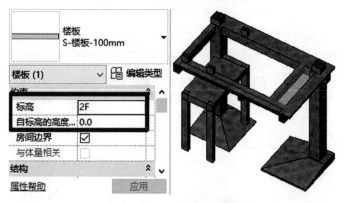

图 4-4-12　楼梯间洞口补板

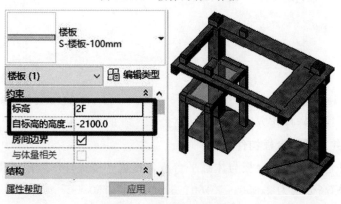

图 4-4-13　楼梯间洞口补板

（3）采用相同方法绘制其余楼梯平台板。

（4）至此首层范围内所有结构板与平台板均绘制完毕，单击"默认三维视图"查看三维效果，二层单独显示如图 4-4-14 所示，楼梯板处隔离单独显示如图 4-4-15 所示。

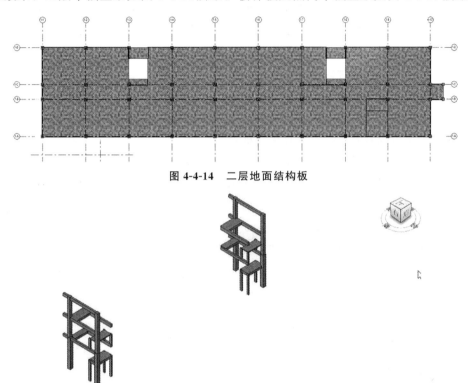

图 4-4-14　二层地面结构板

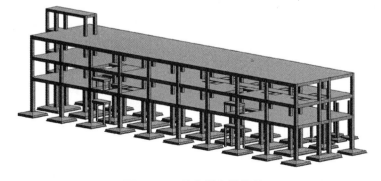

图 4-4-15　楼梯休息平台与楼层板补充

按照上述操作方法，参照相关图纸，可绘制二层、三层及屋顶层范围内涉及的所有结构板及平台板构件。

至此完成综合楼主楼部分所有结构板及平台板的绘制，保存项目，单击"默认三维视图"查看三维效果，如图 4-4-16 所示。

图 4-4-16　结构板布置效果

三、操作说明

（1）新建结构板时，一定要厘清思路，结合板平面施工图，分析对应板标高和定位信息、板厚度等内容，进入对应的楼层平面视图，根据"楼板：结构"创建结构板，根据图纸信息定义结构板构件。定义完成后，使用"拾取线""直线""矩形"等方式进行板边线的绘制，注意边线必须围成封闭区域，并且不可重合相交。

（2）在单击确认边线对勾前或放置结构板前，可以在"属性"选项板设置结构板的标高和自标高方向的高度偏移，确保板的空间位置准确。

（3）在单击确认边线对勾前，可以使用"修建/延伸为角"工具命令修改绘制的板边轮廓线，确保边线封闭连续，没有相交重合等情况。

（4）当存在标准层时，可以使用"复制到剪贴板""与选定的标高对齐"等命令将放置的板图元进行层间复制，复制后根据图示信息修改平面定位、标高设定、高度偏移等信息，如需修改替换其他构件，先选中放置后的图元，可以直接在"属性"选项板下拉选择其他构件，完成图元的替换。

（5）创建及绘制平台板的方法同结构板，但注意楼梯间楼层平台及休息平台板的标高信息，在"属性"中设置对应的标高和高度偏移，确保板的空间位置准确。

四、结构板相关知识拓展

结构板根据位置、构造要求不同分为地面结构板、楼面结构板、屋面结构板等，其施工阶段在柱钢筋完成之后进行，并为更上一层结构做施工准备。

（一）结构板技术流程

（1）无地下室首层地面：在基础回填土上，做好板轮廓的模板，先浇筑混凝土做垫层，在垫层上放好楼板轮廓线，再在轮廓内布设、绑扎钢筋，然后在轮廓线上支模板，最后浇筑混凝土，完成制作。

（2）架空楼面（含地下室楼面）：在下层柱钢筋绑扎完成后，依次搭设柱模板、梁模板和楼板模板，在梁钢筋布置完成后再做板钢筋，最后将梁与楼板一同浇筑混凝土。

（二）结构板质量与安全隐患注意要点

（1）跨度在 8m 以上的混凝土板等强度≥100％时、8m 及 8m 以下的混凝土强度≥75％时，方可拆模；混凝土强度≥1.2MPa（一般在浇筑后 24h 强度可达≥1.2MPa），楼面方可上人及施工。春、夏、秋正常养护 7～9 天，冬天正常养护 10～15 天可以拆模。

（2）在正常保养情况下，表面洒水，养护混凝土每天不得少于 2 次；每次要确保板面有 11～16min 的积水。

（3）待楼板强度达到 75％以上方可拆模。

（4）垫好保护层，注意保护层厚度，浇筑时不要踩在钢筋上。

（5）有主次梁的楼板，宜顺着次梁方向开始浇筑，单向板沿着板的长边进行浇筑。

（三）板建模与建造的区别

（1）混凝土楼板模型在梁模型前或梁模型后创建均可，建模顺序对建模效率影响并不大。板和梁的模板搭建和浇筑顺序相同。

（2）楼板模型的创建容易引起墙柱模型的默认附着提示，此时不建议进行附着提示，容易将不属于该板下的墙柱拉扯到不正确的高度。

（3）楼板在结构件中的剪切优先级最高，与其他结构构件发生剪切关系时，会默认剪切其他模型，而不是被剪切，计量时应注意这一点。

扫码获取作业解析

第十天

■■■钉子是敲进去的，时间是挤出来的。

今日作业

　　按照以下要求创建楼梯并保存，作为今天学习效果的检验。

　　以第九天的创建成果为基础，按照以下图示尺寸设置楼梯，并布置混凝土梯到图示指定位置，楼梯所用材料为C30。完成后，将成果以"第十天—楼梯创建"为名保存。

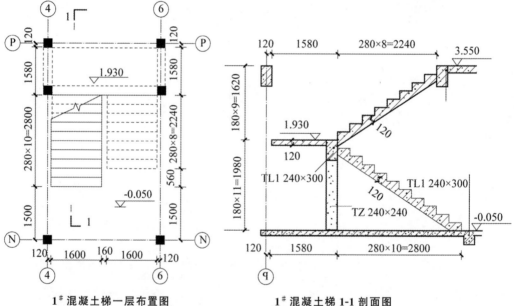

1# 混凝土梯一层布置图　　　　　　　　1# 混凝土梯 1-1 剖面图

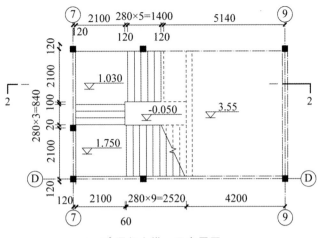

2# 混凝土梯一层布置图

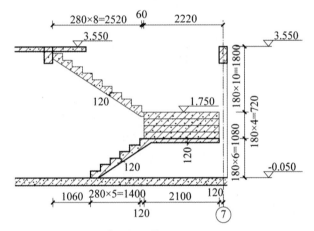

2# 混凝土梯 2-2 剖面图

第五节　楼梯的创建

一、章节概述

本节主要阐述楼梯构件的创建，学习内容及目标见表 4-5-1。

表 4-5-1　学习内容及目标

序号	模块体系	内容及目标
1	业务拓展	楼梯是建筑物中作为楼层间垂直交通用的构件，用于楼层之间和高差较大时的连接，实现上下垂直交通
2	任务目标	完成本项目楼梯的创建及绘制
3	技能目标	掌握使用"楼梯"命令创建楼梯 掌握使用"参照平面"命令定位楼梯平面位置 掌握使用"复制"命令快速创建楼梯

完成本节对应任务后，整体效果如图 4-5-1 所示。

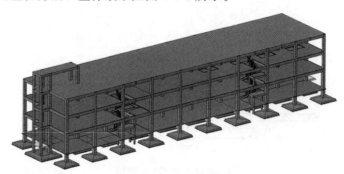

图 4-5-1　楼梯布置整体效果

二、任务实施

在 Revit 软件中，楼梯与其他构件类似，在使用楼梯前应先定义好楼梯类型属性中各类参数。一般来说，建立楼梯需要以下几步：进行楼梯定位→建立楼梯构件→布置楼梯→完善楼梯设置。下面以综合楼案例为例，重点讲解楼梯构件创建并绘制的操作方法。

（一）进行楼梯定位

（1）首先根据"楼梯详图"图纸中楼梯的相关信息进行楼梯定位。定位的方法是创建若干参照平面，以下以首层 1-3 轴线和 1-4 轴线之间的楼梯为例讲解楼梯定位的过程：

①进入"室内结构地面"楼层平面视图，单击"建筑"选项卡"工作平面"面板中的"参照平面"工具，绘制方式选择"拾取线"，选项栏中"偏移"设置为"100"，如图 4-5-2、图 4-5-3 所示。

②光标放在 1-3 轴线位置，右侧显示用于预览图元创建位置的蓝色定位线后，左键单击 1-3 轴线进行拾取，参照平面绘制完毕。完成后，单击"Esc"键两次退出操作

命令。

③点选上一步绘制的参照平面，在"属性"选项板"名称"位置输入"1"，按"Enter"键确认修改。放置过程中，可以利用"临时隐藏/隔离"命令，隐藏无关构件，使平面显示内容更加清晰，如图4-5-4所示。

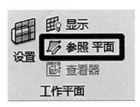

图 4-5-2　单击命令

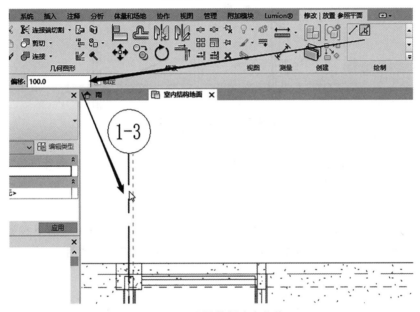

图 4-5-3　设置并创建定位线

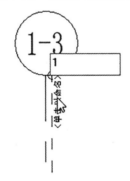

图 4-5-4　定位线命名

（2）根据上述方法，利用"复制"等命令可以快速进行其他参照平面的放置，放置完成后，利用"注释"选项卡下"对齐"命令进行标注以查看距离，根据"楼梯详图"中楼梯的标注信息，绘制完成其他参照平面（参照平面2～8），如图4-5-5所示。

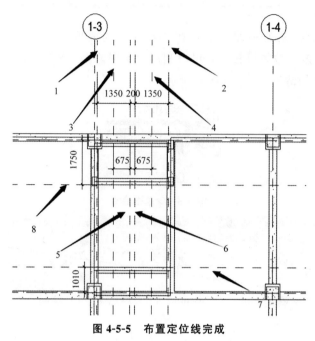

图 4-5-5　布置定位线完成

（二）建立楼梯构件

（1）以首层 1-3 轴线和 1-4 轴线之间的楼梯定位为例，创建楼梯构件具体操作如下：

①单击"建筑"选项卡下"楼梯坡道"面板中的"楼梯"命令，进入"修改｜创建楼梯"上下文选项卡。

②在"属性"选项板中单击"编辑类型"按钮，单击"族（F）"后下拉菜单，选择"系统族：现场浇注楼梯"，并复制新类型命名为"室内楼梯-AT1"，如图 4-5-6 所示。

图 4-5-6　楼梯类型设置

（2）根据"结施-12"中楼梯信息，设置如下参数属性：

①修改"最小踏板深度"为"270"（该参数决定楼梯所需要的最短梯段长度）。

②修改"最大踢面高度"为"161.5"（该参数决定楼梯所需要的最少踏步数）。

③修改"最小梯段宽度"为"1350.0"。

④修改"功能"为"外部"。

完成后如图 4-5-7 所示。

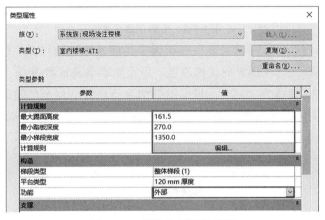

图 4-5-7　楼梯外部属性设置

（3）梯段信息设置。

①单击"梯段类型"后内容输入框内"…"（方式同材质的点按钮），进入梯段信息设置。

②在弹出的窗口中，复制新类型并命名为"AT1"，然后设置"结构深度"为"140"，"整体式材质"为"混凝土-现场浇注混凝土-C30"，单击"确定"，如图 4-5-8 所示。

③重复上一步骤，修改"平台类型"相关设置，修改其中"类型（T）"为"100mm 厚度"，"整体厚度"为"100.0"，"整体式材质"为"混凝土-现场浇注混凝土-C30"，完成后连续单击"确定"，退出"类型属性"窗口，如图 4-5-9 所示。

图 4-5-8　楼梯梯段设置

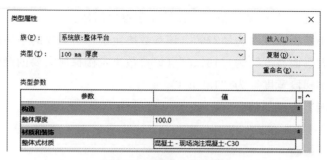

图 4-5-9　楼梯平台设置

（4）单击"确定"后，在"属性"选项板中实例属性区域设置，使楼梯顶部、底部约束在指定的标高高度（"所需的楼梯高度"可反映准确高度数值），同时不再做额外的高度控制（顶部底部偏移为"0"）。根据图纸信息得出，一层至二层间该梯段的踢面数为"26"，同时"实际踢面高度"为"所需的楼梯高度"除以"所需踢面数"，每个踏步宽（即"实际踏板深度"）为"270.0"，如图 4-5-10 所示。

图 4-5-10　楼梯其他属性设置

（5）设置栏杆扶手。单击上下文选项卡内"工具"面板中"栏杆扶手"命令，在弹出窗口中设置栏杆扶手为"1100mm"的已有构件，位置选择为"踏板"，单击"确定"，如图 4-5-11 所示。

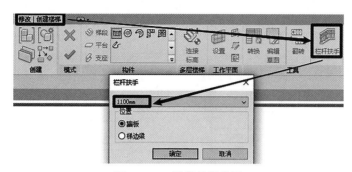

图 4-5-11 楼梯栏杆设置

（三）布置楼梯构件

（1）单击"修改｜创建楼梯"上下文选项卡，在"构件"面板"梯段"中选择"直梯"绘制方式。

（2）第一段绘制起点选择"参照平面4"和"参照平面7"交点（右侧下部梯段起步中心点），绘制终点选择"参照平面4"和"参照平面8"交点（右侧上部梯段与平台连接中心点）。

（3）第二段绘制起点选择"参照平面3"和"参照平面8"交点（左侧上部梯段与平台连接中心点），绘制终点选择"参照平面3"和"参照平面7"交点（左侧下部梯段与楼层楼板连接中心点）。

（4）绘制完成后，单击"模式"中绿色对勾确定即可，如图 4-5-12～图 4-5-14 所示。

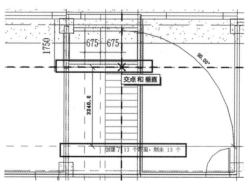

图 4-5-12 绘制楼梯

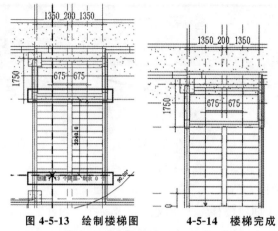

图 4-5-13 绘制楼梯图   4-5-14 楼梯完成

至此楼梯绘制完成，应注意到此处有楼板和楼梯自行生成的休息平台产生了重叠，此处保留一个即可（选中板删除，或双击楼梯图元返回编辑界面选中休息平台对其删除，此处建议删除楼梯平台），再删除楼梯靠墙侧的扶手。完成后，切换至三维视图查看三维效果，如图 4-5-15 所示。

图 4-5-15 楼梯绘制效果

（四）布置其他楼梯构件

（1）根据上述方法，参照"楼梯详图"图纸相关信息，定义其他楼梯构件 BT1、AT 2，在绘制过程中参数设定如图 4-5-16、图 4-5-17 所示（应注意二层处两段梯段参数设置不同，而楼梯绘制时一次只能使用一个设定好的梯段，因此二层两个梯段要进行两次绘制）。

约束	
底部标高	2F
底部偏移	0.0
顶部标高	3F
顶部偏移	0.0
所需的楼梯高度	3600.0
结构	
钢筋保护层	钢筋保护层 1 <2...
尺寸标注	
所需踢面数	22
实际踢面数	11
实际踢面高度	163.6
实际踏板深度	270.0
踏板/踢面起始...	1

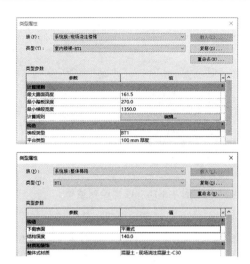

图 4-5-16 楼梯属性设置

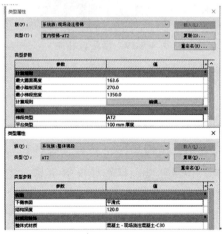

图 4-5-17 楼梯属性设置

（2）同样方法布置首层及二层所有的 AT1、BT1 和 AT2 楼梯构件，操作过程同上，绘制完成后如图 4-5-18 所示。

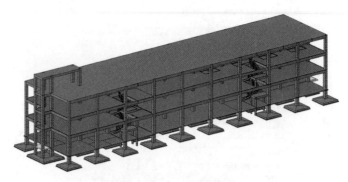

图 4-5-18　楼梯绘制结果

（3）补充绘制 BT1 梯段起始处平台板。根据"楼梯详图"图纸可知，在 BT1 楼梯踏步起始位置处距离 1-C 轴为 1550mm，而此处标高为 4.150 的楼梯平台板边线距离 1-C 轴为 1010mm，所以应在此空隙范围补充绘制平台板（确保板厚度正确），操作方法同结构板的绘制，此处不再赘述，完成后如图 4-5-19 所示。

图 4-5-19　楼层板补充

（4）至此已完成所有楼梯构件的绘制，单击"快速访问工具栏"中"保存"按钮，保存当前项目成果。

三、操作说明

（1）新建楼梯构件时，一定要厘清思路，结合楼梯详图，分析楼梯定位信息、剖面标高、踏步尺寸、踏步级数、梯段宽度、梯板厚度等信息，进入对应的楼层平面视图创建楼梯构件。根据图纸信息定义楼梯构件，包括踏步尺寸、梯板厚度、材质、踏步数量、定位标高等信息，利用"梯段"绘制方式中"直梯""草图"等方式进行楼梯梯段或边线的绘制，注意定义完成楼梯构件后，会自动进入"修改｜创建楼梯"上下文选项卡，必须要绘制完成才可以保留楼梯构件，如直接单击"关闭"退出后，定义的楼梯构件将不再保留。

（2）学会灵活使用"参照平面"功能，可以在绘制楼梯等复杂构件时，起到良好的定位取点作用，使建模更加精确。

（3）可以使用"复制"命令快速放置同层相同楼梯，使用"粘贴"中"与选定的标高对齐"可以快速放置不同楼层相同楼梯构件。

（4）在绘制楼梯过程中，可以同时设置栏杆扶手的构件参数，并跟随楼梯梯段一同进行绘制，可以设置放置位置为踏板或梯边梁。

（5）在定义完成楼梯构件参数后、绘制梯段之前，一定要先在"属性"选项板中检查或设置对应的"底部标高""顶部标高""底部偏移"和"顶部偏移"等约束信息，以及"所需踢面数""实际踏步深度""踏板/踢面起始编号"等尺寸信息，检查无误或准确设置完成后，再进行梯段的绘制，以保证绘制楼梯梯段构件的属性参数符合图纸信息。

（6）如果在绘制楼梯之前已经绘制了休息平台板及楼层平台板构件，在绘制楼梯时只需要绘制梯段即可，取消勾选选项栏中"自动平台"命令，创建梯段时则不会自动创建休息平台，操作方法参照前文讲解。

四、楼梯相关知识拓展

一般楼梯的施工阶段是与墙、柱一同进行，在支墙、柱模板时，楼梯的模板也同时完成，随后楼梯的钢筋与层顶楼板钢筋同时绑扎。

（一）楼梯技术流程

（1）模板制作：在熟悉图纸、确定楼梯位置后，首先施工放线（明确楼梯位置以及高度），然后按照批准的模板施工方案进行楼梯的模板施工。

（2）钢筋绑扎：应严格按照有关规范、图集、图纸进行绑扎钢筋。楼梯类型一般分为梁式楼梯与板式楼梯，一般两类楼梯类型会混合使用，具体使用何种类型，应按照图纸内容要求施工。

梁式楼梯钢筋绑扎时，先绑扎梁钢筋，再绑扎楼梯板钢筋。板式楼梯绑扎钢筋时，应注意节点要求，如楼梯平台与楼梯梯板交叉点的钢筋绑扎时，将顶部钢筋作为底部钢筋进行施工，形成质量与安全隐患。

注意：在钢筋绑扎完成后，应上报监理单位、建设单位（业主）或质量监督站进行验收，主要检查钢筋工程的质量以及模板工程的安全。

（3）浇筑混凝土：

①在使用商业混凝土过程中应做好过程检测，如检测塌落度、混凝土配比、按要求留置试块（150mm×150mm×150mm的正方体混凝土，用于检测其强度）等。

②浇筑楼梯混凝土过程中，应注意不能随意加水、振捣仔细（防止出现涨模、蜂窝、麻面、狗洞等质量缺陷）、严格按照混凝土浇筑方案进行。

③浇筑混凝土完成后，应及时收面（将混凝土表面收拾平整，不应出现凹凸不平的现象），以及检查楼梯标高是否符合要求。

④混凝土收面时应及时覆盖塑料薄膜，混凝土终凝后（一般为浇筑完成6～10h后，踩在混凝土表面没有脚印为终凝）洒水养护混凝土，时长为7～14天。

（二）楼梯质量及安全隐患注意要点

（1）模板没有按照施工方案搭设，出现楼梯模板垮塌。

（2）浇筑过程中，不按照要求放料（瞬间浇筑混凝土过多），导致混凝土将楼梯模板冲垮。

（3）振捣时，过度振捣造成楼梯垮塌。

（三）楼梯建模与建造的区别

（1）建模流程阶段与建造流程阶段相比，建模阶段更倾向于在将主体完成后创建楼梯，以保持连续创建同一构件时对建筑主体形成的记忆与感觉，可以加快建模速度。

（2）建模的技术流程与施工技术流程相比，模型（钢筋与混凝土）属于设计可视化的成果，在模型完成后根据模型做模板布设，且模型的操作流程是先有混凝土形体，再放置钢筋到混凝土形体内，与施工技术流程刚好相反。

模型的精细程度一般达到施工图图示程度即可，即 LOD300 级别到 LOD350 级别，部分节点模型为指导施工考虑会做到 LOD400 级别，也有项目要求做到与现实一致，即 LOD500 级别。具体模型创建情况应根据要求制作。

（3）楼梯模型完成后，应做模型碰撞检查，楼梯模型与其他模型无法相互剪切，容易出现楼梯与其他构件的碰撞问题，造成工程量的重复计算。

扫码获取作业解析

📅 第十一天

少年易老学难成，一寸光阴不可轻。

今日作业

按照以下要求创建钢筋并保存，作为今天学习效果的检验。

以第十天的创建成果为基础，选择布置完成的梁柱布置钢筋到梁柱上（任选一处即可，位置不限），钢筋信息以图示内容为准。完成后，将成果以"第十一天—梁柱钢筋布置"为名保存。

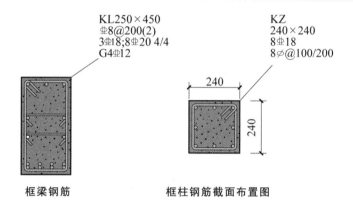

KL250×450
Φ8@200(2)
3Φ18;8Φ20 4/4
G4Φ12

KZ
240×240
8Φ18
8Φ@100/200

框梁钢筋　　　　　　　框柱钢筋截面布置图

扫码获取作业解析

📅 **第十二天**

黑发不知勤学早，白首方悔读书迟。

今日作业

> 按照以下要求创建钢筋并保存，作为今天学习效果的检验。
>
> 以第十一天的创建成果为基础，布置钢筋到 3.55m 东南侧板上，钢筋信息以图示内容为准。完成后，将成果以"第十二天—板钢筋布置"为名保存。

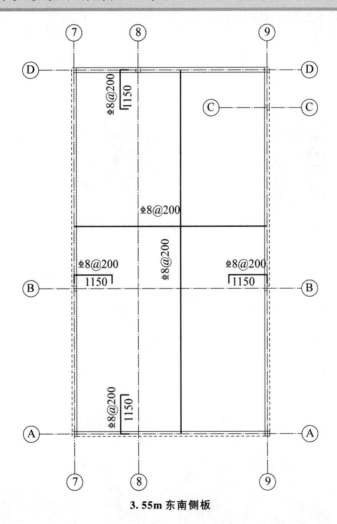

3.55m 东南侧板

扫码获取作业解析

第十三天

人生天地之间，若白驹过隙，忽然而已。

今日作业

按照以下要求创建钢筋并保存，作为今天学习效果的检验。

以第十二天的创建成果为基础，布置钢筋到1#楼梯上，钢筋信息以图示内容为准。完成后，将成果以"第十三天—楼梯钢筋布置"为名保存。

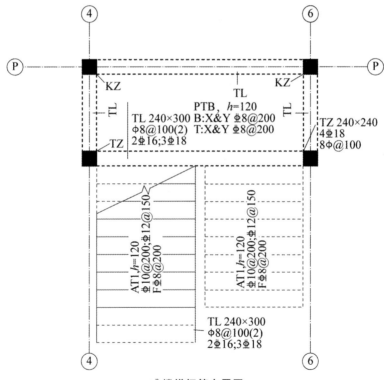

1#楼梯钢筋布置图

第六节 钢筋的创建

一、章节概述

本节主要阐述梁、柱、板构件的钢筋创建，学习内容及目标见表4-6-1。

表4-6-1 学习内容及目标

序号	模块体系	内容及目标
1	业务拓展	钢筋是现代混凝土结构建筑物的重要组成部分，钢筋的加入让各类构件的承重、受拉、抗剪能力有了极大的提升
2	任务目标	完成本项目框架部分钢筋的创建及绘制
3	技能目标	（1）掌握使用"结构钢筋"命令创建单体构件的钢筋（梁、柱、楼梯） （2）掌握使用"面积钢筋"命令创建板类构件的钢筋 （3）灵活使用"剖面"来创建结构钢筋

完成本节对应任务后，整体效果如图4-6-1所示。

图4-6-1 钢筋布置效果

二、任务实施

在Revit软件创建钢筋时，需要先根据图纸内容选择或设置完善相关构件的保护层及钢筋的类型、形状，再根据图集规范，按照图纸中指定的位置绘制生成三维钢筋。Revit软件提供了多种钢筋命令来绘制钢筋，比较常用的是"结构钢筋"和"面积钢筋"两个命令，使用"结构钢筋"命令可以创建项目的基础、柱、梁、楼梯的钢筋；使用"面积钢筋"命令可以创建板、墙的钢筋。下面以综合楼案例中框架部分构件的钢筋说明进行介绍。

（一）设置保护层

1. 创建保护层

（1）在"结构"选项卡中单击"钢筋"面板内"保护层"命令以激活该命令。

（2）单击"选项栏"中"保护层设置"后"..."按钮，弹出"钢筋保护层设置"窗口。

（3）通过单击"复制"或"添加"按钮来增加新的保护层设置，增加的保护层设置中"说明"用于设置新增保护层的名称，"设置"用于设置保护层的实际厚度，两者均可以单击对应位置进行修改，修改标准以"综合楼结构设计总说明"图纸中 10.2、10.3相关说明设置保护层，完成后单击"确定"关闭窗口，如图 4-6-2、图 4-6-3 所示。

图 4-6-2　设置保护层

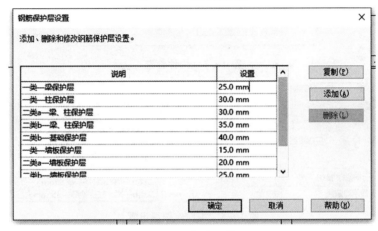

图 4-6-3　创建保护层

2. 设置保护层

（1）在保护层设置状态下（保护层命令激活时），在"三维视图"中框选所有结构构件，再单击"选项栏"中"过滤器"图标（截图中最左侧漏斗样式图标），如图 4-6-4所示，弹出"过滤器"窗口，如图 4-6-5 所示。

（2）在"过滤器"窗口中仅勾选"结构框架"类别再单击"确定"按钮，此时三维视图中所有梁均被选中。

（3）单击"选项栏"中"保护层设置"列表（"..."图标），在列表中选择合适的钢筋保护层厚度，为所有梁构件选择保护层，如图 4-6-6 所示。同样操作步骤，为视图中所有结构构件设置对应保护层。

图 4-6-4　保护层设置选项

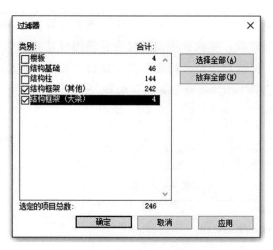

图 4-6-5　构件筛选

图 4-6-6　构件保护层设置

（二）柱、梁钢筋放置

1. 柱钢筋放置—视图设置

（1）进入任意立面，在首层地面标高到二层地面标高之间绘制剖面，竖向绘制剖面完成后，使用"旋转"命令旋转该剖面，使该剖面视角向下。

（2）拉扯剖面视图范围（虚线框）长度将整层楼剖切，剖面向下观察深度应高于结构板，完成后如图 4-6-7 所示。

（3）双击剖面蓝色名称或双击"项目浏览器"中"剖面"视图分组"剖面1"视图，进入该剖面视图中，此时可见内容类似于平面视图，如图 4-6-8 所示。

（4）以左下角框柱为目标缩放视图到合适大小，在框柱中央自左向右横向绘制剖面，并调整剖面范围在框柱周围，如图 4-6-9 所示。

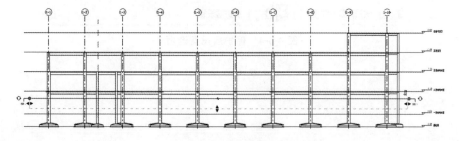

图 4-6-7　水平剖面创建

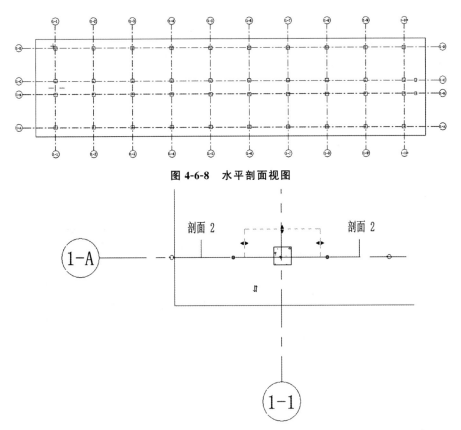

图 4-6-8　水平剖面视图

图 4-6-9　横向剖面创建

2. 柱钢筋放置—箍筋放置

（1）在绘制出的"剖面 1"视图中（类平面视图剖面），选择框柱，单击上下文选项卡中"钢筋"命令，此时界面中自动出现"钢筋形状浏览器"。

（2）以"基础顶 4.150 柱平法施工图"图纸中 KZ2 的钢筋为例，在类型选择器中选择"8 HPB300"类型；在"钢筋形状浏览器"中选择"钢筋形状：33"类型；在上下文选项卡中的"放置平面"中选择"当前工作平面"类型（此时剖面所在位置等于当前工作平面），在"放置方向"中选择"平行于工作平面"类型；在"钢筋集"中选择"布局"为"最大间距"，"间距"为"100.0"。完成后如图 4-6-10 所示。

（3）在框柱截面上单击左键以放置加密区箍筋，然后取消放置状态，切换视图到"剖面 2"（横向剖切框柱的剖面视图）中以钢筋图集中加密区的计算方式计算加密区长度，并使用参照平面划分加密区及非加密区，完成后如图 4-6-11 所示。

（4）单击选择箍筋图元，拖拽出现在箍筋区域顶部及底部的三角形"造型操纵柄"到底部加密区范围内；向上"复制"该箍筋图元，再拉扯"造型操纵柄"（三角形箭头）改变箍筋占据区域，使其符合中部非加密区范围，并修改上下文选项卡中"钢筋集"内"间距"为"200"；再向上"复制"底部加密区的箍筋，并拉扯其"造型操纵柄"使其符合顶部加密区范围，且修改间距为"100"，完成后如图 4-6-12 所示。

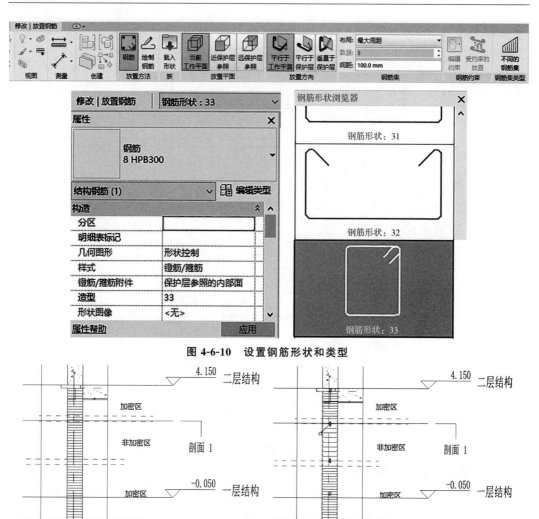

图 4-6-10 设置钢筋形状和类型

图 4-6-11 布置箍筋

图 4-6-12 调整加密区

3. 柱钢筋放置—纵筋放置

（1）切换视图到"剖面 1"中，选择框柱，单击上下文选项卡中"钢筋"命令，此时软件界面中自动出现"钢筋形状浏览器"。

（2）以图纸中 KZ2 的钢筋注释为例，在类型选择器中选择"25 HRB335"类型；在"钢筋形状浏览器"中选择"钢筋形状：01"类型；在上下文选项卡中的"放置平面"中选择"当前工作平面"类型（此时剖面所在位置等于当前工作平面），在"放置方向"中选择"垂直于保护层"或"平行于保护层"类型（平行或垂直的对象均为四周可见保护层，而圆形钢筋无论垂直或平行周边保护层均可）；在"钢筋集"中选择"布局"为"固定数量"，"数量"为"6"。完成后如图 4-6-13 所示。

（3）在框柱上单击鼠标左键放置柱上方纵筋，然后更改上下文选项卡中"布局"为

"单根"，在左侧放置三根纵筋，同时左侧纵筋放置间距均分左侧柱边长度（总长度为从上部钢筋中心到下部钢筋中心位置，使用参照平面作为定位目标，放置完成后对齐钢筋到参照平面处），完成后如图 4-6-14 所示。

（4）切换视图到"剖面 2"中，单击选择纵向钢筋，拖拽钢筋长度到基础底部保护层处（结构构件贴近时将影响保护层设置，可向下移动垫层以免影响独立基础底部保护层显现）；将"属性"选项板中"起点的弯钩"修改为"标准 – 90 度"，完成后如图 4-6-15所示。

（5）在选中钢筋图元的状态下，单击"属性"选项板中"图形"分组内"视图可见性状态"按钮，在弹出的"钢筋图元视图可见性状态"对话框中，勾选"﹛三维﹜"视图名称后"清晰的视图"（构件内钢筋将不会被遮挡）列和"作为实体查看"（仅三维类视图可勾选，"详细程度"为"精细"时，钢筋将不显示为线）列，如图 4-6-16 所示。

（6）切换至三维视图，旋转至合适角度查看钢筋图元底部弯钩方向，若弯钩方向不正确（朝内）则单击空格键将其方向翻转；其他钢筋图元（侧边钢筋）参考此方法同样设置底部弯钩及调整方向。完成后在横向剖面（类似平面的剖面）中镜像上方及左侧钢筋到下方及右侧，完成所有钢筋的创建，结果如图 4-6-17 所示。

图 4-6-13　设置钢筋布置选项

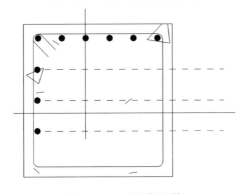

图 4-6-14　布置柱钢筋

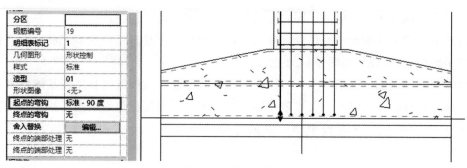

图 4-6-15　调整柱钢筋底弯钩

图 4-6-16　钢筋可见性调整

图 4-6-17　柱钢筋布置成果

4. 柱钢筋放置—钢筋类型设置

（1）在三维视图中，选择框柱中所有竖向钢筋，单击"属性"选项板中"编辑类型"按钮，可在弹出对话框中设置钢筋相关属性，如图 4-6-18 所示。图中"钢筋-HRB335"为当前钢筋材质等级；"25.0mm"为当前钢筋直径；第一个"100.0mm"为绘制方式编辑钢筋时弯折处直径；第二个"100.0mm"为属性选项板中弯钩弯折处直径；第三个"100.0mm"为箍筋时弯角处直径；"弯钩长度"为属性选项板中不同角度弯钩长度设置。

（2）单击"复制"按钮，在弹出对话框中输入"KZ2-纵向钢筋-25 HRB335"为新类型的名称（防止对类型属性的修改导致原有类型属性消失），完成后单击"确定"按钮。

（3）在"编辑类型"对话框中单击"弯钩长度"参数"编辑"按钮，在弹出的"钢筋弯钩长度"对话框中取消勾选"标准－90度"后的"自动计算"设置，此时"弯钩长度"和"切线长度"变为可编辑状态。其钢筋长度按照相关图集及规范进行设置，设置完成后单击"确定"，再单击"编辑类型"对话框"确定"完成钢筋弯钩参数的设置。如图4-6-19所示。

（4）参考相关钢筋图集及规范，按照上述步骤将箍筋的相关参数设置完整（弯钩长度、箍筋弯角直径）。

以图4-6-18为例详细说明各属性的相关内容：①材质：钢筋钢材材料；②钢筋直径：钢筋钢材截面直径；③标准弯曲直径：以绘制钢筋方式创建钢筋时，钢筋弯折处的弯折直径；④标准弯钩弯曲直径：在属性选项板中设置弯钩时，弯钩弯折处直径；⑤镫筋/箍筋直径：当此类型被作为箍筋使用时（如33号筋），箍筋弯折处直径；⑥弯钩长度：属性选项板中设置的弯钩的弯折长度；⑦最大弯曲半径：一个限值，用于补偿项目中弯曲过大的钢筋，一般不做修改，无视即可。

（5）若仅双肢箍不足以满足要求，可选择原有箍筋将其原位复制一次，再在横向剖面视图中，选中被复制出来的钢筋，拖拽四周的箍筋边界到合适位置，可以将钢筋多次原位复制以添加更多的内部箍筋。直接在"选项栏"中"钢筋形状"列表内修改其钢筋形状为"钢筋形状：36"以创建"拉筋"，若"拉筋"方向不正确可以使用"旋转"和单击空格的方式修改钢筋方向，结果如图4-6-20所示。

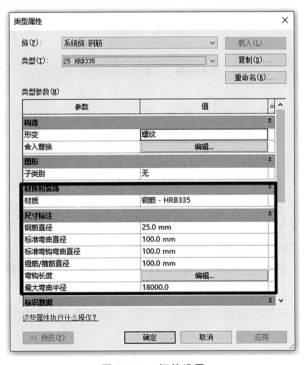

图4-6-18 钢筋设置

图 4-6-19　钢筋设置属性调整

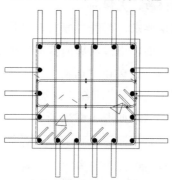

图 4-6-20　柱钢筋设置结果

5. 梁钢筋放置

（1）进入二层结构平面视图中，以左下角梁为中心缩放视图到合适位置，在梁中央绘制竖向剖面，拉扯剖面可视范围在当前梁跨内，如图 4-6-21 所示。

（2）进入剖面视图"剖面 3"，可见二层梁顶与二层结构板重合部分被板默认"扣减"（剪切）。单击"修改"选项卡下"连接"命令下三角菜单内"切换连接顺序"选项，在剖面视图中单击板和梁，完成后按"Esc"键退出切换连接状态，过程如图4-6-22所示。

（3）参照"结施-6"中对应位置梁的集中标注、原位标注及本节内容中柱钢筋的放置方式，在相应位置放置梁钢筋，梁顶部、构造、底部钢筋放置完成后均可以在二层结构平面视图中拖拽长度，钢筋长度拖拽至保护层边界附近时将自动贴合到边界处；钢筋在框梁中段处中断时，为保证长度精确，可以绘制参照平面做定位，然后双击钢筋，进入编辑钢筋状态，找到合适的视图对其进行修改（如果弹出窗口需要切换视图，可以先切换再回到二层平面图进行修剪）。结果如图 4-6-23、图 4-6-24 所示。

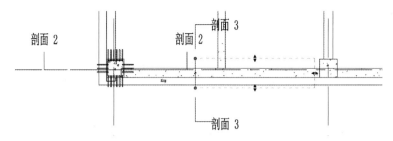

图 4-6-21　竖向剖面绘制

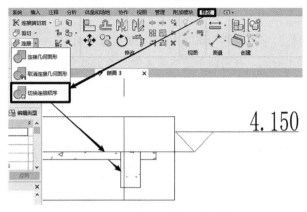

图 4-6-22　剖面设置梁板连接

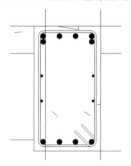

图 4-6-23　梁钢筋布置

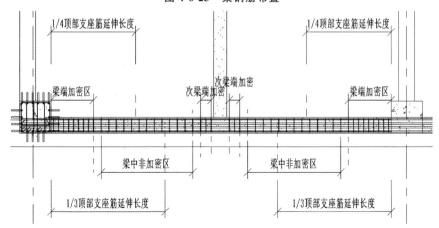

图 4-6-24　梁钢筋布置调整

（三）板、墙钢筋放置

1. 板钢筋放置—底筋

（1）参考"标高 4.150 板平法施工图"图纸中板底部钢筋说明，在二层结构平面视图中，以左下角"1-1"轴到"1-2"与"1-A"轴到"1-B"轴范围内板为中心缩放视图到合适大小，选中"板"图元，单击上下文选项卡中"面积"命令绘制"面积钢筋"。

（2）单击上下文选项卡中"绘制"面板中"线形钢筋"绘制工具中"拾取线"，设置"选项栏"中"偏移"数值为"50"；再以"1-B"轴上的梁下边及"1-A"轴上的梁上边为准拾取线位置。

（3）修改"选项栏"中"偏移"数值为"0"并勾选"锁定"，拾取"1-1"轴上的梁中心线与"1-2"轴上的梁中心线，并将四条边线交叉处"修剪成角"。结果如图 4-6-25 所示。

（4）修改"属性"选项板中内容，取消勾选"顶部主筋方向""顶部分布筋方向""底部分布筋方向"，并修改"底部主筋类型"为"10 HPB300"，"底部主筋间距"为"200.0mm"，"额外的底部保护层偏移"为"10.0mm"，如图 4-6-26 所示。设置完成后，单击"对勾"完成绘制。

（5）参考上述步骤，继续绘制"面积钢筋"，拾取方向为左右两侧梁边 50 和上下梁中线，完成后修剪四角，并设置"主筋方向"为竖向（方式与板跨方向相同）；选项板中设置与图 4-6-27 不同在于"额外的底部保护层偏移"为"0"。完成后，单击"对勾"完成绘制。

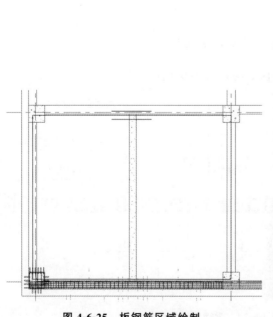

图 4-6-25　板钢筋区域绘制

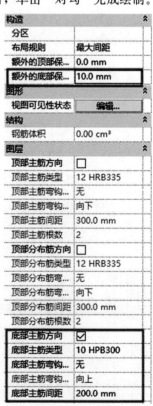

图 4-6-26　板钢筋钢筋设置

2. 板钢筋放置—负筋

（1）参考图纸中板负筋钢筋说明，绘制剖面横向剖切查看创建底部钢筋范围内的"板"图元，并拉扯剖面"视图范围"（虚线框）仅观察指定的板范围，如图 4-6-27 所示。

（2）进入剖面视图"剖面 4"中，修改视图"详细程度"为"精细"。单击"结构"选项卡下"钢筋"命令，在类型选择器中选择"8 HPB300"类型，在"钢筋形状浏览器"中选择"钢筋形状："01"类型，在上下文选项卡的"放置平面"中选择"当前工作平面"类型，在"放置方向"中选择"平行于工作平面"类型，在"钢筋集"的"布局"中选择"最大间距"类型、"间距"为"200.0mm"。设置完成后，在楼板中上部保护层处单击左键放置钢筋，结果如图 4-6-28 所示。

（3）对放置的钢筋双击以编辑钢筋长度（自梁中向板内开始延伸，长度从梁边外延1250），然后梁内端点和板内端点为起点，均向下绘制钢筋弯折长度，弯折长度应参考相应图集及规范。设置完成后，单击"对勾"结束绘制，结果如图 4-6-29 所示。

（4）切换至二层平面中，选中编辑完成的钢筋，单击上方及下方的三角形"造型操纵柄"拖拽负筋范围至合适区域。

参考以上步骤，完成五条梁上板负筋的创建。

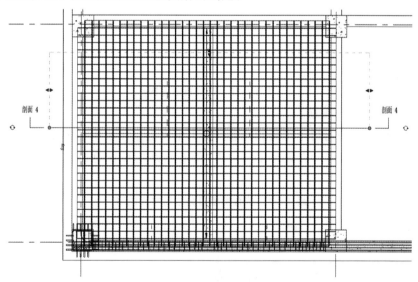

图 4-6-27　横向剖面绘制

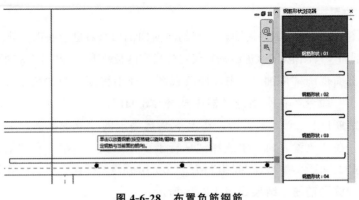

图 4-6-28　布置负筋钢筋

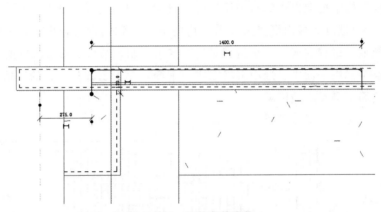

图 4-6-29　调整负筋弯钩

3. 板钢筋放置—分布筋

为了固定住受力筋同时也将荷载分散到受力钢筋上，楼板中还需要布置分布筋，而分布筋的钢筋信息一般包含在设计说明中，"综合楼结构设计总说明"对于分布筋的布置说明见表 4-6-2。

表 4-6-2　综合楼项目分布筋布置说明

楼板厚度	100	120	130
分布钢筋	$\phi6@180$	$\phi6@150$	$\phi6@140$

（1）根据分布筋布置说明，在视图"剖面 4"中，单击"钢筋"命令，在类型选择器中选择"6 HRB335"类型，在上下文选项卡的"放置平面"中选择"当前工作平面"类型，在"放置方向"中选择"垂直于保护层"类型，在"钢筋集"的"布局"中选择"间距数量"，"数量"为"8"，"间距"为"150.0mm"，如图 4-6-30、图 4-6-31 所示。

图 4-6-30　分布筋布置设置

图 4-6-31　分布筋布置类型

（2）光标在负筋下单击，放置设置完成的分布筋，按"Esc"键取消放置状态，然后单击选中被放置的钢筋，拖拽钢筋将其移动到右侧靠弯钩、上靠钢筋底的位置，如图4-6-32所示。

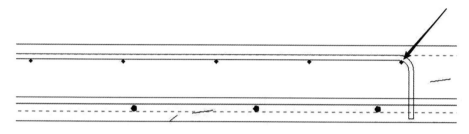

图 4-6-32　放置分布筋

（3）完整的负筋和分布筋范围示意图如图4-6-33所示，切换视图到二层平面中，单击选中画出的分布筋，按照图4-6-33完善负筋和分布筋。

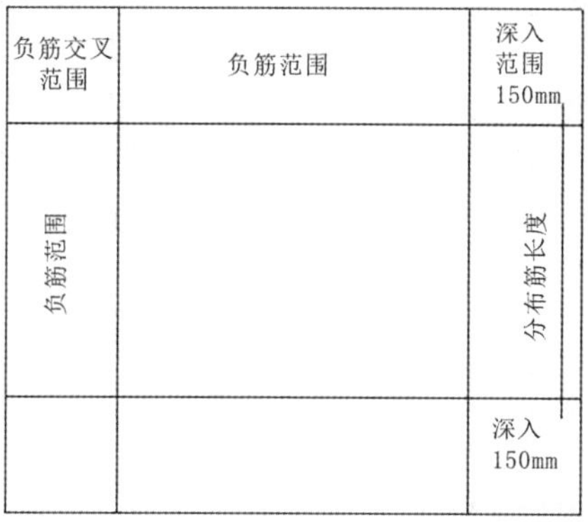

负筋交叉范围	负筋范围	深入范围150mm
负筋范围		分布筋长度
		深入150mm

图 4-6-33　负筋范围与分布筋范围示意图

4. 墙钢筋放置

本案例中没有结构墙及相关配筋说明，但墙配筋方式与板配筋方式一致，均是通过"面积钢筋"完成水平及纵向钢筋配筋，其中拉筋部分可以在墙中心线上绘制一条与墙水平且长度一致的（长度范围为配筋范围）剖面来放置拉筋，放置方式可参考放置柱纵筋方式，相关弯钩设置可参考上述钢筋放置方法。

（四）楼梯钢筋放置

根据结构图纸"楼梯详图"，可知梯段、休息平台、梯梁、梯柱等钢筋布置信息，其中梯梁、梯柱的钢筋放置方法同上述梁、柱的钢筋放置方法，此处不再赘述。

以首层到二层处右侧 2# 楼梯的两梯段—休息平台为例，介绍休息平台、梯段的钢筋放置，具体操作如下：

1. 休息平台钢筋放置

（1）参考结构图纸"楼梯详图"，在任意一平面视图中，在楼梯一侧绘制剖面，然后修正剖面范围，如图 4-6-34 所示。

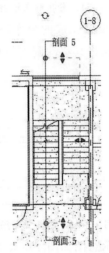

图 4-6-34　竖向剖面绘制

（2）切换视图进入新绘视图"剖面 5"中，单击"保护层"命令，分别单击休息平台和梯段，设置其保护层为"一类－墙板保护层〈15mm〉"（也可以按 Ctrl 键加选两个构件后，再统一设置保护层），然后单击"钢筋"命令，设置"放置平面"为"当前工作平面"，设置"放置方向"为"垂直于保护层"，设置"钢筋集"中"布局"为"最大间距"，"间距"为"150.0mm"，在类型选择器中选择"8 HPB300"。如图 4-6-35～图 4-6-37 所示。

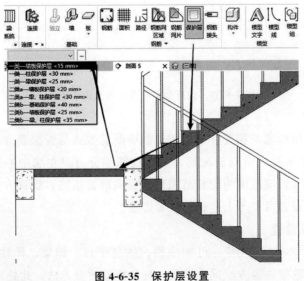

图 4-6-35　保护层设置

图 4-6-36　休息平台钢筋布置设置

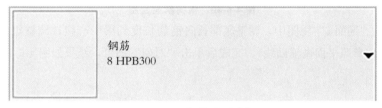

图 4-6-37　钢筋类型选择

（3）在放置钢筋状态下，单击楼板底部（即休息平台）处保护层上方，将底部短向钢筋铺设完毕，然后再次修改钢筋的放置方向为"平行于工作平面"，再次在底部钢筋上放置长向板底钢筋。参照此方式，在放置休息平台顶部钢筋前，将"间距"调整为"200.0mm"，顶部钢筋完成（可采取参照平面作为辅助线定位，适当调整长向钢筋距离两侧梁为50mm，放置短向钢筋后注意对齐底部到长向钢筋边上），结果如图4-6-38所示。

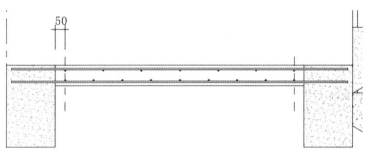

图 4-6-38　钢筋布置

（4）选中底部短向钢筋，单击"编辑草图"命令，绘制并调整其底部长度到梁中心线，完成后单击"对勾"完成钢筋编辑（可采取参照平面作为辅助线定位）。然后切换视图到一层平面图中，在与剖面5垂直的方向绘制"剖面6"，其视图朝向和视图范围如图4-6-39、图4-6-40所示。

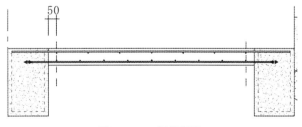

图 4-6-39　钢筋调整

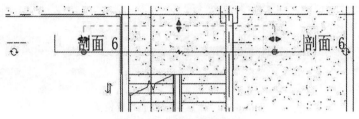

图 4-6-40　横向剖面绘制

（5）进入"剖面 6"视图中，调整底部长向钢筋长度到梁中心线，调整短向钢筋距离梁边 50mm（可用参照平面做辅助线），完成后单击"对勾"即可，结果如图 4-6-41 所示。

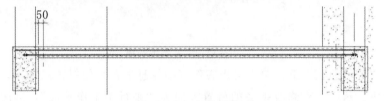

图 4-6-41　钢筋调整

（6）参考第（4）步和第（5）步。将休息平台顶部钢筋弯锚，其弯锚长度参考相应图集与规范，结果如图 4-6-42 所示。

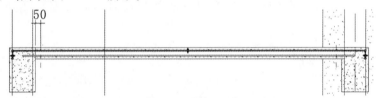

图 4-6-42　钢筋布置与调整

2. 梯段处钢筋绘制

（1）进入"剖面 5"视图，单击"钢筋"命令，设置"放置平面"为"近保护层参照"，设置"放置方向"为"平行于工作平面"，设置"钢筋集"中"布局"为"最大间距"，"间距"为"100.0mm"，在类型选择器中选择钢筋类型为"12 HRB335"，如图 4-6-43、图 4-6-44 所示。

图 4-6-43　梯段处钢筋布置设置

图 4-6-44　钢筋类型选择

（2）光标单击下半梯段中底部，放置长向钢筋，再调换放置方向为"垂直于保护层"，调换钢筋集"间距"为"200.0mm"，调换钢筋类型为"8 HPB300"，然后再次在长向钢筋上单击左键，放置短向钢筋，结果如图 4-6-45 所示。

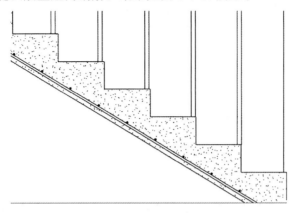

图 4-6-45 放置梯段钢筋

（3）按"Esc"键取消放置状态，为弥补图纸问题添加起步梁在起步踏面下，起步梁长度与梯段同，采取 TL1 界面尺寸。单击选中竖向钢筋，参考相关图集和规范调整钢筋样式，如图 4-6-46 所示。

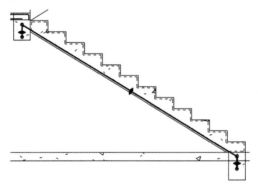

图 4-6-46 调整梯段钢筋

（4）重复第（2）步和第（3）步，根据图纸说明，调整相关钢筋间距、钢筋类型及放置方式，完成梯板负筋的创建，结果如图 4-6-47 所示。

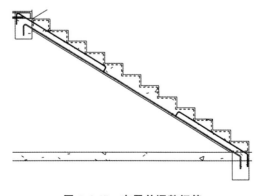

图 4-6-47 布置并调整钢筋

三、操作说明

（1）剖面的绘制和位置对于绘制钢筋极为重要，剖面和三维视图中要求钢筋实体显示调整"视觉样式"为"精细"。当对钢筋命令的修改涉及"类型属性"时，一般应复制出新类型，以免原有类型消失而无法使用。

（2）"结构钢筋"命令应用范围极广，项目中所有结构构件都可以应用"钢筋"命令布置钢筋，如楼梯、基础相关构件的配筋只需要灵活应用"剖面"和"钢筋"命令就可以完成配置。横纵两个剖面绘制时，需在不同剖面中放置并调整"结构钢筋"。

（3）"面积钢筋"命令中"主筋方向"定义的是钢筋方向，可以在绘制面板中选择工具自行绘制。"面积钢筋"绘制出的呈交叉状的钢筋网始终有一个方向的钢筋与"钢筋方向"线保持平行，即若钢筋方向有角度，与其水平布置的钢筋（Revit 中称为主筋）、与水平钢筋始终垂直的钢筋（Revit 中称为分布筋）均会随之倾斜。

（4）"面积钢筋"中相对"主筋方向"水平布置的钢筋在上下四层（顶部 X 与 Y 方向与底部 X 与 Y 方向的布筋）中，底层"主筋"相对下两层处于下方布置，顶层"主筋"相对于上两层处于上方布置。

（5）"面积钢筋"的布置以板为例，若取消勾选下部"主筋"或"分布筋"任意一个，另一个都会直接放置到板底部而不是留在原位，同时顶部钢筋也是如此，只是方向放置在板顶部。

（6）"结构钢筋"命令与"面积钢筋"命令创建的图元都需要设置"视图可见性状态"，以设置"三维视图"为实体可见的钢筋为目标进行复制，复制出的结果仍需要单独设置"作为实体查看"选项，而作为实体查看一般都需要对应视图"详细程度"改为"精细"。

（7）所有的钢筋图元都可以自动识别保护层位置，因此当钢筋长度、范围（造型操纵柄）到保护层附近时会自动吸附在保护层内，以防止钢筋裸露在外。

扫码获取作业解析

📅 第十四天

天可补，海可填，南山可移。日月既往，不可复追。

今日作业

按照以下要求创建墙体并保存，作为今天学习效果的检验。

以第十三天的创建成果为基础，布置墙体到以下图示及文字说明指定位置：

（1）±0.000 以下采用材料为：加气混凝土砌块，±0.000 以上采用材料为：MU10 蒸压粉煤灰砖，一般墙体厚度均为 240，个别墙体（图中注名），厚度为 150。

（2）底部延伸到基础梁上的墙体以基础梁位置为准，隔墙（绿色）高度为当前层板顶到板底，矮墙高度为 450，底部无梁则墙底应放置在首层结构板高度（−0.050），女儿墙做法同矮墙一致，女儿墙高看已设标高，其他未注明高度墙体高度以图名为准。

（3）图中所有墙位置标注均为墙中心线位置，未注明位置墙体位置的墙体，轴线上墙其中心与轴线对齐，非轴线上墙，其边与板边对齐。

（4）完成后，将成果以"第十四天—墙体布置"为名保存。

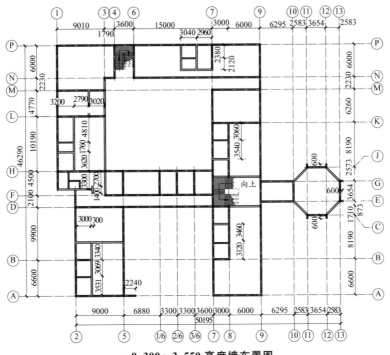

−0.300～3.550 高度墙布置图

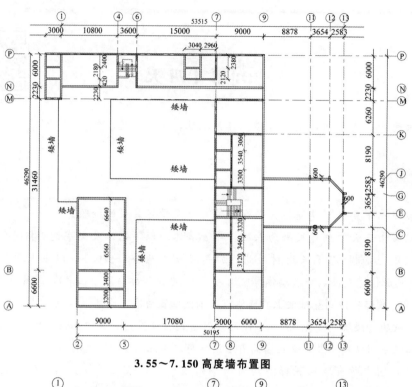

3.55~7.150 高度墙布置图

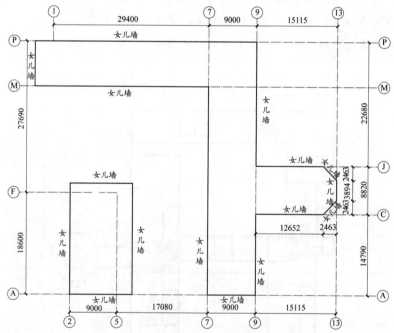

7.150 高屋顶女儿墙布置图

第五章　建筑建模

思维导图

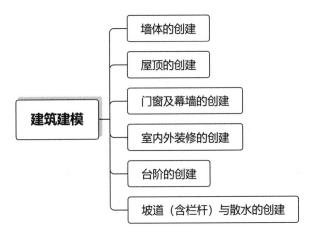

第一节　墙体的创建

一、章节概述

本节主要阐述如何创建与绘制砌体墙构件与女儿墙构件，学习内容及目标见表5-1-1。

表 5-1-1　学习内容及目标

序号	模块体系	内容及目标
1	业务拓展	（1）墙体是建筑物的重要组成部分，它起到承重、围护或分隔空间的作用 （2）建筑墙体一般分为内墙和外墙
2	任务目标	（1）完成本项目框架部分砌体墙的创建及绘制 （2）完成本项目框架部分女儿墙的创建及绘制
3	技能目标	（1）掌握使用"墙：建筑"命令创建内、外墙及女儿墙 （2）掌握使用"对齐"命令修改墙体位置 （3）掌握使用"不允许连接"命令断开墙体关联性 （4）掌握使用"过滤器""复制到剪贴板""粘贴""与选定的标高对齐"等命令快速创建绘制墙体

完成本节对应任务后，整体效果如图 5-1-1 所示。

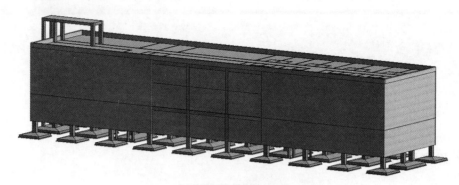

图 5-1-1　内外墙布置整体效果

二、任务实施

Revit 软件中提供了墙工具，用于绘制和生成墙体对象。在 Revit 软件创建墙体时，需要先定义好墙体的类型，包括墙厚、材质、功能等，再指定墙体需要达到的标高等高度参数，按照平面视图中指定的位置绘制生成三维墙体。

Revit 软件提供了基本墙、幕墙、叠层墙三种族，使用基本墙可以创建项目的外墙、内墙以及女儿墙等墙体。进行基本墙体绘制时，可以选择创建结构墙体或建筑墙体，在绘制砌体墙时一般多选择建筑墙体，绘制钢筋混凝土墙体时一般选择结构墙体，两种墙体绘制及修改方式一致。下面以"综合楼"案例中框架部分的砌体墙及女儿墙绘制为例进行介绍。

（一）创建墙体构件

（1）建立墙构件类型。

①在"项目浏览器"中展开"楼层平面"视图类别，双击"室内地坪"视图名称，进入"室内地坪"楼层平面视图。

②单击"建筑"选项卡"构建"面板中的"墙"命令下三角菜单中的"墙：建筑"工具，单击"属性"选项板中的"编辑类型"按钮，弹出"类型属性"窗口。

③在"族（F）"后面的三角下拉菜单中选择"系统族：基本墙"，此时"类型（T）"列表中显示"基本墙"族中包含的族类型。

④单击"复制"按钮，弹出"名称"窗口，参照所给图纸中"建施-2"中的墙体说明，以框架结构±0.000 以上外墙为例，输入"A-外墙-加气混凝土砌块-250"（"A"为 Architecture 的首字母，即"建筑"），单击"确定"关闭命名窗口，如图 5-1-2、图 5-1-3所示。

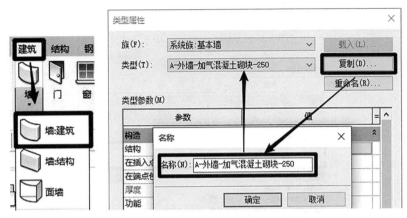

图 5-1-2　建立墙构件　　　　图 5-1-3　外墙类型名称

（2）编辑墙构件材料属性。

①单击"结构"属性后"编辑"按钮，进入"编辑部件"窗口。

②修改"结构［1］"中"厚度"为"250.0"，单击"材质"列内相关材质设置位置（与板一致），进入"材质浏览器"窗口，搜索栏中输入"砌块"进行搜索。

③搜索到"砖石建筑-混凝土砌块"，对其右键单击"复制"生成新的材质类型。

④将其"重命名"为"加气混凝土砌块"（复制完成后名称默认为可修改状态，如不能修改，对其右键选择重命名即可），修改完成后单击"确定"按钮，退出"材质浏览器"窗口，再次单击"确定"按钮，退出"编辑部件"窗口。继续修改"功能"为"外部"，单击"确定"按钮，退出"类型属性"窗口，属性信息修改完毕，完成墙体定义过程。结果如图 5-1-4、图 5-1-5 所示。

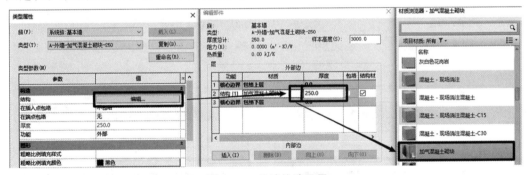

图 5-1-4　外墙构造设置

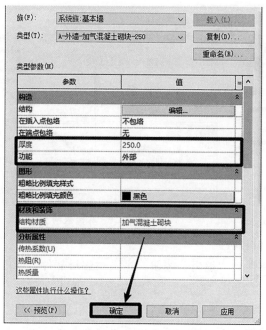

图 5-1-5　外墙其他属性设置

（3）按照上述操作方法，完成砌体墙内墙"A-内墙-加气混凝土砌块-200""A-内墙-加气混凝土砌块-100"及女儿墙"A-女儿墙-加气混凝土砌块-350"三种类型墙体的定义和创建。注意：内墙的"功能"属性设定应为"内部"。结果如图 5-1-6～图 5-1-8所示。

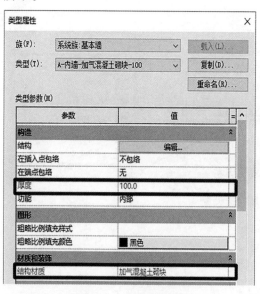

图 5-1-6　内墙类型设置

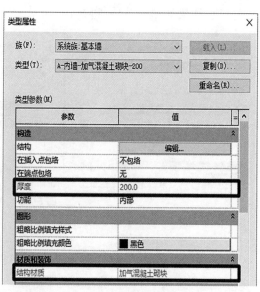

图 5-1-7　内墙类型设置

图 5-1-8　女儿墙类型设置

（二）绘制墙体构件

1. 设置临时隐藏图元

在绘制墙体过程中，建议把除轴网和柱之外的所有本层图元进行隐藏，以方便绘制，如图 5-1-9 所示。

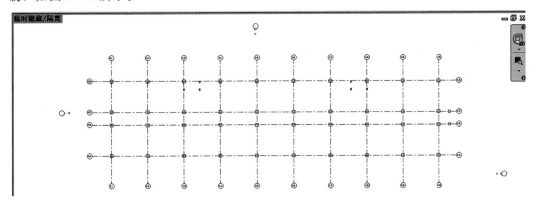

图 5-1-9　隐藏图元

2. 绘制首层墙体构件

根据所给建筑图纸中"一层平面图"相关墙体内容布置首层墙构件，先进行外墙的布置，再进行内墙的布置。

（1）首先进入"室内地坪"视图，然后单击"墙：建筑"命令，在绘制墙体状态下，在"属性"选项板中"类型选择器"内找到"A-外墙-加气混凝土砌块-250"墙类型。

（2）单击"绘制"面板中的"直线"，选项栏中设置墙体方向为"高度"（属性含义同柱），"高度"值为"4200"（首层墙体顶部绘制到 4.2m 标高处），勾选"链"（可连续绘制墙），设置"偏移"为"0"。"属性"选项板中设置"底部约束"为"室内地坪"，

"底部偏移"为"－300"，"顶部约束"为"直到标高：2F"，"定位线"为"核心层：内部"，如图 5-1-10 所示。

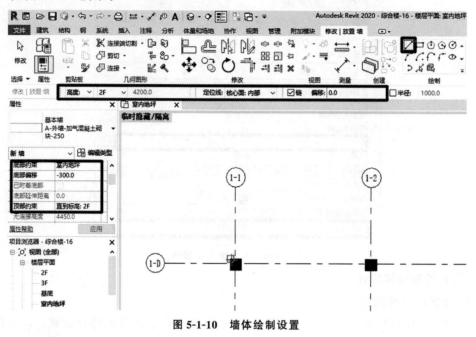

图 5-1-10　墙体绘制设置

3. 绘制首层外墙

用"直线"方式进行绘制，操作方法同绘制"梁"构件，结合所给图纸一层外墙定位信息，以 1-D 轴处墙体为例。由于已设置光标相对墙体的定位线为墙体内边线，因此直接单击左上角处柱子左上角为第一点，横向移动光标到 1-4 轴与 1-D 轴交接处的柱外边线终点处单击第二点，此时完成第一段部分墙体绘制，再次横移光标，直接输入数值"600"，使墙体长度与图纸长度一致，如图 5-1-11 所示。按"Esc"键完成第一段墙体绘制，结果如图 5-1-12 所示。

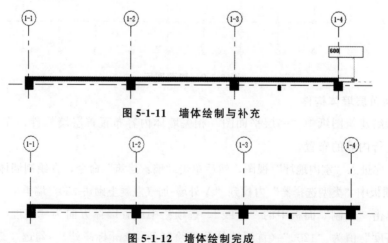

图 5-1-11　墙体绘制与补充

图 5-1-12　墙体绘制完成

按照上述操作方法完成首层其他外墙的绘制，绘制过程中可灵活调整墙体的"定位线"设置，以便于调整光标相对于墙体的位置及绘制墙体，当光标位于墙体一侧时，也可以按空格键使墙体切换相对光标的左右方向，绘制结果如图 5-1-13 所示。

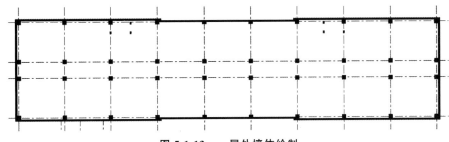

图 5-1-13　一层外墙体绘制

4. 绘制首层内墙

按照上述操作方法，结合图纸中内墙的定位信息，使用"移动""复制""标注尺寸后移动距离"等命令或建模技巧快速处理墙体，使其符合图纸相应信息，结果如图 5-1-14所示。

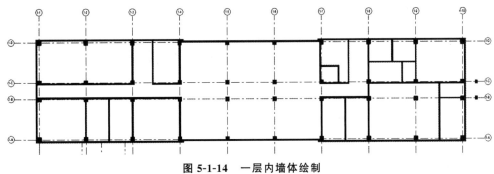

图 5-1-14　一层内墙体绘制

5. 复制首层外墙到二层和三层

（1）在"室内地坪"视图中，单击选中一段外墙，再次右键单击该墙体，在弹出的右键菜单中选择"选择全部实例"选项分组中"在视图中可见"选项，以选中所有同一类型的外墙墙体。

（2）单击"复制到剪贴板"命令，单击"粘贴"下三角菜单中"与选定的标高对齐"选项，在弹出窗口中以"加选"方式选择"2F""3F"标高，然后单击"确定"完成复制操作。复制完成墙体后，分别在"2F""3F"属性选项卡中对所有外墙进行标高的调整，过程如图 5-1-15～图 5-1-18 所示，结果如图 5-1-19 所示。

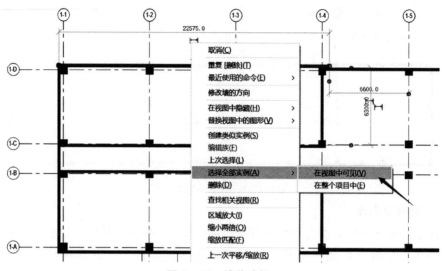

图 5-1-15　墙体选择

图 5-1-16　墙体复制与粘贴

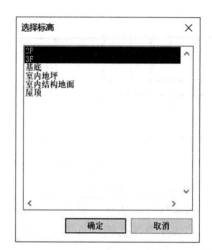

图 5-1-17　选择粘贴标高

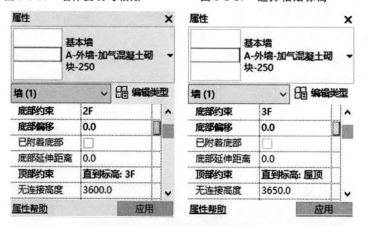

图 5-1-18　调整粘贴后墙体高度

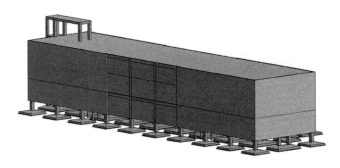

图 5-1-19 一层内外墙～三层外墙体绘制结果

6. 绘制二层三层内墙及女儿墙构件

按照上述操作方法，结合"二层平面图""三层平面图""屋顶平面图"图纸中内墙和女儿墙（女儿墙处无顶部标高，可设置顶部为"未连接"，然后设置顶部偏移为女儿墙高度）定位信息，完成绘制。完成后如图 5-1-20～图 5-1-22 所示。

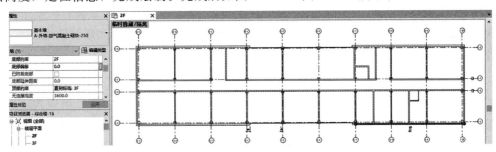

图 5-1-20 二层内墙

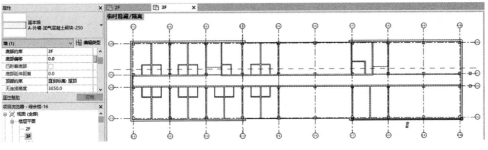

图 5-1-21 三层内墙

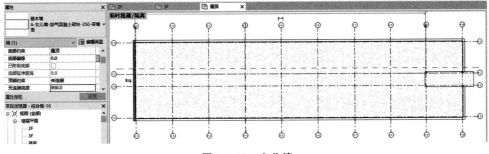

图 5-1-22 女儿墙

至此已完成框架部分所有砌体墙和女儿墙构件的绘制，单击"快速访问工具栏"中"保存"按钮，保存当前项目成果。单击"默认三维视图"查看三维效果，如图5-1-23所示。

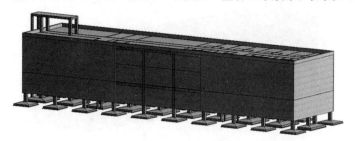

图 5-1-23　墙体绘制效果

三、操作说明

（1）新建砌体墙时，一定要厘清思路，结合建筑设计说明明确砌体墙的属性信息，根据建筑平面施工图，了解砌体墙的具体定位信息。进入对应的楼层平面视图，选择"墙：建筑"创建砌体墙，根据图纸信息定义每个砌体墙构件，定义完成后，根据图纸位置进行放置，放置过程中要设置墙体的"底部约束""底部偏移""顶部约束""顶部偏移"等信息，确保墙体标高及高度正确。

（2）绘制女儿墙的操作方法同砌体墙，注意结合立面图纸分析女儿墙的高度及标高。内墙面和外墙面分列于墙体的两侧，若从左向右绘制，则外墙面为上侧墙面，内墙面为下侧墙面；若从右至左绘制，则内墙面为上侧墙面，外墙面为下侧墙面。墙面的内外之分是固定的，会根据绘制方向的不同而跟随。

（3）绘制墙体构件过程中，可以结合"对齐"命令修改平面定位，但要注意相邻墙体存在不同定位情况时，要结合"拆分图元"命令在分界处将其打断，同时右键单击蓝色点选择"不允许连接"命令断开墙体关联性，然后再进行"对齐"操作。同时可以使用"复制""阵列""镜像"等工具命令快速放置墙体，提高建模效率。

（4）绘制墙体过程中，可以使用"复制到剪贴板""与选定的标高对齐"等命令将放置的图元进行层间复制，复制后根据图示信息修改"底部约束""底部偏移""顶部约束""顶部偏移"等信息，如需替换其他构件，先选中放置后的图元，在"属性"选项板下拉选择其他构件，完成图元的替换。

（5）注意绘制墙体过程中，使用"过滤器"进行选择，结合"临时隐藏/隔离"控制显示的内容只包括柱和轴网，会让绘制墙体的过程更加清晰化。

（6）绘制墙体时，不可避免会让墙与梁、柱等构件重叠，这部分可以使用"连接"或"切换连接"命令处理，相关操作方式将会在后面相应章节中讲述。

四、砌体墙相关知识拓展

砌体工程在主体完成到一定层数后可以砌筑，按一般工程的情况，为保证砌筑工程的连续性，可以分三段进行，例如四层的模板全部拆除后进行一至三层砖砌体的砌筑，七层的模板全部拆除后进行四至六层的砖砌体的砌筑。

框架结构的墙体是填充墙，起围护和分隔作用，重量由梁柱承担，一般情况下填充墙不承重。框架结构分为全框架和半框架，全框架没有承重墙，半框架有承重墙。

（一）砌体墙技术流程

砖墙的砌筑工艺一般为：抄平→放（弹）线→摆砖样→立皮数杆→盘角→挂线→砌筑→勾缝及清理等。

（1）抄平：为确保砖砌体施工质量，在砌前必须进行抄平（明确砌筑高度）。

（2）放（弹）线：根据图纸要求，弹线对砌砖进行定位（明确砌筑位置）。

（3）摆砖样：弹好线后，根据墙身情况摆好砖样（按选定的组砌方法，用干砖试块摆）。

（4）立皮数杆：利用皮数杆控制每皮砖砌筑的竖向尺寸。

（5）盘角、挂线：砌砖前先盘角，盘角就是把角边盘起，成为方正，才可以砌筑。

（6）砌筑：砌筑时根据砖样、皮数杆及盘角挂线进行砌筑，确保跟线（砖砌高度对应标准）。

（7）勾缝及清理：在砌筑完成后，为保证成型效果，需勾缝及清理被挤压的和不注意外漏出来的泥沙。

（二）砌体墙质量与安全隐患注意要点

（1）脚手架上堆料量不得超过规定荷载和高度，在一块脚手板上的操作人员不得超过两人。

（2）不得站在墙顶面上进行画线、勾缝和清扫墙面或检查大角垂直等工作。

（3）不得用不稳固的工具或物体在脚手板面垫高操作，脚手板不允许有探头现象，不得用5cm×10cm木料或钢模板做立人板。

（4）砌筑作业时不得勉强在高度超过胸部以上墙体上进行，以免将墙碰撞倒塌或失稳坠落或砌块失手掉下造成事故。

（5）就位的砌块应立即进行竖缝灌浆，对稳定性较差的窗间墙、独立柱和挑出墙面较多的部位，应加临时支撑。

（6）在砌块砌体上，不宜拉缆风绳，不宜吊挂重物，不宜作其他临时设施的支撑点。

（三）墙体建模与建造的区别

（1）砌体墙体建模除非特意使用建族功能建立相应排砖方式，否则砌体墙的材料设置只是用来得知具体使用材料的，不具备相应指导工人砌砖排砖的价值。

（2）砌体墙中一般会布设钢筋，混凝土墙有时会增设止水钢板等额外构件，但墙体模型中并不会自动增设相应模型，也无相应自动布设功能，同样建议使用建族功能体现这一内容。

（3）混凝土墙在结构件中的剪切优先级顺序仅低于板。砌体墙则被其他结构件剪切，应注意其剪切关系，计量时应注意这一点。

扫码获取作业解析

第十五天

盛年不重来，一日难再晨；及时当勉励，岁月不待人。

今日作业

按照以下要求创建屋顶做法并保存，作为今天学习效果的检验。

以第十四天的创建成果为基础，按照"屋顶做法"，合理布置建筑屋顶到屋顶混凝土板上。完成后，将成果以"第十五天—建筑屋顶"为名保存。

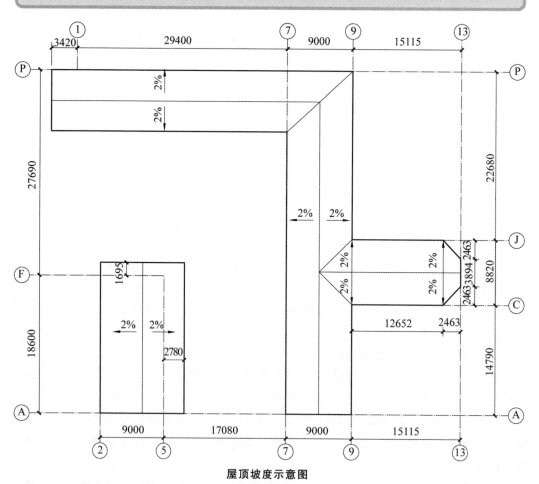

屋顶坡度示意图

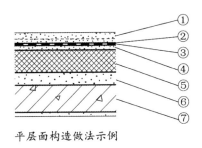

平层面构造做法示例

①	40厚C20细石混凝土保护层
②	10厚低强度等级砂浆隔离层
③	1.5厚防水卷材或涂膜层
④	20厚1：3水泥砂浆找平层
⑤	30厚XPS板保温层
⑥	最薄30厚LC5.0轻集料混凝土2%找坡层
⑦	钢筋混凝土屋面板

屋顶做法

第二节　屋顶的创建

一、章节概述

本节主要阐述建筑屋顶的创建与绘制，学习内容及目标见表 5-2-1。

表 5-2-1　学习内容及目标

序号	模块体系	内容及目标
1	业务拓展	屋顶是建筑物的重要组成部分，它起到承重、分隔空间和抵御外界不利因素的作用
2	任务目标	完成本项目中屋面做法的创建及绘制
3	技能目标	（1）掌握使用"迹线屋顶"命令创建大坡度屋顶 （2）掌握使用"迹线屋顶"命令创建平底屋顶

完成本节对应任务后，整体效果如图 5-2-1 所示。

图 5-2-1　屋顶创建整体效果

二、任务实施

Revit 软件中提供了屋顶工具，用于绘制和生成建筑屋顶。在 Revit 软件创建建筑屋顶时，需要先定义好屋顶的类型，包括厚度、材质、功能等，再指定屋顶需要到达的标高等高度参数，按照平面视图中指定的位置绘制边线、圈定范围生成三维屋顶。

一般的屋顶中钢筋混凝土部分由楼板负责创建，因此使用屋顶创建的就是混凝土板以上的屋面建筑做法。下面以"综合楼"案例中顶层板以上的屋顶做法为例，介绍屋顶创建的操作方法。

（1）进入"屋顶"平面视图，单击"建筑"选项卡下"构建"面板内"屋顶"命令，再单击"属性"选项板中"编辑类型"按钮，在弹出窗口中单击"结构"后"编辑"按钮，以打开"编辑部件"窗口，如图 5-2-2 所示。

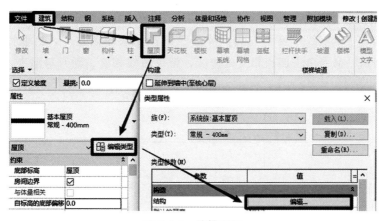

图 5-2-2　编辑屋顶

（2）根据图纸"设计说明、门窗详图"中"五、屋面工程"下说明的相关材料信息，在"编辑部件"界面中添加相关材料，如图 5-2-3 所示（采取倒置式屋面做法）。完成后，单击"确定"按钮退出"编辑部件"界面（注意勾选"可变"，为屋顶起坡做准备）。

	功能	材质	厚度	包络	可变
1	结构 [1]	粒料	40.0		☐
2	结构 [1]	挤塑聚苯乙烯	80.0		☑
3	核心边界	包络上层	0.0		
4	结构 [1]	1.2厚防水卷材	1.2		☐
5	核心边界	包络下层	0.0		

图 5-2-3　设置屋顶构造

（3）在"类型属性"窗口内选择"重命名"按钮，将此类型命名为"A-建筑屋顶做法"，单击"确定"退出，如图 5-2-4 所示。

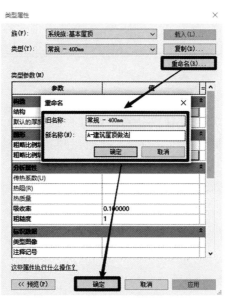

图 5-2-4　设置屋顶类型名称

（4）在完成屋顶结构材料和厚度的设置后，根据"屋顶平面图"中展示的屋顶范围绘制屋顶。选择"拾取线"绘制方式，单击四条女儿墙内侧边界，拾取完成后可使用"修剪/延伸为角"命令单击四边相交处边线，解决边线相交、断开等隐患，结果如图5-2-5所示。

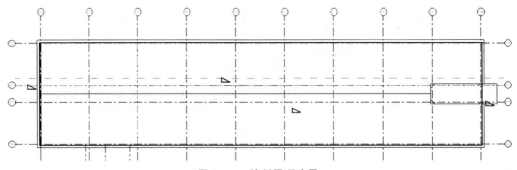

图 5-2-5　绘制屋顶边界

（5）框选四条屋顶边线，取消勾选"选项栏"或"属性"选项卡中"定义坡度"选项（该选项用于所绘制的屋顶边界起拱使其有坡度，但会引起屋板下方产生起拱空心，屋顶命令仅做屋顶做法时此选项不适用），单击"修改丨创建屋顶迹线"选项卡下绿色"对勾"命令，完成屋顶绘制（随后弹出的对话框单击"否"即可，此后出现该提示均单击"否"），结果如图5-2-6所示。

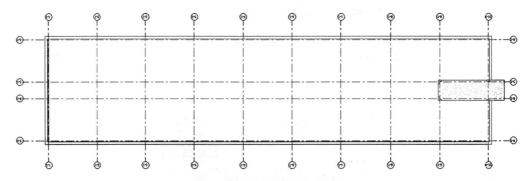

图 5-2-6　取消屋顶定义坡度

（6）根据图纸信息可知，屋脊线分别向南北两向找坡2％。选中楼板，单击"修改丨屋顶"选项卡下"添加分割线"命令，此时屋顶边线变为高程线（变绿），四角处出现高程点（绿色方点），如图5-2-7所示。

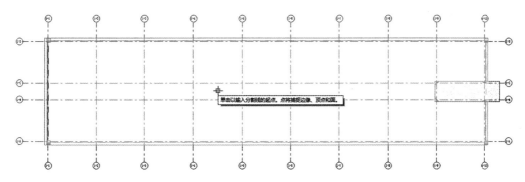

图 5-2-7　设置子图元

（7）光标在左侧线条中央处（出现三角形中点捕捉提示即可）单击左键，然后移动光标到右侧线条中央处再次单击，完成分割线（高程线）绘制，如图 5-2-8 所示。

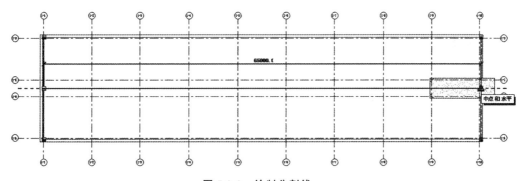

图 5-2-8　绘制分割线

（8）按"Esc"键取消绘制分割线状态，单击"修改子图元"命令，然后选中被画出来的分割线，在随后显示出来的输入框中输入数值，数值为南北两侧墙体内边线之间长度的 1/2 乘以 2‰（经计算，得值为"147"）。修改完成后，切换视图到三维视图，单击注释选项卡下"高程点坡度"命令，选中屋顶表面检查坡度是否符合图纸要求。结果如图 5-2-9 所示。

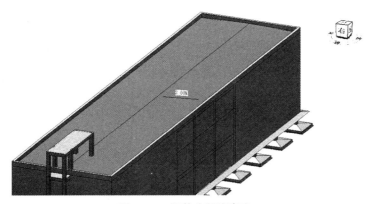

图 5-2-9　调整分割线高度

三、操作说明

（1）新建屋面时，一定要厘清思路，结合建筑设计说明、相关图集做法明确屋面做法的材料、厚度等相关信息，根据建筑平面施工图，了解屋面的具体定位信息。进入对应的楼层平面视图，使用"屋顶"命令开始创建。

（2）屋顶构件与楼板构件最大的区别在于，当两个构件均无坡度设置，且同时放置在统一标高高度时，可从侧面观察到，楼板以顶部表面为标高高度，而屋顶以底部表面为标高高度。

（3）本案例中以结构楼板为屋顶的钢筋混凝土部分，以"屋顶"命令创建屋顶建筑做法，也可以归于一类，仅以"楼板"或是"屋顶"创建屋顶部分，但这种做法需要注意屋顶或楼板的标高高度设定是否合理。

扫码获取作业解析

第十六天

抛弃时间的人，时间也抛弃他。

今日作业

按照以下要求布置门窗并保存，作为今天学习效果的检验。

以第十五天的创建成果为基础，按照以下门窗表和门窗布置图，布置门窗到墙上，已注明平面位置的门、窗、墙均为中心线位置。未注明门窗放置位置的，靠墙门应距离墙中线240mm布置，其余皆居中布置。完成后，将成果以"第十六天—门窗布置"为名保存。

类别	名称	宽度	高度
门	M1	1000	2700
	M2	1300	2700
	M3	1800	2700
	MD1	2400	2700
	MD2	1200	2400
	MD3	900	2400
	MD4	1500	2700
窗	C1	1500	1800
	C2	2100	2100
	C3	3080	2500
	C4	1200	2700

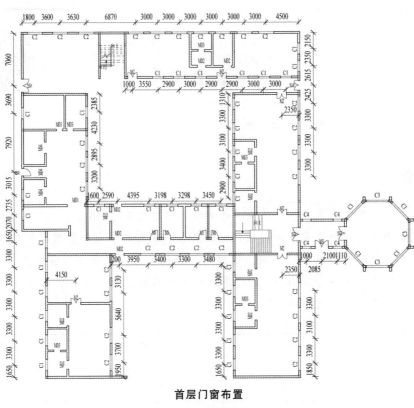

首层门窗布置

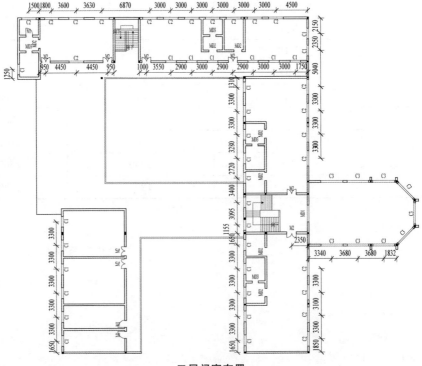

二层门窗布置

第三节　门窗及幕墙的创建

一、章节概述

本节主要阐述门窗及幕墙构件的创建与绘制，学习内容及目标见表 5-3-1。

表 5-3-1　学习内容及目标

序号	模块体系	内容及目标
1	业务拓展	（1）门是建筑物出入口处必备的构件，是分割有限空间的一种实体，它的作用是连接和关闭两个或多个空间的出入口 （2）窗一般由窗框、玻璃和活动构件（铰链、执手、滑轮等）三部分组成
2	任务目标	（1）完成本项目框架部分门窗的创建及绘制 （2）完成本项目框架部分幕墙的创建及绘制
3	技能目标	（1）掌握使用"门""窗"命令创建门、窗及门联窗 （2）掌握使用"墙：建筑"命令创建幕墙和门联窗 （3）掌握使用"全部标记"命令标记门构件和窗构件

完成本节对应任务后，整体效果如图 5-3-1 所示。

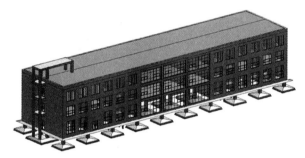

图 5-3-1　门窗与幕墙创建整体效果

二、任务实施

本节主要介绍门窗及幕墙构件的绘制。门、窗是建筑设计中最常用的构件，Revit软件提供了门、窗工具，用于在项目中添加门、窗图元。门、窗必须放置于墙、屋顶（如天窗）等主体图元上，这种依赖于主体图元而存在的构件称为"基于主体的构件"。因此，在绘制门窗之前，要将其依赖的主体图元布置完毕。同时，门、窗这些构件都可以通过创建自定义门、窗族的方式进行自定义。下面以"综合楼"案例框架部分的门窗及幕墙为例，讲解其具体操作方法。

（一）创建门窗构件

（1）首先建立门窗构件类型。

①在"项目浏览器"中展开"楼层平面"视图类别，双击"室内地坪"视图名称，进入"室内地坪"楼层平面视图。

②单击"插入"选项卡下"载入族"命令，在弹出窗口中进入"消防"→"建

筑"→"防火门"文件夹，打开"单嵌板钢防火门"，载入"钢制防火门"族到综合楼项目中，如图 5-3-2 所示。

③选择"建筑"选项卡"构建"面板中的"门"工具，单击"属性"选项板中的"编辑类型"按钮，在"类型属性"窗口中选择"复制"按钮，在弹出的"名称"窗口中输入"FM 乙-1"，单击"确定"按钮，如图 5-3-3 所示。

④根据图纸"建施-2"中"门窗表及门窗详图"的信息，分别在"类型参数"的"高度"处输入"2100"，"宽度"处输入"1000"，单击"确定"按钮，如图 5-3-4 所示。

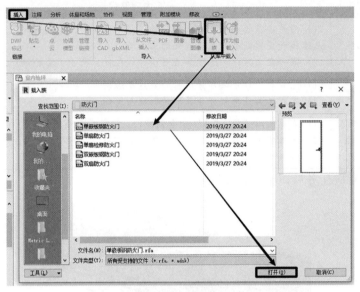

图 5-3-2 载入门

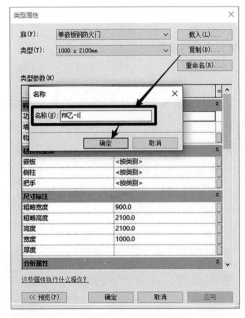

图 5-3-3 编辑门名称

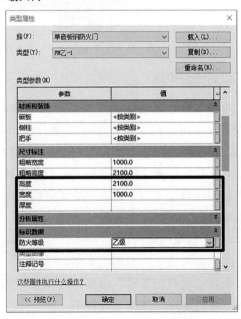

图 5-3-4 设置门参数

（2）按照上述操作方法，选择"建筑"→"门"→"普通门"→"平开门"→"单扇"文件夹内"单嵌板木门2"族并载入，编辑其类型，复制建立"M-3"构件；选择"建筑"→"门"→"卷帘门"文件夹内"卷帘门"族并载入，随后弹出窗口内选择任意一组数据后单击"确定"即可，再复制建立新类型"M-5"。两类门的参数尺寸的修改参考所给图纸中"设计说明、门窗详图"内的门窗表，如图5-3-5、图5-3-6所示。

图 5-3-5　创建 M-3

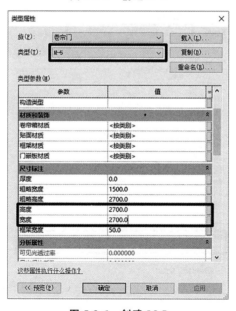

图 5-3-6　创建 M-5

（3）按照上述操作方法，载入"平开门"→"单扇"文件夹内"单嵌板木门18百叶窗式"族文件，复制类型且命名为"M-4""M-6"；载入"平开门"→"双扇"中的

"双面嵌板木门 2"族文件，复制且命名为"M-2"；载入"平开门"→"双扇"中的"双面嵌板玻璃门"族文件，复制且命名为"M-1"。以上构件尺寸信息均参照门窗表，如图 5-3-7～图 5-3-9 所示。

图 5-3-7　设置 M-4、M-6　　　　　　　图 5-3-8　设置 M-2

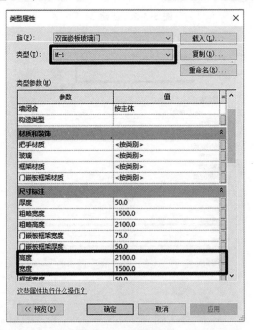

图 5-3-9　设置 M-1

（4）按照上述操作方法，载入"建筑"→"窗"→"普通窗"→"组合窗"文件夹内"组合窗-三层三列（平开＋固定）"和"组合窗-双层单列（固定＋推拉）"族文件，然后复制建立"C-1""C-5"及"C-6"类型，并结合门窗表信息，修改其类型参数。结果如图 5-3-10～图 5-3-12 所示。其余窗因默认族库中无法提供对应样式的族，在没有学习第六章第二节创建族相关内容之前可参考本节的"创建绘制门联窗构件"内容，将其余窗创建完成。

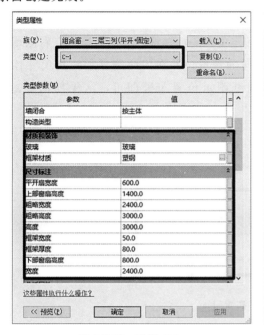

图 5-3-10　设置 C-1

图 5-3-11　设置 C-5

图 5-3-12　设置 C-6

（二）放置门窗构件

（1）定义完成后，开始布置门窗构件。根据所给图纸"一层平面图"中图示门位置，布置首层门构件。

①进入"室内地坪"平面视图，单击"门"命令，然后在"属性"选项板内"类型选择器"中找到"M-3"。

②使用鼠标滚轮适当放大视图，移动光标定位在1-C轴线与1-1轴线交点右侧墙身位置，此时沿墙身可显示门开启（安装）方向的预览，并在门两侧显示距离尺寸标注（临时），指示门边与墙端点的距离。按照图纸图示位置布置即可，结果如图5-3-13所示。

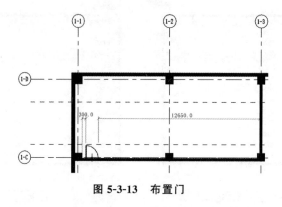

图5-3-13　布置门

（2）调整位置。

①将门窗布置在墙体上后，选中布置的门窗，即弹出临时尺寸标注，单击标注热点（蓝色圆点）可以进行拖动，如调整到距离门窗最近的轴线，临时尺寸标注信息也会联动改变为门边距离轴线的真实距离。单击数字可对其进行编辑，当在编辑框内输入距离数值时，会驱动门窗的位置进行平移，可以对门窗定位进行调整，如图5-3-14所示。

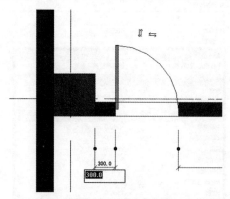

图5-3-14　调整门位置

②单击选择门窗后，门窗上将出现两个双向箭头，单击箭头，即可调整门的开启方向，如图5-3-15所示。位置的调整方法还有"移动""标注尺寸后移动"等，其具体操作方法在以往章节中均有介绍，此处不再赘述。

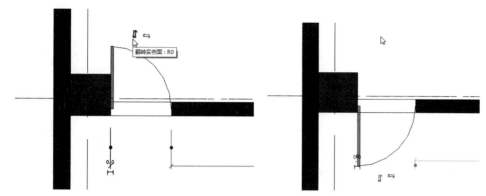

图 5-3-15　调整门朝向

（3）按照上述方法完成首层其他门构件的布置，结果如图 5-3-16 所示。

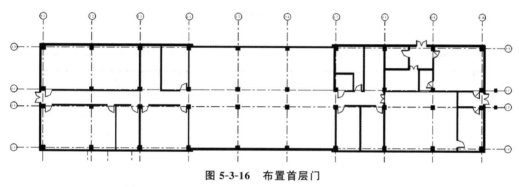

图 5-3-16　布置首层门

（4）放置首层窗构件。

放置窗构件的方法同放置门，按照上述操作方法，放置首层框架部分的窗构件（已载入并做好相应族类型的窗），注意设置"底高度"约束为"600"（该信息从本项目立面图纸中获得），结果如图 5-3-17 所示。

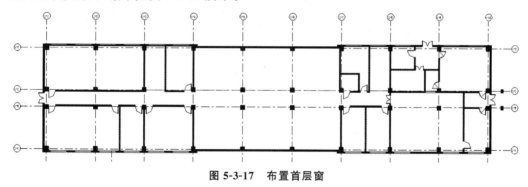

图 5-3-17　布置首层窗

（5）放置二层、三层门窗。

按照上述操作方法，参照图纸中门窗信息，完成二层及三层框架部分门窗构件的绘制。注意：可以使用"复制""阵列""与选定的视图对齐"等命令进行门窗的快捷复制。复制完成后，应与图纸信息对照，找出需要替换的图元，在"属性"选项板中"类型选择器"内选择需要替换的构件。最后，需要检查所绘制窗的"底高度"是否符合图纸要求。结果如图 5-3-18、图 5-3-19 所示。

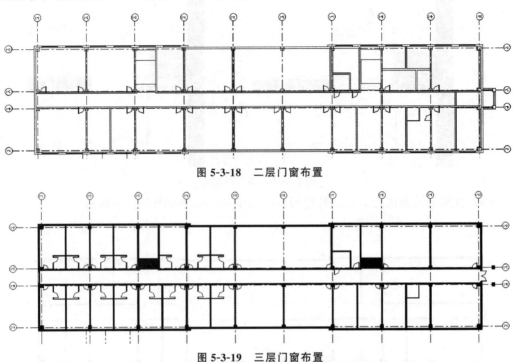

图 5-3-18　二层门窗布置

图 5-3-19　三层门窗布置

单击"默认三维视图"，可以查看绘制门窗整体效果，如图 5-3-20 所示。

图 5-3-20　已载入门窗布置结果

（三）创建绘制门联窗构件

（1）创建本项目门连窗构件 MC-1 和 MC-2。MC-2 的创建方法同门窗，载入所提供的配套文件夹中"建筑"族文件夹内"门连窗"族文件，复制新建"MC-2"族类型，根据图纸信息修改参数属性，如图 5-3-21、图 5-3-22 所示。

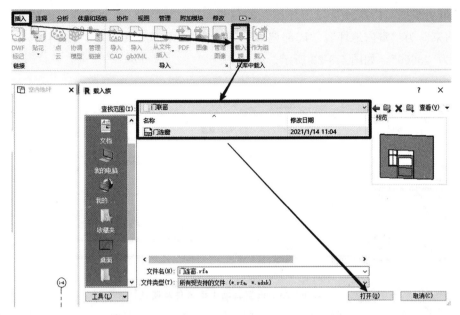

图 5-3-21　门联窗载入

图 5-3-22　门联窗设置

（2）MC-2 的布置与其他门窗布置方式一致，底高度计算以门为准，位置的修正方式参照本节前一部分的介绍，此处重点介绍 MC-1 的创建及绘制方法。这一创建方式可以应用到 C-2、C-3、C-8、C-9 等构造较为复杂且重复使用率不高的构件。

MC-1 的创建方法可以使用"幕墙"命令，同时要注意 MC-1 中包括三扇门，需要绘制完幕墙后进行幕墙网格的修改以及嵌板的替换。创建方法如下：

①选择"建筑"选项卡"构建"面板中的"墙"命令，在"属性"选项板内的"类型选择器"中找到"幕墙"分组下"幕墙"类型，再单击"属性"选项板中的"编辑类型"按钮，在"类型属性"窗口中复制新类型为"MC-1"，单击"确定"关闭窗口。

②勾选"类型属性"窗口中"自动嵌入"属性，单击"确定"按钮，退出"类型属

性"窗口。根据"门窗表及门窗详图"的信息，在"MC-1"的"属性"选项板中设置"底部约束"为"室内地坪"，"底部偏移"为"0"，"顶部约束"为"未连接"，"无连接高度"为"3600"，如图 5-3-23 所示。

图 5-3-23　设置幕墙类型名称及属性

③进入"室内地坪"楼层平面，在"属性"选项板中"类型选择器"内选择"MC-1"幕墙类型，绘制方式为"直线"，然后在 1-A 轴线与 1-5 轴线～1-6 轴线交汇处进行绘制，绘制位置为墙中线（此处之前已绘制过的砌体墙会被"自动嵌入"属性切开）。幕墙绘制过程中可以直接输入长度完成绘制，位置与图示不一致时可通过"标注尺寸后修改尺寸"的方式修正位置。结果如图 5-3-24 所示。

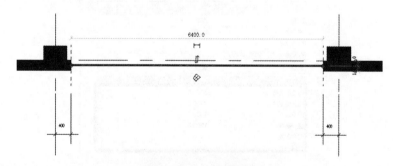

图 5-3-24　绘制幕墙

接下来根据图纸中 MC-1 网格线尺寸进行幕墙网格布置，操作方法如下：

①切换视图到三维视图中，旋转视图找到合适观察"MC-1"的角度，再单击"建筑"选项卡"构建"面板中的"幕墙网格"工具。

②光标移动到刚放置的"MC-1"玻璃幕墙上，当光标靠近左边界或右边界时，将出现竖向的临时尺寸标注，此时单击左键即可放置水平网格；当光标靠近上边界或下边界时，将出现横向的临时尺寸标注，此时单击左键即可放置竖向网格（光标靠近幕墙哪边，生成的网格垂直于哪边）。生成时，可以选择"全部分段"（当前光标所在整个幕墙，通长放置网格）或"一段"（仅当前光标所在位置的完整玻璃范围内添加网格）两种网格划分方式，如图 5-3-25、图 5-3-26 所示。

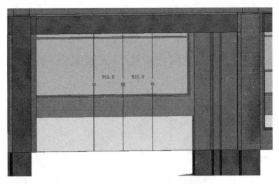

图 5-3-25 布置竖向网格

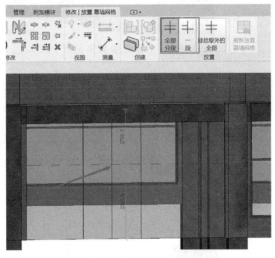

图 5-3-26 布置横向网格

③选中已绘制的网格线（可通过旋转视图或放大视图来获得更好的选取精度），再单击临时尺寸中的数字并修改以调整网格距离，网格数量不够应继续放置网格线，使其划分为图纸中"MC-1"的图示形状，如图 5-3-27 所示。

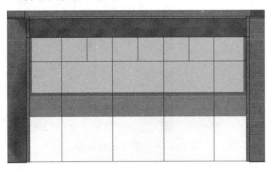

图 5-3-27 补充竖向短网格

④移动光标放置在幕墙要改变的幕墙嵌板上，在选择前，可通过不断按"Tab"键来切换选择内容，直到可以选择到其中"门"位置的玻璃嵌板后（边缘变蓝）单击左键进行选取（注意"按面选择"是否开启）。

⑤选择完成后单击"属性"选项栏中"类型选择器"，在弹出的类型列表中找到"幕墙双开玻璃门"族，单击该族分组下的族类型"幕墙双开玻璃门1800/2100"，当玻璃嵌板更换为新类型后，再次单击"编辑类型"按钮复制创建新类型"MC-1门嵌板"，过程及结果如图5-3-28、图5-3-29、图5-3-30所示。

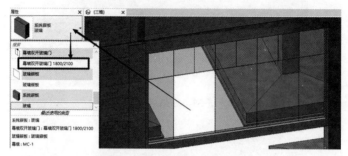

图 5-3-28 选择嵌板切换类型

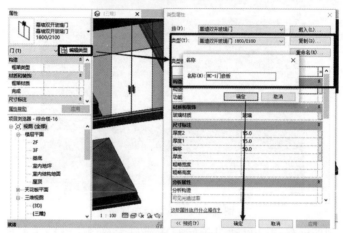

图 5-3-29 修改门嵌板类型名称

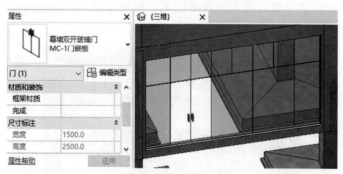

图 5-3-30 完成嵌板切换

⑥另外两块嵌板的替换同上述操作，完成门联窗构件 MC-1 的创建及绘制，结果如图 5-3-31 所示。

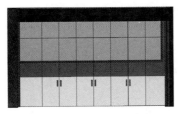

图 5-3-31　切换其他嵌板

⑦回到"室内地坪"楼层平面，选中"MC-1 门嵌板"，可按空格键调整门开启方向朝外，如图 5-3-32 所示。

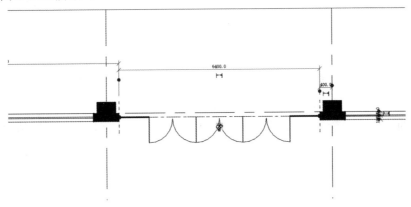

图 5-3-32　调整门朝向

（四）创建绘制幕墙构件

（1）创建幕墙的方法同"MC-1"的创建。以"MQ-1"为例，首先进入"2F"平面视图，选择"墙命令"，在"属性"选项板的"类型选择器"里的"类型列表"中选择"MC-1"，并复制出新类型"MQ-1"。然后在"属性"选项板中实例属性部分设置"底部约束"为"2F"，"底部偏移"为"50"，"顶部约束"为"直到标高：3F"，"顶部偏移"为"3050"，如图 5-3-33 所示。

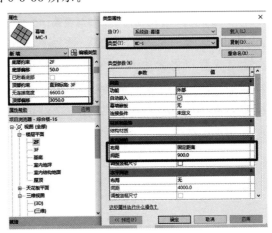

图 5-3-33　幕墙 MQ-1 设置

（2）选择"直线"绘制方式，根据所给"二层平面图"图纸中定位信息绘制

"MQ-1"，完成后如果位置不正确可通过"移动"或"标注后修改尺寸"来修正幕墙位置，结果如图 5-3-34 所示。

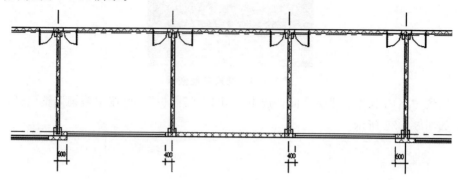

图 5-3-34　MQ-1 绘制

（3）切换到默认三维视图，根据所给"设计说明、门窗详图"图纸中相关信息，选择"MQ-1"，修改其实例属性中"垂直网格"分组下"对正"为"中心"，使网格居中对齐，符合图纸图示样式。再单击"幕墙网格"命令添加横向网格，使网格布置情况符合图纸图示样式，操作方法同上文所述。为便于修改，建议选中整个"MQ-1"后使用"隔离图元"命令将其隔离，结果如图 5-3-35 所示。

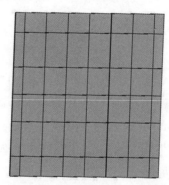

图 5-3-35　MQ-1 网格添加与调整

（4）还需要绘制专为幕墙窗做的网格分割线，这些线条可使用"一段"放置，但同一高度的网格线放置完成后，将无法再次在同一高度添加网格，需要选中已添加的网格在上方单击"添加/删除网格线"命令，在需要添加网格线的位置单击左键，添加新的网格（反之，某段网格线多余也可以通过此命令删除）。过程如图 5-3-36～图 5-3-39 所示。

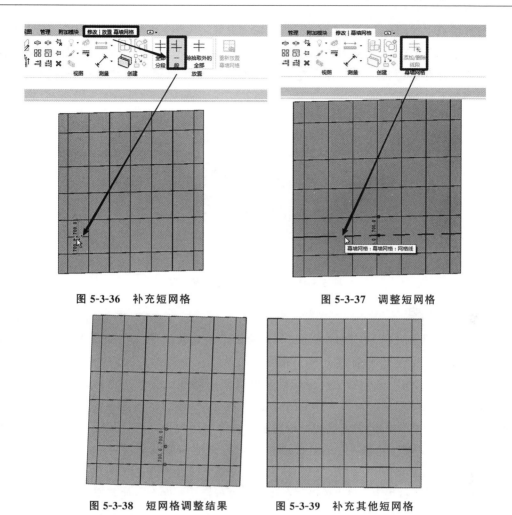

图 5-3-36　补充短网格　　　　　　图 5-3-37　调整短网格

图 5-3-38　短网格调整结果　　　　图 5-3-39　补充其他短网格

（5）单击"插入"选项卡下"载入族"命令，在弹出窗口中进入"建筑"→"幕墙"→"门窗嵌板"文件夹内，载入"窗嵌板－上悬无框铝窗"族文件后，再单击幕墙玻璃嵌板，将其替换为刚载入的族，相关操作在以往章节中已有介绍，此处不再赘述。完成后，"MQ-1"如图 5-3-40 所示。

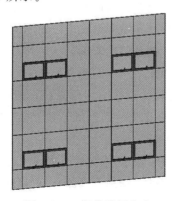

图 5-3-40　切换嵌板为窗

（6）根据上述同样方法，创建绘制"MQ-2""C-2""C-3""C-8""C-9"。至此本项目所有框架部分的门窗、门连窗及幕墙构件绘制完成，单击"快速访问工具栏"中"保存"按钮，保存此项目文件。保存完成后，单击切换视图到三维视角查看整体三维效果，如图5-3-41所示。

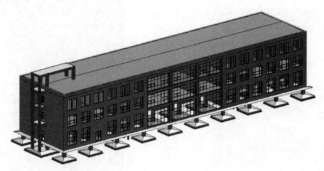

图 5-3-41　绘制幕墙、幕墙窗效果

三、操作说明

（1）新建门窗时，一定要厘清思路，结合图纸中建筑设计说明及门窗表明确门窗构件属性信息，根据建筑平面施工图了解门窗的具体定位信息。进入对应的楼层平面视图，使用"门""窗"命令创建门窗构件，可以使用软件已有的门窗构件复制新建族类型，也可以导入外部的门窗族文件复制新建族类型。修改门窗属性参数，需根据图纸信息定义每个门窗构件，定义完成后，根据图示位置进行放置，放置过程中要设置门窗的"标高"和"底高度"信息，结合立面图中门窗的离地高度及楼层标高等信息，确保门窗放置标高及高度正确。

（2）门窗放置过程中，可以单击"在放置时进行标记"命令（使其变为蓝色），如果之前没有进行标记，也可以通过"注释"选项卡下"标记"面板中的"全部标记"命令，勾选"门标记""窗标记"类别，统一进行标记（仅标记当前视图中未标记的图元）。

（3）放置门窗构件过程中，要先绘制其放置位置处的墙体构件，否则无法绘制门窗。将门窗布置在墙体上后，选中布置的门窗，即弹出临时尺寸标注，拖动标注热点时临时尺寸标注信息会发生联动。当在输入框内输入距离数值时，会驱动门窗的位置进行平移，改变门窗在墙体中的定位。在绘制过程中，使用"移动""复制""阵列""镜像"等工具命令可以快速放置门窗，提高建模效率。

（4）绘制门窗过程中，可以使用"复制到剪贴板""与选定的视图对齐"等命令将放置的图元进行层间复制，复制后根据图示信息统一修改"标高"和"底高度"等信息。如需替换其他构件，先选中放置后的图元，直接在"属性"选项栏中"类型选择器"内选择其他构件，完成图元的替换。

（5）绘制门窗过程中，使用"过滤器"进行筛选，结合"临时隐藏/隔离"相关选项控制视图（显示的内容只包括柱、轴网及墙体），可以使绘制门窗的过程更加清晰化。

（6）创建幕墙的方法，也是使用"建筑"选项卡中"墙：建筑"命令，在"属性"

选项栏中单击"编辑类型"按钮后，"族（F）"后下拉菜单中选择"系统族：幕墙"，复制新建幕墙构件类型，定义参数属性。然后在"属性"选项板中设定幕墙的"底部约束""底部偏移""顶部约束"和"顶部偏移"属性，选择绘制方式，再根据图示位置进行幕墙的绘制。绘制完成后，可以使用"幕墙网格"工具在立面视图或三维下修改幕墙的嵌板划分情况，以及嵌板族及类型的选择与修改。

（7）创建门连窗的方法有多种，可以使用创建门窗的方法进行定义，也可以使用创建幕墙的方法进行绘制，根据不同的需求选择不同的方法，然后根据图纸设置参数属性，进行绘制即可。

扫码获取作业解析

第十七天

抛弃今天的人，不会有明天。

今日作业

> 按照以下要求创建建筑做法并保存，作为今天学习效果的检验。
>
> 以第十六天的创建成果为基础，按照以下做法表，布置活动室内外墙面做法、楼面和地面做法。完成后，将成果以"第十七天—装修做法"为名保存。

房间	楼地面	踢脚板	内墙面	外墙面
活动室、卧室、办公室、会议室、展厅	木楼面（地面） （1）聚酯漆一层 （2）15厚硬木地板 （3）20厚1：2.5水泥砂浆找平 （4）水泥砂浆一道，内掺建筑胶 （5）现浇混凝土楼板（60厚C15垫层） （6）（浮铺0.2厚塑料薄膜一层） （7）（素土夯实）	（1）6厚橡胶踢脚，板面打蜡上光 （2）9厚1：3水泥砂浆压实找平 （3）素水泥浆一道，内掺建筑胶	（1）1.5厚PVC卷材装饰板面层 （2）6厚1：1.6水泥石灰膏砂浆压实抹平 （3）6厚外加剂专用砂浆抹基底	（1）DTG勾缝 （2）3厚DTA贴6～10厚彩釉面砖（瓷制外墙砖） （3）10厚DP-HR抹平
浴厕、储藏室、厨房	防滑楼面（地面） （1）10厚防滑地砖，干水泥擦缝 （2）30厚1：3水泥砂浆结合层 （3）1.5厚聚氨酯防水层两道 （4）最薄处20厚1：3水泥砂浆找平 （5）水泥浆一道，内掺建筑胶 （6）现浇钢筋混凝土楼板（60厚C15垫层） （7）（素土夯实）	—	（1）5厚马赛克锦砖 （2）3厚强力胶粉 （3）1.5厚聚合物水泥基复合防水涂料 （4）挂金属网，抹8厚1：0.5：2.5水泥石膏砂浆 （5）刷素水泥浆一道 （6）6厚1：1：6水泥石膏砂浆打底 （7）3厚外加剂专用砂浆打底	
走廊、过厅	瓷砖楼面（地面） （1）10厚地砖，用聚合物水泥砂浆铺砌 （2）5厚聚合物水泥砂浆结合层 （3）15厚聚合物水泥砂浆找平层 （4）聚合物水泥浆一道 （5）现浇钢筋混凝土楼板（60厚C15垫层） （6）（素土夯实）	地脚踢脚（150高） （1）5厚地砖踢脚，稀水泥浆擦缝 （2）9厚1：2水泥砂浆结合层 （3）界面剂一道	饰面砖墙面 （1）5mm面砖饰面 （2）2厚面层耐水腻子刮平 （3）5厚1：0.5：2.5水泥石灰膏砂浆抹平 （4）8厚1：1：6水泥石灰膏砂浆打底 （5）3厚外加剂专用砂浆打底	

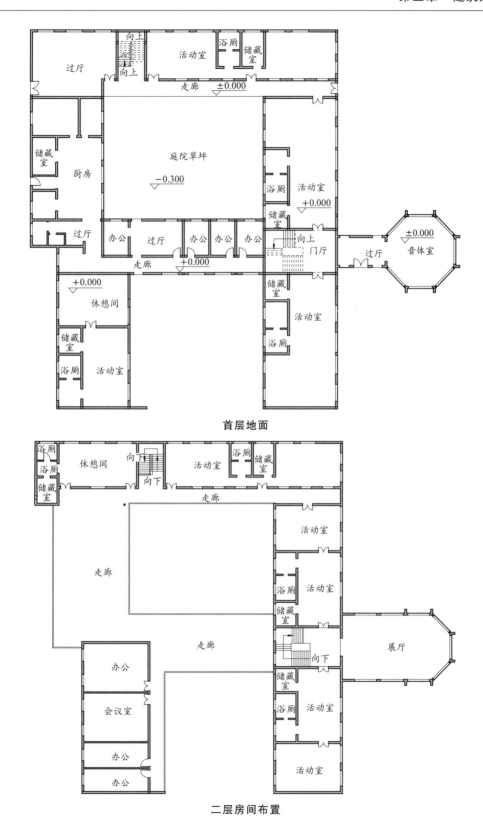

首层地面

二层房间布置

第四节 室内外装修的创建

一、章节概述

本节主要阐述如何创建与绘制装修构件，学习内容及目标见表 5-4-1。

表 5-4-1 学习目标及内容

序号	模块体系	内容及目标
1	业务拓展	装修构件一般包含楼地面、踢脚板、内墙面、顶棚、外墙面
2	任务目标	（1）完成本项目框架部分室内装修的创建及布置 （2）完成本项目框架部分外墙面装修的创建及布置
3	技能目标	（1）掌握使用"编辑部件"命令创建楼地面、顶棚、外墙面 （2）掌握使用"墙：饰条"命令创建踢脚板及内墙面 （3）掌握各类装修构件的绘制方法及细部处理

完成本节对应任务后，整体效果如图 5-4-1 所示。

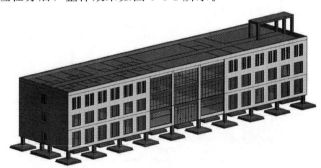

图 5-4-1 室内外装饰创建整体效果

二、任务实施

本节主要介绍各类装修构件的绘制。Revit 软件中没有专门绘制各类装修构件的命令，但是 Revit 软件提供了强大的"编辑部件"功能，可以利用各结构层的灵活定义来反映构件的装修做法，以达到精细化设计的目的。下面以"综合楼"项目图纸装修做法表中"楼地面、踢脚板、内墙面、顶棚"以及立面图中的"外墙面"装修构件为例，介绍各构件装修的创建绘制方法。

（一）创建绘制楼地面装修

在前面建模过程中并没有建立首层的楼板构件，这是因为图纸中没有一层板配筋图。根据本项目的特点，首层楼板的创建方法反映在了室内装修做法表中，也就是装修做法表中的楼地面。根据房间使用功能不同，楼地面的装修做法进行了分别描述（具体做法参见"设计说明、门窗详图"中"室内装修做法表"）。下面以"控制中心"房间为例，利用"编辑部件"命令介绍楼地面的创建方法。对于楼地面构件而言，一般首层按地面做法，二层及以上按楼面做法。

（1）建立"地面（控制中心）"构件类型。

①在"项目浏览器"中展开"楼层平面"视图类别，双击"室内结构地面"视图名称，进入"室内结构地面"楼层平面视图。

②选择"结构"选项卡"结构"面板中的"楼板"下拉菜单中的"楼板：结构"命令，在"属性"选项板中的"编辑类型"中打开"类型属性"窗口，单击"复制"按钮，弹出"名称"窗口，输入"地面（控制中心）"，单击"确定"关闭命名窗口，如图5-4-2所示。

③单击"结构"右侧"编辑"按钮，进入"编辑部件"窗口。要创建正确的地面类型，必须设置正确的地面厚度、做法、材质等信息。在"编辑部件"的"功能"列表中提供了七种楼板功能，即"结构［1］""衬底［2］""保温层/空气层［3］""面层1［4］""面层2［5］""涂膜层"（通常用于防水涂层，厚度必须为0）"压型板［1］"（以上内容单击默认的结构［1］即可看到），如图5-4-3所示。这些功能可以定义楼板结构中每一层在楼板中所起的作用。需要特别说明的是，Revit功能层之间是有关联关系和优先级关系的，例如结构［1］表示当板与板连接时，板各层之间连接的优先级别。方括号中的数字越大，该层连接的优先级越低。

图5-4-2　类型命名

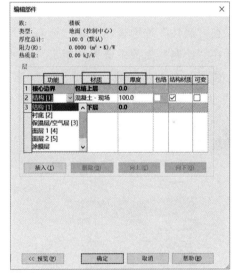

图5-4-3　构造控制说明

下面对地面（控制中心）的装修做法在Revit中进行匹配设置。

①根据"设计说明、门窗详图"及图集得知"控制中心"地面做法信息，修改"结构［1］"的"厚度"为"60"，"材质"为"混凝土-现场浇筑混凝土-C15"，分别选中新插入的两层，并单击"向上"按钮将其移动到"核心边界"层之上。

②选中新插入的第一层，在"功能"下拉列表中修改为"面层2［5］"，材质修改为"水泥砂浆"，"厚度"修改为"20"。

③选择新插入的第二层，在"功能"下拉列表中修改为"衬底［2］"，材质修改为"水泥砂浆"，"厚度"修改为"30"。设置完成后单击"确定"按钮，关闭"编辑部件"

窗口，如图5-4-4所示。

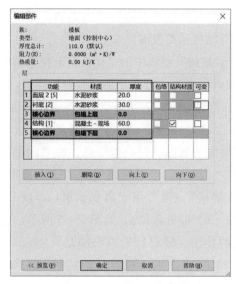

图5-4-4　地板构造设置

（2）"地面（控制中心）"构件定义完成后，开始布置构件。

①在"属性"选项板内设置"标高"为"室内地坪"。

②在"绘制"面板中选择"矩形"方式，根据"一层平面图"中图纸信息，找到控制中心位置（左上角区域）沿墙内边绘制矩形框，绘制完成后，单击上下文选项卡中"模式"面板内的"绿色对勾"工具，完成"地面（控制中心）"构件的放置，如图5-4-5所示。

③过程中会弹出各种提醒窗口，单击"否"即可，结果如图5-4-6所示。

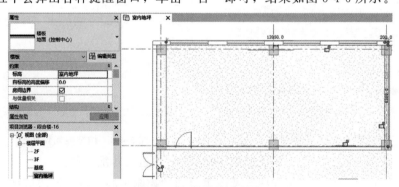

图5-4-5　绘制地板边界

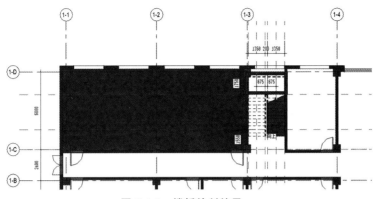

图 5-4-6 楼板绘制结果

（3）按照同样方法创建"卫生间""换热站、车库、库房、维修间、仓库""厨房、消毒间、浴室""过厅、雅间、餐厅、更衣室""其他房间"的地面做法，结合图纸及图集信息，结果如图 5-4-7～图 5-4-11 所示。

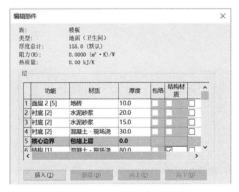

图 5-4-7 卫生间地面构造

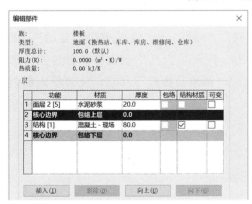

图 5-4-8 换热站、库房等地面构造

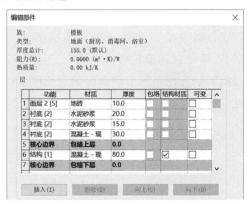

图 5-4-9 厨房、浴室等地面构造

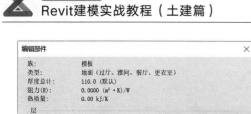
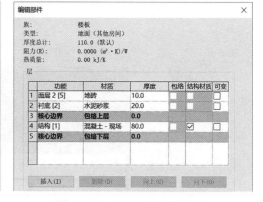

图 5-4-10　过厅、餐厅等地面构造　　　　图 5-4-11　其他房间地面构造

（4）地面构件全部定义完成后，开始布置首层地面构件。

为了绘图方便，可以结合使用"过滤器"以及"视图控制栏"下的"隐藏图元"命令，将除了"墙""楼板""轴网"之外的其他构件隐藏，然后根据图纸"一层平面图"在相应位置布置地面构件。布置方法同前文所述，完成后如图 5-4-12 所示。

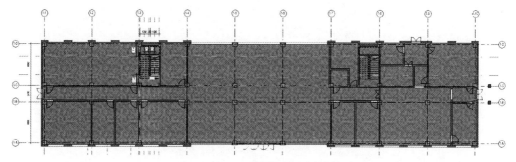

图 5-4-12　一层地面板布置结果

切换到默认三维视图，光标放在 ViewCube 上（三维视图右上角的立方体），单击右键，在右键菜单中选择"定向到视图"→"楼层平面"→"楼层平面：首层"，按住"Shift"键＋鼠标滚轮将模型进行三维旋转查看。同时可以选中剖面框，单击三角形的造型控制柄来控制整个剖面框的剖切位置、范围，调整顶面向下移动，使首层内部剖切可见，如图 5-4-13 所示。

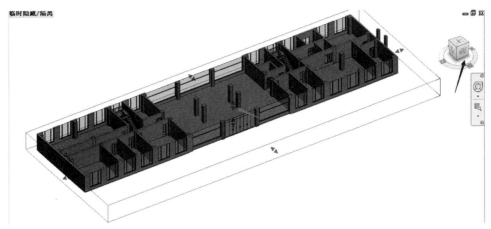

图 5-4-13　三维查看一层地板

（5）在讲解结构建模过程时，二层及三层的结构板构件均已进行了绘制，但是楼面装修时需根据房间布局不同而进行个性化装修，所以要实现"室内装修做法表"中不同房间楼面的装修做法，相关结构板部分厚度则无须设置，仅定义结构板以上内容即可。具体操作方法如下：

定义创建出二层及三层所有的楼面构件类型（不设置钢筋混凝土层）。二层及以上楼面构件的创建方法与地面类似，结合图纸和图集做法定义各层楼面构件（由于图集一般不符合设计预留的 50mm 高度，需要根据个人理解或项目实际需求的情况来对图集所代表的做法进行改造，以下做法内容或有考虑不周之处，内容仅供参考，在实际项目中应根据实际情况咨询设计、技术负责人来做决定），如图5-4-14、图5-4-15 所示。

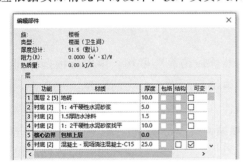

图 5-4-14　卫生间楼板

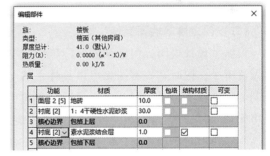

图 5-4-15　其他房间楼板

对二层楼板进行遮盖的具体操作如下：

①切换到"2F"楼层平面视图，找到使用对应楼板的房间，然后按照所处位置房间的楼面属性进行绘制，本次绘制边界应注意以墙内边线为准，且楼板的标高为"2F"（结构标高 4.15），"自标高的高度偏移"属性为各自做法楼板的高度（以毫米计算）。

②找到两块楼梯休息平台板，再次单击楼板命令，在"类型选择器"下拉列表内选择"楼面（其他房间）"，设置"标高"为"3F"（结构标高 7.15），"自标高的高度偏移"应为原结构板偏移高度加板厚。

③找到卫生间，在"类型选择器"下拉列表内选择"楼面（卫生间）"，然后设置

"标高"为"2F"，"自标高的高度偏移"为结构板面高度加做法板板厚。

二层楼面装修构件遮盖绘制完毕，单击默认三维视图，通过定位到"2F"楼层进行三维剖切查看，如图 5-4-16 所示。

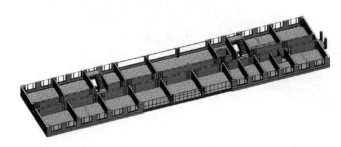

图 5-4-16　二层地面布置三维效果

按照上述操作方法，完成三层楼面装修构件的绘制。三层楼面装修构件绘制完毕后，单击默认三维视图，通过定位到"3F"楼层进行三维剖切查看，如图 5-4-17 所示。

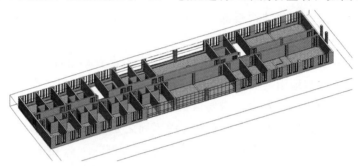

图 5-4-17　三层地面布置三维效果

（二）创建绘制墙面装修

根据"设计说明、门窗详图"图纸中"室内装修做法表"可知，内墙面根据房间不同做法不一。同时，查阅图集可以具体了解每种内墙面的做法。在前面建模过程中，因绘制墙构件没有考虑房间分隔，是通长创建的墙体（单击两点从头拉到尾，中间跨越数个房间），如果想完全按照"室内装修做法表"做墙面有以下两个方法。

一是通过对已创建墙体的"编辑部件"命令添加内墙面，内墙面的添加可参考楼地面添加方法。将建筑做法添加在墙体两侧，需要对已经绘制的墙构件进行打断处理（使用"修改"面板中的"拆分图元"命令，在墙体交叉中心或墙边处进行分割墙体），然后根据房间位置的不同，调换墙体类型。这个操作在准备阶段较为繁琐。

二是通过"墙体"命令，仅创建内墙做法，该做法方式可参考楼面建筑做法的添加方式。创建完成后，更改墙体定位线为"面层面内部"，墙面顶底标高与本层层高一致，然后单击对应房间的墙体内边线（注意生成墙体的蓝色虚线位置）以生成做法墙面。这个操作在准备阶段和操作阶段较简单，但增加了后期处理步骤（需要使用"连接"命令将贴到墙面的做法墙体和做好的结构墙体连接为一体）。

墙体做法的创建多数可采用以上方法，也可以将两种方式综合运用。其中，墙体

"编辑部件"方法和墙体绘制、调整定位等方法在前面对应章节中已有介绍，此处不再赘述，读者可根据前面所学内容自行完成内墙面装修的绘制。完成后单击"保存"按钮，保存项目文件。

（三）创建绘制踢脚板装修

Revit 软件中没有专门绘制踢脚板构件的命令，可以使用"墙：饰条"功能来放置踢脚板，也可以使用"墙"功能单独创建踢脚板构件。因为之前建模过程中已经绘制了墙体，为了操作快捷，下面介绍使用"墙：饰条"功能创建踢脚板的操作方法，具体的踢脚板轮廓创建方式可参考第七章第二节对应内容。

1. 载入踢脚板轮廓

根据图纸"室内装修做法表"及图集，可知踢脚板的组成材质共分四种：17厚1：3水泥砂浆、10厚面砖、15厚水泥砂浆、10厚水泥砂浆抹面，踢脚板高度除了"踢21"为100mm，其他均为150mm。接下来，载入准备的踢脚板轮廓。

单击"载入族"命令，在弹出窗口中找到配套文件夹中"建筑"内"踢脚"文件夹，进入该文件夹内框选选中准备好的轮廓族，载入到项目中，如图 5-4-18 所示。

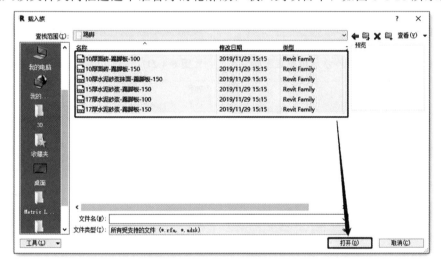

图 5-4-18　载入踢脚轮廓

2. 创建不同材质的墙饰条构件

（1）在"综合楼"项目中的三维视图下，单击"建筑"选项卡"构建"面板中的"墙"命令中的"墙：饰条"（三维视图中方可单击），如图 5-4-19 所示。

（2）单击"属性"选项板中的"编辑类型"按钮，弹出"类型属性"窗口，单击"复制"按钮，在弹出的"名称"对话框中输入"17厚水泥砂浆-踢脚板-100"族类型名称，完成后单击"确定"。在"轮廓"属性右侧"值"列中选择"17厚水泥砂浆-踢脚板-100"，修改"材质"为"水泥砂浆"，勾选"剪切墙"和"被插入对象剪切"。按照同样方法创建其他对应轮廓的族类型，并为其选择对应的轮廓和材质，如图 5-4-20～图5-4-25所示。

图 5-4-19　单击命令

图 5-4-20　设置 17×100 水泥砂浆踢脚板

图 5-4-21　设置 17×150 水泥砂浆踢脚板

图 5-4-22　设置 10×100 面砖踢脚

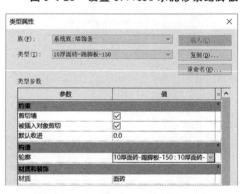

图 5-4-23　设置 10×150 面砖踢脚

图 5-4-24　设置 15×100 水泥砂浆踢脚

图 5-4-25　设置 10×150 水泥砂浆踢脚

3. 绘制踢脚板

创建完墙饰条构件后，开始给墙布置踢脚板，具体以布置首层"控制中心"位置踢脚板构件为例。

（1）为了布置方便，将模型切换到三维视图，即光标放在 ViewCube 上，鼠标右键选择"定向到视图"→"楼层平面"→"楼层平面：室内地坪"，然后按住"Shift"键＋鼠标滚轮，旋转到合适视角便于布置墙饰条。

（2）"控制中心"位置踢脚板做法为"15 厚水泥砂浆-150"与"10 厚水泥砂浆-150"，且"10 厚水泥砂浆-150"在外侧。在"墙：饰条"的"属性"选项板构件类型中找到"10 厚水泥砂浆-踢脚板-150"，"放置"面板中选择"水平"，光标在"控制中心"位置的墙下侧拾取墙底部边缘生成 10mm 外侧的墙饰条，完成后按"Esc"键取消放置状态即可。

（3）选择 10mm 外侧的墙饰条，在"属性"选项板中设置"与墙的偏移"为"15"（为了保证在布置 15mm 内侧的墙饰条时不会与 10mm 外侧的墙饰条重叠），设置"相对标高的偏移"为"0"（为了保证不会因为选取时出现误差导致墙饰条底部与地面有距离），二层及以上时，标高为结构标高，应注意偏移值为结构标高的地面做法厚度，避免踢脚到地面下，如图 5-4-26 所示。

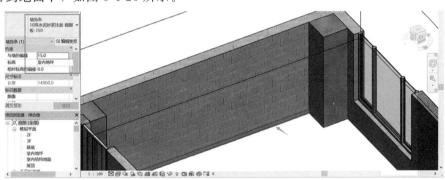

图 5-4-26　布置墙饰条并调整偏移

（4）隐藏刚布置的 10mm 外侧的墙饰条。重复上一步操作，将"15 厚水泥砂浆-踢脚板-150"族类型"水平"放置到"控制中心"位置的墙下侧，沿所拾取墙底部边缘生成 15mm 内侧的墙饰条，如图 5-4-27 所示。

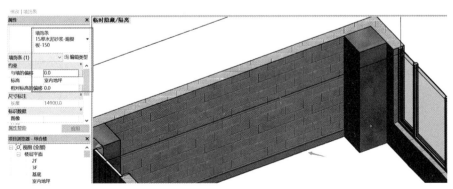

图 5-4-27　布置墙饰条

将 10mm 外侧的墙饰条与 15mm 内侧的墙饰条同时显示，切换到俯视图并放大，布置踢脚板的位置，结果如图 5-4-28 所示。

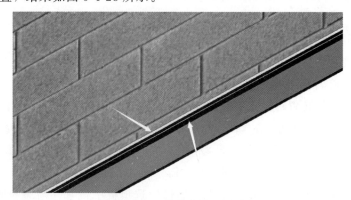

图 5-4-28　墙饰条布置结果

按照上述同样的操作方法，结合"建施-2"和图集做法信息，完成本项目框架部分首层到三层所有墙体的踢脚板。如果墙体是连续通长绘制的，需要利用"拆分图元"按房间打断墙体，最终完成后单击"保存"按钮保存项目文件。

（四）创建绘制顶棚装修

Revit 软件中可以使用"天花板"命令创建顶棚构件，利用"编辑部件"功能进行顶棚装修的完善，使用"天花板"命令创建如图 5-4-29 所示。

图 5-4-29　龙骨顶棚

按照同样方法新建其他装修构件。类型制作完成后，可使用"自动创建天花板"命令，光标直接单击对应房间位置即可，放置之前要注意修改"标高"和"自标高的高度偏移"等属性使其符合高度标准（天花板与屋顶机制一致，均为底面与标高对齐，偏移高度应与楼板底部高度起，向下加一个天花板板厚）。

天花板也可选择"绘制天花板"命令自行绘制天花板构件，其绘制方法同楼板与屋顶内容，此处不再赘述。少部分天棚是吊顶，由于软件命令限制，其吊杆、龙骨等内容在材质设置、厚度设置中体现即可。同样方法完成其他顶棚装修构件的创建及绘制，完成后单击"保存"按钮保存项目文件。

三、操作说明

（1）创建绘制装修构件前，要根据建筑设计说明中的装修做法表和相关图集，明确每个房间所包含的装修构件，以及每一类装修构件的具体做法。

（2）楼地面装修构件的创建，可以利用"编辑部件"功能，在结构楼板中进行编辑。将具体做法在"结构"中进行"编辑"，插入不同层做法，体现到结构板构件中，可以将原有不带楼地面的结构板进行替换，也可以重新删除进行绘制。

（3）踢脚板装修构件的创建，可以利用"墙：饰条"功能。在 Revit 中进行踢脚板"轮廓族"的建立，或者导入外部已有的族进行修改均可，全部载入到项目，在项目中的三维视图下，通过建立"墙：饰条"，轮廓选择载入到项目中具体的踢脚板轮廓，根据内外层的顺序及划分，在三维状态下，选择对应的墙体部位进行直接绘制即可。如果墙体是连续布置，需要按房间分隔布置踢脚板，且要先将墙体进行拆分打断。

（4）内墙面装修构件的创建，可以利用"编辑部件"命令替换原内墙构件，也可以利用"墙：饰条"命令，创建内墙面装修的"轮廓族"，载入到项目进行"墙：饰条"的绘制。应注意相同外墙面下的不同内墙装饰，选择合适的方式来应对不同情况下的不同要求。

（5）顶棚装修构件的创建，可以利用"天花板"功能（需要输入标高信息），也可以利用"编辑部件"的命令，直接对结构板进行编辑修改、对已绘制的楼板进行替换或删除重新进行绘制。

（6）外墙面装修构件的创建同内墙面，结合图纸要求进行分析定义。

（7）使用所学的各类快捷命令及方法，对绘制的各类装修构件进行细部处理，无论之前建模过程中是否绘制过类似构件，都要学会根据图纸要求灵活调整，包括边界、重叠、错层等情况，以及进行图元替换或重新进行绘制。

扫码获取作业解析

第十八天

■■一切节约，归根到底都是时间的节约。

今日作业

> 　　按照以下要求创建台阶、扶栏和散水并保存，作为今天学习效果的检验。
>
> 　　以第十七天的创建成果为基础，按照以下做法和构件布置图，布置台阶、散水和栏杆扶手（栏杆扶手布置到二层露天走廊上的矮墙上）。完成后，将成果以"第十八天—台阶、扶栏和散水"为名保存。

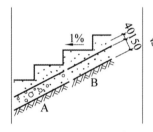

（1）40厚C20细石混凝土，表面撒1：1水泥砂子随打随抹光台阶面向外坡1%。

（2）150厚粒径5~32卵石(砾石)灌M2.5混合砂浆，宽出面层100。

（3）素土夯实。

台阶做法图

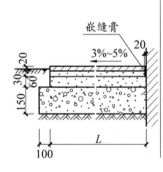

（1）20厚花岗岩板铺面，正、背面及四周边满涂防腐剂，水泥浆灌缝。

（2）撒素水泥面(洒适量清水)。

（3）30厚1：3干硬性水泥砂浆黏结层。

（4）素水泥浆一道(内掺建筑胶)。

（5）60厚C15混凝土。

（6）150厚粒径5~32卵石灌M2.5混合砂浆，宽出面层100。

（7）素土夯实，向外坡3%~5%。

散水做法图

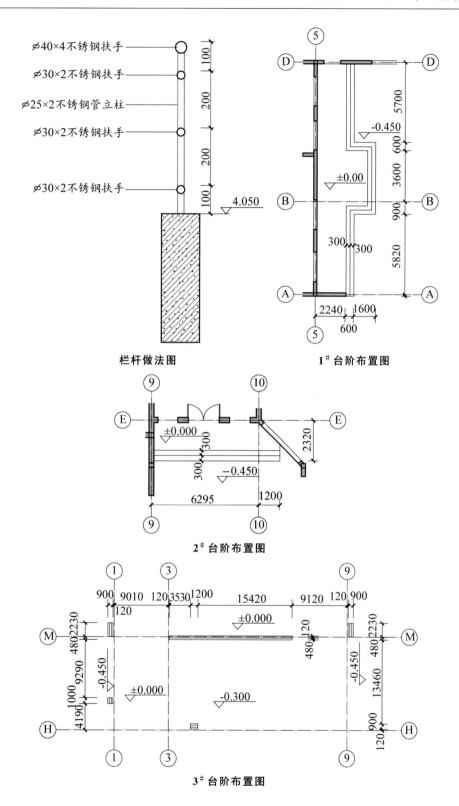

栏杆做法图

1[#]台阶布置图

2[#]台阶布置图

3[#]台阶布置图

第五节　台阶的创建

一、章节概述

本节主要阐述如何创建与绘制台阶构件，学习内容及目标见表 5-5-1。

表 5-5-1　学习内容及目标

序号	模块体系	内容及目标
1	业务拓展	台阶多在大门前或坡道位置，是用砖、石、混凝土等筑成的一级一级供人上下的建筑物，起到室内外地坪连接的作用
2	任务目标	完成本项目框架部分台阶构件的创建及布置
3	技能目标	掌握使用"楼板：建筑"命令创建台阶

完成本节对应任务后，整体效果如图 5-5-1 所示。

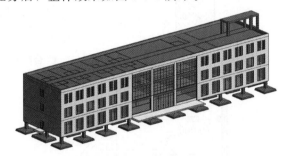

图 5-5-1　台阶创建效果

二、任务实施

在 Revit 软件中，室外台阶可以使用"建筑板"绘制方式来拼凑组建。具体操作方法如下。

（一）创建台阶构件

（1）进入"室内地坪"楼层平面视图。为了绘图方便，利用"过滤器"命令以及"视图控制栏"下的"隐藏图元"命令隐藏除"结构柱""墙""轴网"之外的构件，如图 5-5-2 所示。

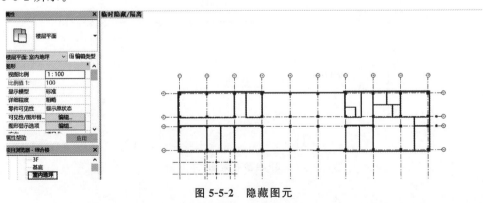

图 5-5-2　隐藏图元

（2）查看"1-D 至 2-A 立面图 2-1 至 2-3 立面图"图纸中对应位置的高度信息，可知两级台阶总高度为 300mm。

选择"楼板"命令中"编辑类型"按钮，在"类型属性"窗口中"复制"新类型"室外台阶板"，然后单击"结构"属性右侧"编辑"按钮，进入"编辑部件"窗口，修改"厚度"及"材质"参数，单击"确定"直到退出"类型属性"窗口，如图 5-5-3、图5-5-4所示。

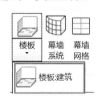

图 5-5-3　使用命令

族：	楼板
类型：	室外台阶板
厚度总计：	300.0（默认）
阻力(R)：	0.0655 (m²·K)/W
热质量：	40.78 kJ/K

层

	功能	材质	厚度	包络	结构材质	^
1	结构 [1]	花岗石板	30.0			
2	结构 [1]	1: 3干硬性水泥砂浆结合层	20.0			
3	结构 [1]	混凝土 - 现场浇注混凝土-C1	60.0			
4	核心边界	包络上层	0.0			
5	结构 [1]	5-32卵石灌M2.5水泥砂浆	190.0		☑	
6	核心边界	包络下层	0.0			v

图 5-5-4　设置做法

（二）绘制台阶构件

（1）布置构件主要部分。

根据"一层平面图"台阶定位信息，并结合建筑做法，首先在"属性"选项板内设置"标高"属性为"室内地坪"，然后在上下文选项卡下"绘制"面板中选择"直线"绘制方式，绘制线位置在 1-C 轴向下偏移"143"、1-B 轴向上偏移"143"、1-1 轴向左偏移"1607"（图中标注尺寸为尺寸示意），如图 5-5-5 所示。此范围即台阶板主要范围（该范围为台阶最外围边界后退 443mm 得出，443mm 为接下来创建二阶台阶板所用空间），绘制完成后如图 5-5-6 所示。

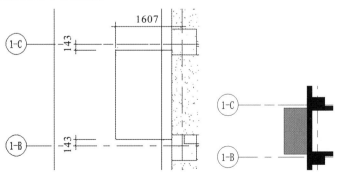

图 5-5-5　绘制楼板　　　图 5-5-6　绘制成果

（2）载入材料并设置二阶台阶。

单击"插入"选项卡下"载入族"按钮，在弹出对话框中框选提供的构件，然后单击"打开"完成族的载入，如图5-5-7所示。

图 5-5-7　载入台阶构造轮廓

在"楼板"命令下"楼板：楼板边"选项中单击"属性"选项板内"编辑类型"按钮，在弹出窗口内"复制"名称为"60厚C15混凝土"新类型，再设置"轮廓"为"60厚C15混凝土：60厚C15混凝土"，"材质"为"混凝土-现场浇注混凝土-C15"。参照此步骤，将其刚载入的轮廓创建出新类型并使用该轮廓，且更改材质为相符合的材质。完成后，单击"确定"按钮完成楼板边缘构件的编辑，如图5-5-8所示。

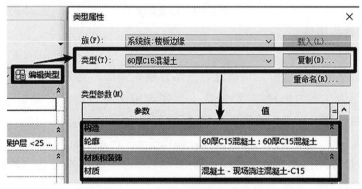

图 5-5-8　设置台阶构造轮廓

（3）布置二阶台阶。

单击默认三维视图，切换到三维视图中，找到创建的台阶主体，单击"楼板"命令下三角菜单内"楼板：楼板边"选项，选择类型为"30厚花岗岩石板"，然后单击楼板外边缘底部以生成对应部分，结果如图5-5-9所示。

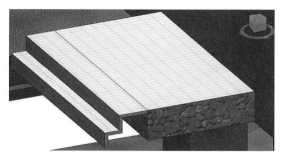

图 5-5-9　花岗岩构造布置

（4）生成台阶板后，单击"修改｜放置楼板边缘"上下文选项卡下"重新放置楼板边缘"命令（否则只能取消放置状态才能继续放置楼板边缘），在"属性"栏中"类型选择器"内选择对应类型，然后再次单击楼板外侧下边缘生成台阶板组成部分，生成的顺序为楼板材质从上往下的顺序，即"20 厚 1∶3 干硬性水泥砂浆结合层"→"60 厚 C15 混凝土"→"5-32 卵石灌 M2.5 水泥砂浆"。最后台阶创建效果完成如图 5-5-10 所示。

图 5-5-10　其他构造布置

（5）参考以上方式，添加台阶左右两侧的台阶板组成部分，应注意添加过程中适当调整三维角度以顺利添加，添加结果如图 5-5-11 所示。

（6）一层南向大门处，坡道与台阶交接处的台阶组成部分需要注意绘制范围，首先将不需要组成部分的用楼板占据，需要组成部分的应注意留出位置，最后相应位置绘制范围结果如图 5-5-12 所示。最后使用楼板边缘命令拾取楼板底边线，创建组件，结果如图 5-5-13 所示。

图 5-5-11　构造补充

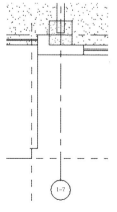

图 5-5-12　大门处台阶楼板

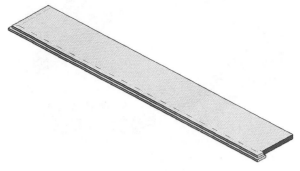

图 5-5-13　大门处台阶构造布置

三、操作说明

（1）台阶的创建及绘制方法同绘制板构件，可以利用"楼板：建筑"创建并进行绘制。

（2）绘制台阶时，注意结合图纸位置明确台阶主要范围，创作轮廓族来弥补内部构造复杂但楼板本身无法满足的问题。轮廓族主要是负责变形部分，关于轮廓族制作方法可参考土建族创建部分相关内容。

（3）如果对台阶的做法精度要求不高，可以在确定台阶高度属性及标高情况下，对台阶分层进行绘制，多块台阶板叠合在一起形成台阶即可。

（4）台阶做法如果贴合图集和现场实际要求会很复杂，因此为了既能体现出贴近现场需求，又不使创建过程过于复杂，本节简化了部分不易量化的材料使用（如素水泥浆一道）。

第六节　坡道（含栏杆）与散水的创建

一、章节概述

本节主要阐述坡道（含栏杆）与散水的创建与绘制，学习内容及目标见表 5-6-1。

表 5-6-1　学习内容及目标

序号	模块体系	内容及目标
1	业务拓展	（1）坡道是连接室内外高差地面或者楼面的斜向交通通道，方便行走设置 （2）散水是与外墙勒脚垂直交接倾斜的室外地面部分，可以迅速排走地面积水
2	任务目标	（1）完成本项目框架部分坡道构件的创建及绘制 （2）完成本项目框架部分坡道栏杆构件的创建及绘制 （3）完成本项目框架部分散水构件的创建及绘制
3	技能目标	（1）掌握使用"楼板：建筑"命令创建坡道与散水构件 （2）掌握使用"修改子图元"命令修改坡道与散水构件的外形 （3）掌握使用"栏杆扶手"命令创建坡道栏杆 （4）掌握使用"拾取新主体"命令修正坡道栏杆 （5）掌握使用"编辑扶手结构"命令修正坡道扶栏间距及高度

完成本节对应任务后，整体效果如图 5-6-1 所示。

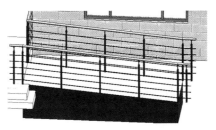

图 5-6-1　坡道与栏杆创建效果

二、任务实施

(一) 了解坡道构造

根据建筑施工图设计说明第六条外装修 6.3 找到坡道做法，查找"图集 05J909"中 SW16－坡 12A，找到其做法如图 5-6-2 所示。

图 5-6-2　坡道做法

(二) 创建坡道构件

(1) 单击"建筑"选项卡中的"楼板"命令，在"编辑类型"的"类型属性"窗口中单击"复制"按钮，输入"坡道板"类型名称，单击"确定"按钮关闭命名窗口。

(2) 单击"结构"属性右侧"编辑"命令，在"编辑部件"窗口中连续单击五次"插入"按钮，如图 5-6-3 所示。选择第"4"行后连续单击三次"向上"按钮，使第"4"行移动到"核心边界"层之上，然后再次重复此操作，调整另两个结构层到"核心边界"层之上，结果如图 5-6-4 所示。

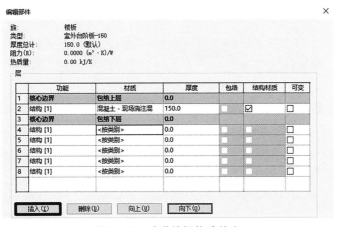

图 5-6-3　坡道楼板构造补充

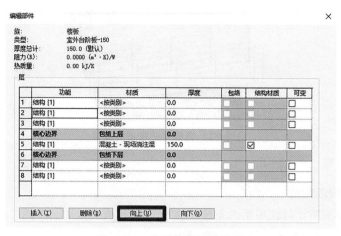

图5-6-4　坡道楼板构造调整

（3）根据图集相关内容，修改第"1"行"功能"为"面层2［5］"，"厚度"为
"100"，"材质"为"毛面花岗岩"；修改第"2"行"功能"为"面层1［4］"，"厚度"
为"30"，"材质"为"1：3干硬性水泥砂浆"；修改第"3"行"功能"为"涂膜层"，
"厚度"为"0"，"材质"为"素水泥浆一道（内掺建筑浆）"；修改第"5"行"厚度"
为"100"，　"材质"为"混凝土-现场浇注混凝土-C15"；修改第"7"行"厚度"为
"300"，"材质"为"5－32卵石灌M2.5混合砂浆"；修改第"8"行"厚度"为"1"，
"材质"为"素土"，并将第"8"行勾选为"可变"。最后，单击"确定"按钮关闭属性
编辑窗口，结果如图5-6-5所示。

图5-6-5　坡道楼板构造设置

（三）绘制坡道构件

（1）坡道创建完成后，根据"一层平面图"图纸绘制首层室外坡道，按"直线"方
式绘制平面轮廓线（具体位置及尺寸信息可测量图纸尺寸）。绘制完成后，修改"属性"
选项板中"标高"为"室外地坪"，如图5-6-6所示。

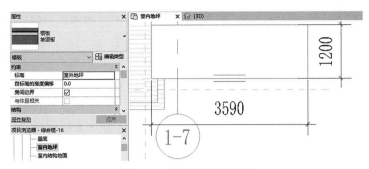

图 5-6-6　坡道板绘制范围

（2）进入三维视图，选中楼板后，在"修改｜楼板"选项卡中选择"修改子图元"命令，此时楼板边缘呈绿色虚线显示，光标选择靠近"台阶"的楼板边缘，出现"造型操纵柄"字样。此时单击左键将出现上下两个朝向的三角形"造型操纵柄"（直接拖动可手动调整对应边高度）和数字"0"（可输入数值精确调整对应边高度），如图 5-6-7所示。

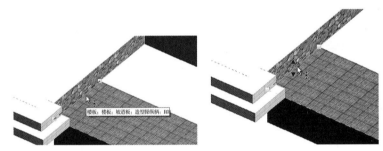

图 5-6-7　调整坡道板子图元高度

（3）单击数字"0"，然后弹出白框，在白框中输入数值"300"后按 Enter，坡道绘制完成，如图 5-6-8 所示。

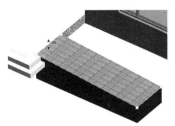

图 5-6-8　调整子图元结果

（四）创建绘制栏杆构件

（1）坡道板绘制调整完成后，进行扶栏构件的设置。

①单击"建筑"选项卡"楼梯坡道"面板中的"栏杆扶手"下"绘制路径"命令，修改实例属性中"从路径偏移"为"25"（使栏杆扶手相对于主体位置向内移动一定距离）。然后单击"编辑类型"，在"类型属性"窗口中单击"复制"按钮，创建"坡道栏杆"类型，单击"确定"按钮关闭命名窗口，如图 5-6-9、5-6-10 所示。

②单击"扶栏结构（非连续）"后"编辑"按钮，在"编辑扶手（非连续）"窗口内，

连续单击六次"插入"按钮，修改其"名称""高度"（相对于地面或是相对所拾取的主体表面，如坡道表面的高度）"偏移"（相对于放置的主体边界，扶栏向内偏移的距离）"轮廓"（扶栏形状）"材质"参数，如图 5-6-11 所示。设置完成后，单击"确定"退出当前窗口。

　　③单击"栏杆位置"的"编辑"按钮，在"编辑栏杆位置"窗口中设置相关信息（如图 5-6-12 所示），以使在接下来绘制的所有栏杆为"不锈钢扁钢栏杆"，同时栏杆顶部延伸到扶手"木扶手"，底部延伸到所拾取的楼板坡道"主体"上，而所有的起点、终点处栏杆相对于原本位置后退移动"100"。

图 5-6-9　使用绘制栏杆扶手命令

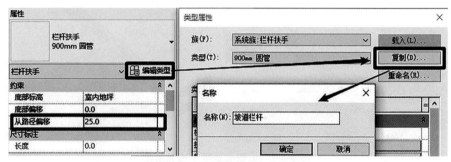

图 5-6-10　设置栏杆扶手属性

族：　　栏杆扶手
类型：　坡道栏杆
扶栏

	名称	高度	偏移	轮廓	材质
1	木扶手	1050.0	0.0	公制_圆形扶手：50mm	木质 - 桦木
2	钢扶手1	800.0	0.0	公制_圆形扶手：12mm	不锈钢
3	钢扶手2	650.0	0.0	公制_圆形扶手：12mm	不锈钢
4	钢扶手3	500.0	0.0	公制_圆形扶手：12mm	不锈钢
5	钢扶手4	350.0	0.0	公制_圆形扶手：12mm	不锈钢
6	钢扶手5	200.0	0.0	公制_圆形扶手：12mm	不锈钢

| 插入(I) | 复制(L) | 删除(D) | | 向上(U) | 向下(O) |

图 5-6-11　设置扶手构造

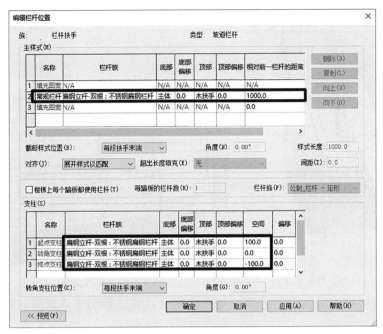

图 5-6-12　设置栏杆构造

④设置完成后，根据"一层平面图"图纸中相关内容，在"绘制"面板中选择"直线"绘制方式，在"室内地坪"视图中对应位置绘制栏杆扶手（坡道板边界），如图5-6-13所示，完成后单击对勾。再一次重复此步骤，将另一条绘制完成，结果如图5-6-14所示。

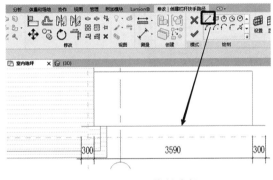

图 5-6-13　绘制路径

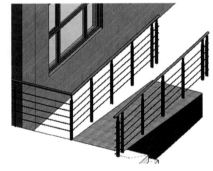

图 5-6-14　绘制栏杆结果

（2）绘制完成后，切换至三维视图查看模型的三维状态，会发现坡道栏杆底部没有与坡道标高吻合。在坡道栏杆处于选中状态下，单击"工具"选项卡下"拾取新主体"，再单击坡道栏杆依附的坡道板，如图 5-6-15 所示，结果如图 5-6-16 所示。

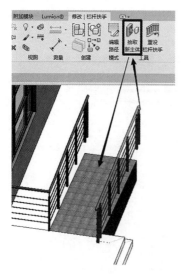

图 5-6-15 拾取主体

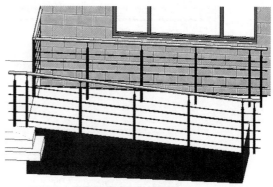

图 5-6-16 拾取结果

（3）按照同样方法，绘制另外一侧栏杆构件，并进行调整，最终效果如图 5-6-17 所示。

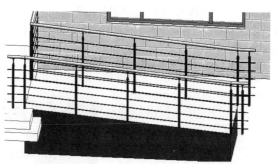

图 5-6-17 坡道及栏杆扶手最终效果

（五）创建散水构件

（1）散水的创建方法同坡道的创建方法。根据图纸，查找"图集 05J909"中 SW18-散 1A，找到其做法如图 5-6-18 所示。

名称	编号	厚度	简图	构造做法	
				A	B
混凝土散水	散1A 散1B	210	嵌缝膏 10~20 (3~5)% 40 20 150 20 100 L	(1) 60厚C20混凝土面层，撒1∶1水泥砂子压实赶光	
				(2) 150厚5～32卵石灌M2.5混凝砂浆，宽出面层100	(2) 150厚3∶7灰土，宽出面层100
				(3) 素土夯实，向外坡3%～5%	

图 5-6-18 散水做法

（2）使用"楼板"命令创建楼板，类型名称改为"散水"，如图 5-6-19 所示，然后单击"构造"设置如图 5-6-20 所示。

图 5-6-19　散水板类型命名

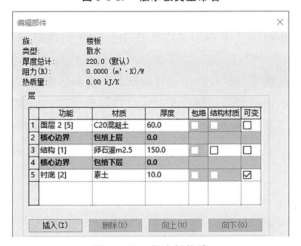

图 5-6-20　散水板构造

（3）坡道创建完成后，根据"一层平面图"图纸，绘制首层室散水如图 5-6-21 所示。

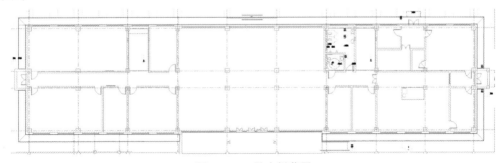

图 5-6-21　散水板范围

（4）进入三维视图，选中楼板后在"修改｜楼板"选项卡选择"修改子图元"命令，修改散水内边线高程点为"100"后，按 Enter 退出，结果如图 5-6-22 所示。

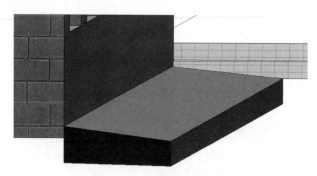

图 5-6-22　散水板高度调整

三、操作说明

（1）坡道与散水的创建及绘制方法同绘制板构件，可以利用"楼板：建筑"创建并进行绘制，之后利用"修改子图元"命令来设置坡道与散水外形。

（2）绘制栏杆扶手时，可以利用"栏杆扶手"命令创建坡道栏杆，可按直线进行绘制。

（3）注意对绘制的坡道及栏杆扶手进行标高及高度偏移的调整。

（4）绘制有坡度的坡道板的栏杆扶手时，可以结合使用"拾取新主体"命令修正坡道栏杆的高度位置，以及利用"编辑扶手结构"命令修正坡道扶栏间距及高度。

扫码获取作业解析

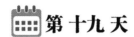第十九天

■■忘掉今天的人将被明天忘掉。

今日作业

　　按照以下要求创建二维族，作为今天学习效果的检验。

　　创建如下图所示样式的标高标头族，并添加相应标签在其左侧，阴阳鱼总直径为10mm，鱼眼直径为2.5mm，鱼头直径为5mm。完成后，将成果以"第十九天—阴阳鱼标头"为名保存。

名称

立面

阴阳鱼标头样式

第二十天

不要为已消尽之年华叹息，必须正视匆匆溜走的时光。

今日作业

按照以下要求创建三维族，作为今天学习效果的检验。

按照以下图示尺寸创建模型，要求设置族类别为"专用设备"，完成后将族以"第二十天—壁炉"为名保存。

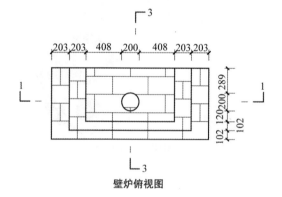

壁炉俯视图

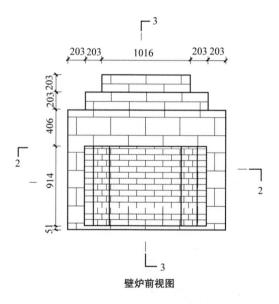

壁炉前视图

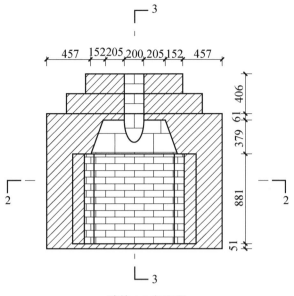

壁炉 1-1 剖面图

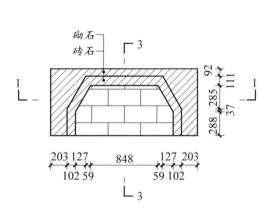

壁炉 2-2 剖面图

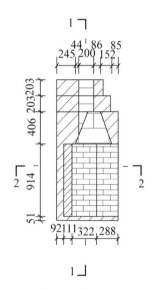

壁炉 3-3 剖面图

第六章　土建族的应用介绍

思维导图

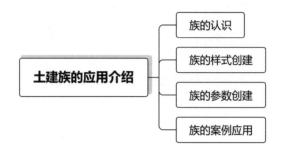

本章主要阐述土建族的创建与设置应用，学习内容及目标见表 6-0-1。

表 6-0-1　学习内容及目标

序号	模块体系	内容及目标
1	业务拓展	在建模过程中会用到各类不同的构件，这些构件的建立都可以通过族的创建及导入来实现
2	任务目标	(1) 完成"案例-百叶窗族"的创建 (2) 完成"案例-图框族"的创建
3	技能目标	(1) 熟悉族的概念定义 (2) 了解族的分类 (3) 掌握族的样式创建命令 (4) 熟悉族的参数创建与关联

完成本章对应任务后，整体效果如图 6-0-1 所示。

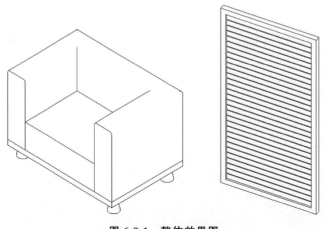

图 6-0-1　整体效果图

第一节　族的认识

一、族的概念

族是 Revit 软件中非常重要的一项内容，它是构成项目的基本元素。

一般情况下，可以将族划分为三维族和二维族。其中，常见的三维族包括梁、墙、板、柱、沙发、座椅等，常见的二维族包括标高、轴网、尺寸标注、填充图案等。对于观察模型所需的平面、立面、剖面、三维等自定义的视角也被称为族。

二、族的分类

族可以根据族编辑的自由度划分，从低到高依次为系统族、内建族、可载入族。

系统族：保存在软件中的固定程序族，例如墙、板等。该族仅能依据固有程序给定的属性来调控墙体的尺寸、大小及布置方式。用户无法自定义系统族新的布置方法以及新的关键属性（例如尺寸）。

内建族：比较特殊的族，创建环境被固定在项目中，通常用作于系统族做不了、可载入族做得太麻烦的情形。内建族的创建方式同可载入族三维族创建部分。

可载入族：使用软件提供的针对性的创建环境，由用户完全自定义并保存的族。可以为其添加各种参数，参数可以搭配组合出各种类型，然后导入项目中使用。例如使用"公制门"族样板创建的门族。本章第二至四节介绍实务就是可载入族的创建。

第二节　族的样式创建

一、族样板

创建新的可载入族，可以借助合适的族样板，Revit 软件默认安装后，附带大量的族样板。为满足不同类别的族，可以对族样板进行划分，不同的族样板内框架设置内容不同，族样板说明见表 6-2-1，族样板的分类及常用族样板推荐见表6-2-2。

表 6-2-1　族样板说明

样板	说明
基于墙的样板	使用基于墙的样板可以创建将插入到墙中的构件。有些墙构件（例如门和窗）可以包含洞口，因此当在墙上放置该构件时，它会在墙上剪切出一个洞口。 基于墙的族示例包括门、窗和照明设备。每个样板中都包括一面墙，为了展示构件与墙之间的配合情况，这面墙是必不可少的

续表

样板	说明
基于天花板的样板	使用基于天花板的样板可以创建将插入到天花板中的构件。有些天花板构件包含洞口，因此当在天花板上放置该构件时，它会在天花板上剪切出一个洞口。 基于天花板的族示例包括喷水装置和隐蔽式照明设备
基于楼板的样板	使用基于楼板的样板可以创建将插入到楼板中的构件。有些楼板构件（例如加热风口）包含洞口，因此当在楼板上放置该构件时，它会在楼板上剪切出一个洞口
基于屋顶的样板	使用基于屋顶的样板可以创建将插入到屋顶中的构件。有些屋顶构件包含洞口，因此当在屋顶上放置该构件时，它会在屋顶上剪切出一个洞口。 基于屋顶的族示例包括天窗和屋顶风机
独立样板	独立样板用于不依赖于主体的构件。独立构件可以放置在模型中的任何位置，可以相对于其他独立构件或基于主体的构件添加尺寸标注。 独立族的示例包括家具、电气器具、风管以及管件
自适应样板	使用该样板可创建需要灵活适应许多独特上下文条件的构件。例如，自适应构件可以用在通过布置多个符合用户定义限制条件的构件而生成的重复系统中。选择一个自适应样板时，将使用概念设计环境中的一个特殊的族编辑器创建体量族
基于线的样板	使用基于线的样板可以创建采用两次拾取放置的详图族和模型族
基于面的样板	使用基于面的样板可以创建基于工作平面的族，这些族可以修改它们的主体。从样板创建的族可在主体中进行复杂的剪切。这些族的实例可放置在任何表面上，而不考虑它自身的方向
专用样板	当族需要与模型进行特殊交互时使用专用样板。这些族样板仅特定于一种类型的族。例如，"结构框架"样板仅可用于创建结构框架构件

表 6-2-2 族样板的分类及常用族样板推荐

族样板分类	常用族样板推荐
二维族	公制详图项目
	公制轮廓
	公制常规注释
	标题栏（如 A3 公制）
需要特定功能的三维族	公制栏杆
	公制结构框架—梁和支撑

续表

族样板分类	常用族样板推荐
有主体的三维族	基于墙的公制常规模型
	基于天花板的公制常规模型
	基于楼板的公制常规模型
	基于屋顶的公制常规模型
	基于面的公制常规模型
没有主体的三维族	基于线的公制常规模型
	公制常规模型
	自适应公制常规模型
	基于两个标高的公制常规模型

二、族的编辑器

创建族的编辑环境模式，即族的编辑器模式。族的编辑器是一种图形编辑模式，使用户能够创建并修改可载入到项目中的族。

与系统族不同，可载入族和内建族均是在族编辑器中创建和查看。如果系统族中涉及可载入族，则这部分可载入族的创建和编辑同样是在族编辑器中进行操作。例如楼梯属于系统族，但是楼梯的踏板、楼梯前缘轮廓以及踢面轮廓都是借助可载入族完成设置的。

族编辑器的软件界面和项目环境的软件界面相似，区别在于创建选项卡下的功能命令不同。本节以三维族编辑器和二维族编辑器为例作为展示，具体族的编辑器界面如图6-2-1、图 6-2-2 所示。

图 6-2-1 三维族编辑器

图 6-2-2 二维族编辑器

三、二维族的创建

二维模型族包括注释族、轮廓族、详图族、标题栏族等。对于二维族的绘制，一般均在二维编辑器的平面视图中绘制轮廓线条，现以创建注释族和轮廓族为例介绍其具体操作。

（一）创建注释族

注释族可以创建符号类型族和标记类型族。

注释符号族：如指北针图例、轴网轴头、标高标头、剖面标头等，这一类族主要特点为极少甚至不用参数，主要表达施工图信息。

注释标记族：如门、窗等构件的名称注释，这一类族特点为直接展示应用对象中预设的信息，主要以文字表达内容为主。

1. 案例教学：创建注释符号—指北针

打开 Revit 2020，在主页面"族"选择"新建"，打开"注释"文件夹，选择并打开族样板"公制常规注释"，进入到注释族的编辑器界面，如图 6-2-3、图 6-2-4 所示。

图 6-2-3　打开"注释"文件夹

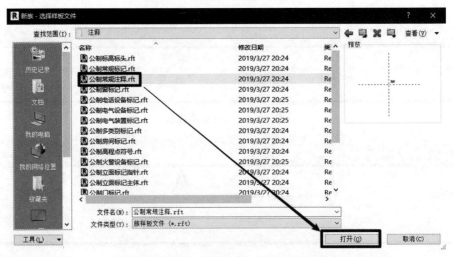

图 6-2-4　打开"公制常规注释"族样板

选择"创建"选项卡，在"详图"面板中单击"线"命令，进入绘制线模式。由于指北针尺寸较小，向前滚动鼠标滑轮放大视图视角，为绘制图形做好准备，如图 6-2-5 所示。

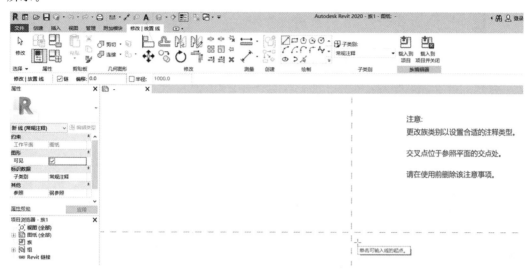

图 6-2-5　注释线绘制界面

选择"绘制"面板中"圆形"命令，以两条参照平面相交点为圆心，半径为 12mm，绘制圆，如图 6-2-6 所示。

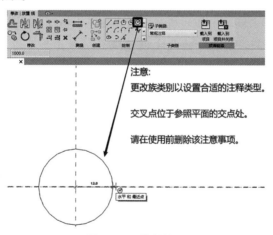

图 6-2-6　绘制圆形

选择"创建"选项卡，在"详图"面板中单击"填充区域"命令，进入创建填充区域边界模式，如图 6-2-7、图 6-2-8 所示。

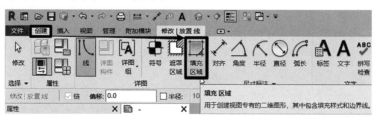

图 6-2-7　切换"填充区域"命令

图 6-2-8　创建填充区域边界模式

　　选择"绘制"面板中"直线"命令，以圆上部象限点（圆顶部中心）为起点，与水平角度捕捉到 100°，相交于左下角圆圈上，然后向右上角方向，捕捉与竖直线 45°角，相交于中心参照平面，如图 6-2-9、图 6-2-10 所示。

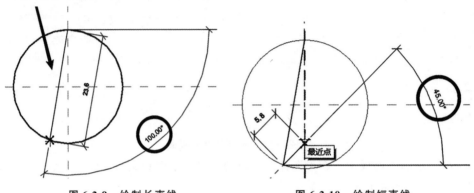

图 6-2-9　绘制长直线　　　　　　　图 6-2-10　绘制短直线

　　选择这两条线单击"修改│创建填充区域边界"上下文选项卡中"镜像-拾取轴"命令，完成绘制填充区域，并单击"修改│创建填充区域边界"上下文选项卡中的"√"完成绘制。

　　选择"创建"选项卡，在"文字"面板中单击"文字"命令，进入放置文字模式，在圆上方中心位置放置文字，输入字母"N"。然后选中族样板原本自带的注释文字（红色文字），选中后单击"修改│注释文字"上下文选项卡中"删除"命令删除注释文字，完成最终指北针绘制，如图 6-2-11～图 6-2-13 所示。

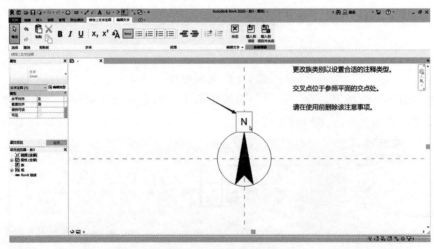

图 6-2-11　添加注释文字

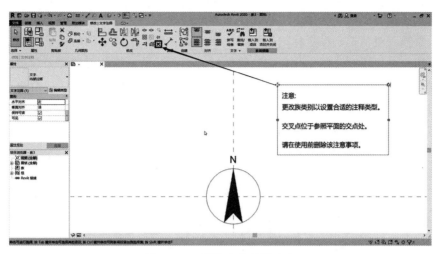

图 6-2-12 删除多余注释文字

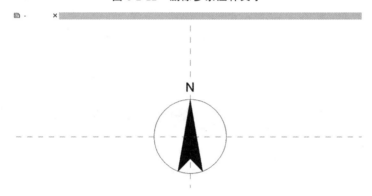

图 6-2-13 指北针最终结果

2. 案例教学：创建注释标记——门标记

与创建注释符号族步骤类似，打开 Revit 2020，单击主页面"族"下"新建"，打开"注释"文件夹，选择并打开族样板"公制常规标记"，进入到标记族的编辑器界面，如图 6-2-14 所示。

图 6-2-14 打开"公制常规标记"族样板

首先，选择"创建"选项卡"属性"面板中"族类别与族参数"命令，待弹出"族类别与族参数"对话框，设置标记族所属的族类别。由于不同类别的标记族标记对象不同，建议用户在使用"公制常规标记"族样板时，一开始就提前设置好"族类别与族参数"，例如，门标记仅对项目中的门进行识别并标记相应属性，不会标记窗户。本案例以门标记讲解，在"族类别与族参数"对话框中，族类别选择"门标记"，"族参数"保持默认不做修改（下一节会具体讲解族参数），单击"确定"，如图6-2-15、图 6-2-16所示。

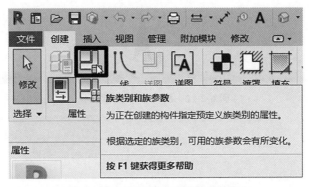

图 6-2-15　选择"族类别与族参数"

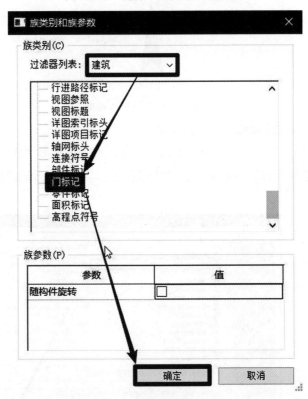

图 6-2-16　设置"族类别与族参数"

然后，选择"创建"选项卡"文字"面板中"标签"命令，进入放置标签界面，单击视图两个参照平面的中心交点位置，放置标签，弹出"编辑标签"对话框，如图 6-2-17、图 6-2-18 所示。

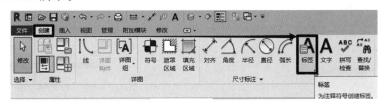

图 6-2-17　选择标签命令

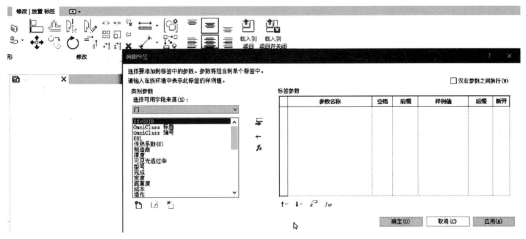

图 6-2-18　编辑标签对话框

在"类别参数"列表中选择"类型标记"并单击中间"⇨"按钮，将参数添加到标签栏中，单击"确定"按钮完成添加标签，如图 6-2-19 所示。

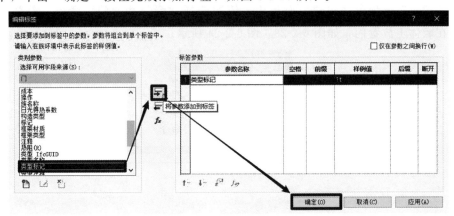

图 6-2-19　参数添加到标签

由于标签文字较小，可以向前滚动鼠标滑轮放大视角查看效果，如图 6-2-20 所示。

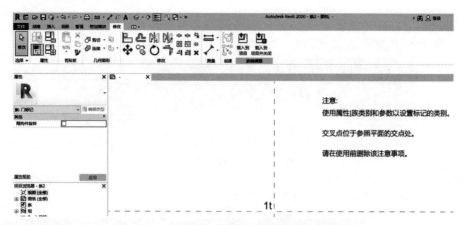

图 6-2-20　标签效果展示

下面新创建一个基于建筑样板的项目文件，对创建的门标记族进行测试。选择"文件"选项卡，单击"新建"按钮，待弹出"新建项目"对话框，在样板文件位置选择"建筑样板"，新建位置选择"项目"，单击"确定"按钮，进入项目界面，如图 6-2-21、图 6-2-22所示。

图 6-2-21　新建项目

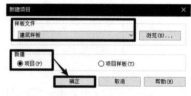

图 6-2-22　基于建筑样板

在"建筑"选项卡"构建"面板中，依次选择"墙"和"门"命令，绘制一段墙体，并在墙体上放置门，如图 6-2-23、图 6-2-24 所示。

图 6-2-23　选择墙、门命令

图 6-2-24　绘制墙体和放置门

单击窗口"门标记"切换到族编辑器界面，选中族样板原本自带的注释文字，然后单击"修改|注释文字"上下文选项卡中"删除"命令删除注释文字，如图6-2-25所示。

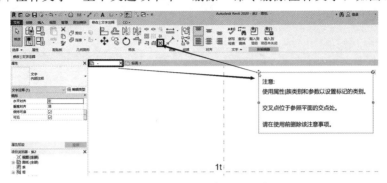

图 6-2-25 删除多余注释文字

选择"快速访问工具栏"中"保存"按钮，即弹出文件保存对话框，保存门标记族文件，文件名称输入"案例-门标记"，单击"保存"按钮，如图 6-2-26 所示。

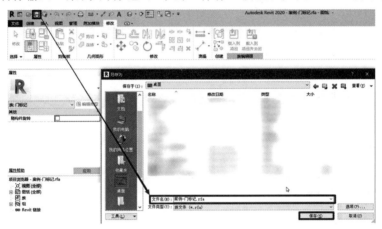

图 6-2-26 保存门标记族文件

选择功能区右上角"族编辑器"面板中"载入到项目"命令，将创建的门标记族载入到刚创建的项目文件，然后选择放置在项目中的门构件，对门进行标记，如图6-2-27、图 6-2-28 所示。

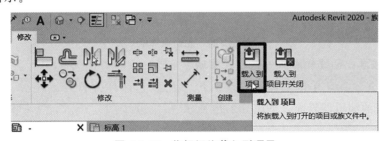

图 6-2-27 将标记族载入到项目

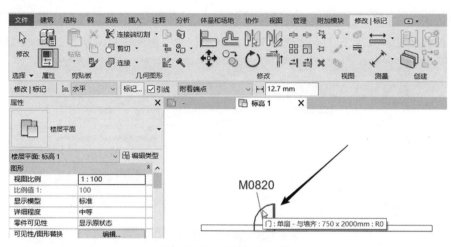

图 6-2-28　对门进行标记

（二）创建轮廓族

轮廓族一般用于绘制轮廓截面，需要绘制的图形是一个二维闭合图形。在项目建模或三维族创建时，通过绘制轮廓族辅助创建，可提高工作效率。

Revit 2020 默认提供六种相关族样板，如图 6-2-29 所示。一般情况下，绘制轮廓族选择"公制轮廓"族样板来创建轮廓。

图 6-2-29　轮廓族样板

1. 案例教学：创建轮廓族—扶栏轮廓族

打开 Revit 2020，单击主页面"族"下"新建"，选择并打开族样板"公制轮廓"，进入到轮廓族的编辑器界面，如图 6-2-30 所示。

图 6-2-30　打开公制轮廓

选择"创建"选项卡"详图"面板中"线"命令，然后在"绘制"面板中选择"圆形"工具，以视图两条参照平面的中心为圆心，半径为 50mm，绘制圆形轮廓。如图 6-2-31、图 6-2-32 所示。

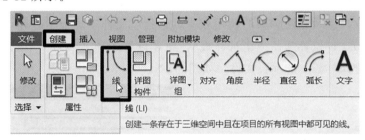

图 6-2-31　选择"线"命令

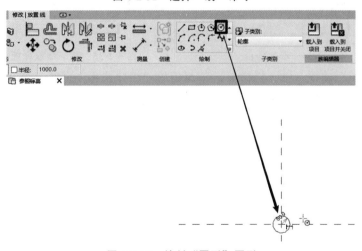

图 6-2-32　绘制"圆形"图形

选择"快速访问工具栏"中的"保存"按钮，待弹出文件保存对话框，保存扶栏轮廓族文件，文件名称输入"案例-顶部扶栏轮廓族"，单击"保存"按钮，如图 6-2-33 所示。

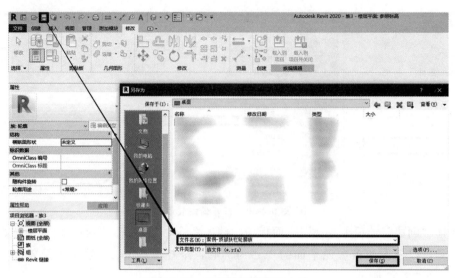

图 6-2-33　保存扶栏轮廓族文件

通过项目文件演示此轮廓族的使用效果，选择"文件"选项卡，弹出"新建项目"对话框，在样板文件位置选择"建筑样板"，新建位置选择"项目"，单击"确定"，新建一个基于"建筑样板"的项目文件，如图 6-2-34、图 6-2-35 所示。

图 6-2-34　新建项目　　　　　　　　　　图 6-2-35　基于建筑样板

选择"建筑"选项卡中"楼梯坡道"面板的"栏杆扶手"命令，进入栏杆扶手绘制界面，并在"修改｜创建栏杆扶手路径"上下文选项卡中"绘制"面板中选择"直线"工具，绘制一段栏杆扶手，并单击绘制面板中的"√"，如图 6-2-36、图 6-2-37 所示。

图 6-2-36　选择"栏杆扶手"命令

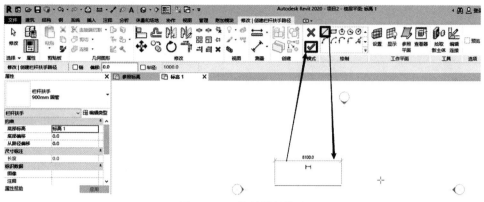

图 6-2-37　绘制栏杆扶手

单击"参照平面"视图窗口切换到族编辑器中，然后选择功能区右上角"族编辑器"面板中"载入到项目"命令，将创建的顶部扶栏轮廓族载入到刚创建的项目文件，如图 6-2-38 所示。

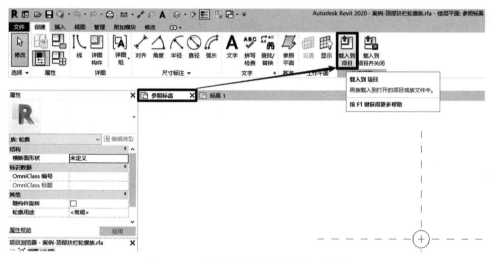

图 6-2-38　将顶部扶栏轮廓载入到项目

选中栏杆扶手，单击属性中的"类型属性"按钮，待"类型属性"对话框弹出，在"顶部扶栏"一栏单击"类型"的"值"，之后单击右侧的"…"按钮，即出现"顶部扶栏"的"类型属性"对话框弹窗，在"轮廓"右侧下拉箭头中选择刚载入的"案例-顶部扶栏轮廓族"，之后单击顶部扶栏类型属性对话框下方的"确定"完成顶部扶栏的轮廓设置，再单击栏杆扶手类型属性对话框下方的"确定"完成自定义轮廓族的使用，如图6-2-39、图6-2-40所示。

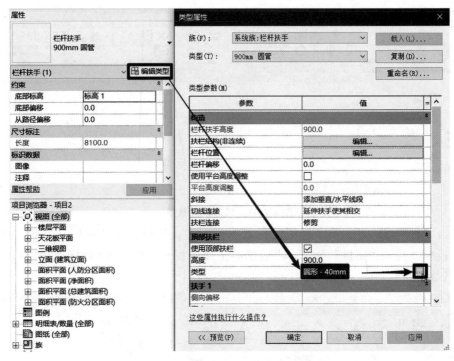

图 6-2-39　调出栏杆扶手类型属性对话框

图 6-2-40　应用设置"案例－顶部扶栏轮廓族"

　　转到立面视图进行注释标注检查验证，在项目浏览器中，进入西立面视图（由于绘制的扶手栏杆示例绘制方向是东西方向，故转到西立面，用户在自行练习时，可以根据具体情况转到相应立面查看验证），然后在"注释"选项卡"尺寸标注"面板中选择"半径标注"命令，对顶部扶栏轮廓进行标注，效果如图 6-2-41 所示。

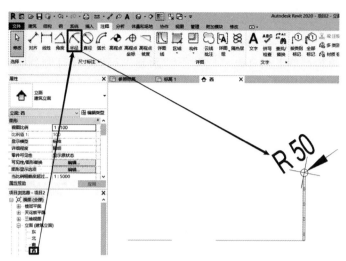

图 6-2-41　转到立面视图添加注释标注

四、三维族的创建

三维族的类型非常多，如公制常规模型、公制窗、公制门、公制栏杆、公制结构柱和公制结构基础等，其中公制常规模型族样板是最常用的样板文件，所以我们就以公制常规样板为例进行讲解。

对于三维族创建，Revit 2020 软件提供的形状创建命令可以分为两种：一种是基于二维截面轮廓生成三维模型，这种方式称为"实心形状"创建；另一种是和"实心形状"创建相对，基于已创建的实心模型，具有剪切效果的空心模型，这种方式称为"空心形状"创建。

创建"实心形状"的命令包括拉伸、融合、旋转、放样和放样融合五种方式，创建"空心形状"的命令包括空心拉伸、空心融合、空心旋转、空心放样和空心放样融合五种相对方式，如图 6-2-42 所示。

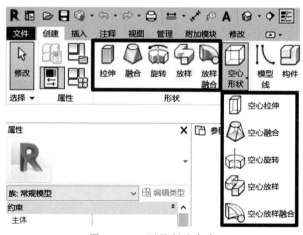

图 6-2-42　形状创建命令

下面通过公制常规模型族样板创建，分别演示"实心形状"创建的五个命令，创建

"空心形状"的五个命令方式同创建"实心形状"的五个命令一致。合理地使用实心形状和空心形状可以形成丰富的造型。

打开 Revit 2020，单击主页面"族"下"新建"，选择并打开族样板"公制常规模型"，进入到三维族编辑器界面，后面对于类似操作不再赘述。如图 6-2-43、6-2-44 所示。

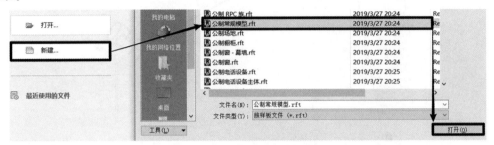

图 6-2-43　打开公制常规模型

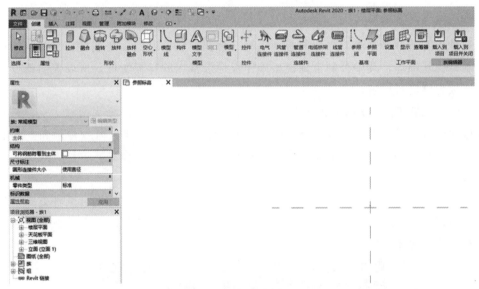

图 6-2-44　公制常规模型界面

（一）拉伸命令

拉伸的作用方式是在工作平面上绘制闭合的二维轮廓，沿垂直此工作平面方向拉伸此二维轮廓到一定长度，生成三维模型。下面通过绘制垂直柱进行讲解。

选择"创建"选项卡"形状"面板中"拉伸"命令，进入草图环境绘制二维轮廓。单击"修改｜创建拉伸"上下文选项卡"工作平面"面板中"设置"按钮，调出"工作平面"对话框，确认此时的工作平面是"标高：参照标高"，并单击"确认"按钮，如图 6-2-45 所示。

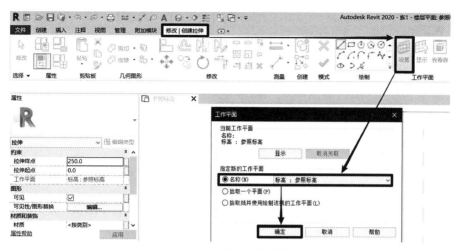

图 6-2-45 设置工作平面

选择"绘制"面板中"外接多边形"命令，在选项栏中设置"边"为"4"，以视图窗口中两条参照平面的交点为中心，内接圆半径为"500mm"绘制正方形轮廓，然后在属性中设置"拉伸终点"为"2000"，单击"√"完成绘制拉伸。单击快速访问工具栏中的"三维视图"命令，可以查看三维效果。如图 6-2-46～图 6-2-48 所示。

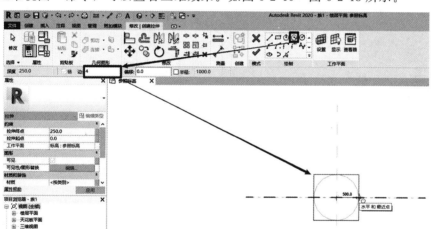

图 6-2-46 绘制轮廓

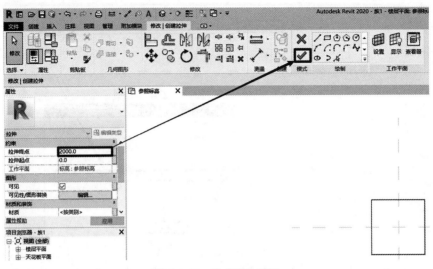

图 6-2-47　完成拉伸模型

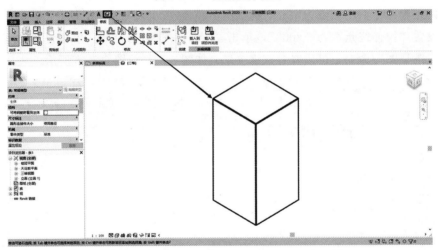

图 6-2-48　拉伸效果展示

（二）融合命令

　　融合的作用方式是在底部和顶部两个不同高度的平行平面上分别绘制一个闭合的二维轮廓，沿垂直工作平面方向融合到一起，生成三维模型。注意：底部和顶部这两个不同的平面，在分别绘制轮廓时可以基于同一个工作平面，设置不同的高度，也可以单独设置不同高度的工作平面，分别计算高度位置，合理的设置工作平面可以使得建模工作起到事半功倍的效果。下面以绘制偏心坡型基础为例进行讲解。

　　打开 Revit 2020，单击主页面"族"下"新建"，选择并打开族样板"公制常规模型"创建族文件。选择"创建"选项卡"形状"面板中"融合"命令，进入草图环境绘制二维轮廓。默认进入的界面是绘制底部轮廓的草图界面，选择"绘制"面板中的"外接多边形"命令，选项栏中设置"边"为"4"，在视图中心以两条参照平面的交点为中心，绘制一个内接圆半径为 1000mm 的正方形轮廓，如图 6-2-49 所示。

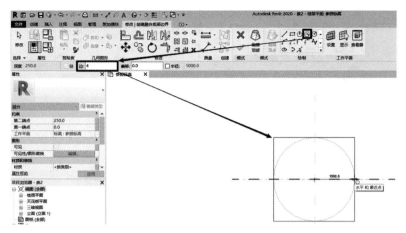

图 6-2-49　绘制底部边界轮廓

　　单击"编辑顶部"按钮，切换到编辑顶部轮廓的草图界面，同样方法绘制一个内接圆半径为 500mm 的正方形轮廓，如图 6-2-50、图 6-2-51 所示。

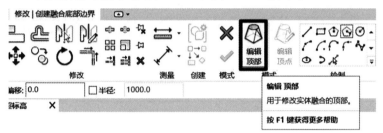

图 6-2-50　编辑顶部边界

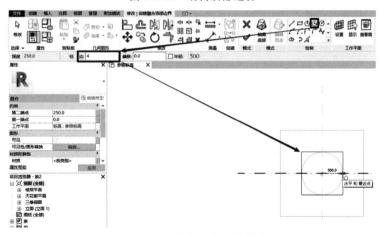

图 6-2-51　绘制顶部边界轮廓

　　选中正方形轮廓，单击"移动"命令，向右移动 300mm，得到上下偏心的位置轮廓，然后在"属性"中设置第二段点的高度为 1000mm，最后单击"√"完成绘制模型，并单击快速访问工具栏中的"三维视图"按钮查看三维模型。如图 6-2-52～图 6-2-54 所示。

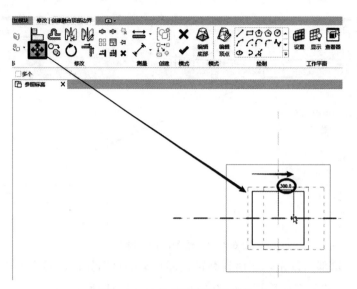

图 6-2-52　绘制顶部边界轮廓

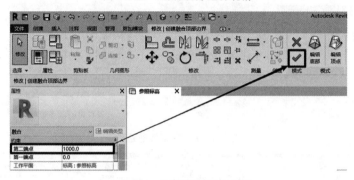

图 6-2-53　绘制顶部边界轮廓

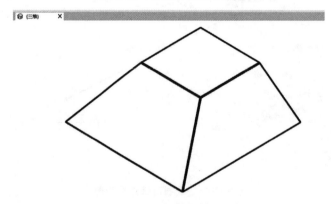

图 6-2-54　三维视图查看模型

（三）旋转命令

旋转的作用方式是在同一工作平面上分别绘制一个闭合的二维轮廓和一条旋转轴线，闭合轮廓会绕轴线沿半径旋转方向生成三维模型。下面以绘制球体为例进行讲解。

打开 Revit 2020，单击主页面"族"下"新建"，选择并打开族样板"公制常规模型"创建族文件。选择"创建"选项卡"形状"面板中"旋转"命令，进入草图环境绘制二维闭合轮廓，选择"绘制"面板中的"圆心-端点弧"命令，以视图中心两条参照平面交点为圆心，半径为 1000mm，绘制右侧半圆，使用"直线"命令连接两个半圆端点，形成闭合轮廓，如图 6-2-55、图 6-2-56 所示。

图 6-2-55　选择"旋转"命令

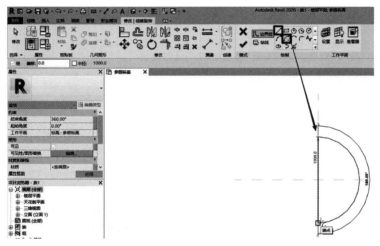

图 6-2-56　绘制旋转轮廓

单击"轴线"按钮，切换到绘制轴线界面，选择"直线"命令，在中心的参照平面位置绘制竖直轴线，单击"√"完成创建旋转模型，如图 6-2-57 所示（轴线可与边线重叠）。选择快速访问工具栏中的"三维视图"命令，切换到三维视图观察模型，同时单击视图控制栏中的"视觉样式"按钮，切换到"着色模式"观察效果会更佳，如图 6-2-58所示。

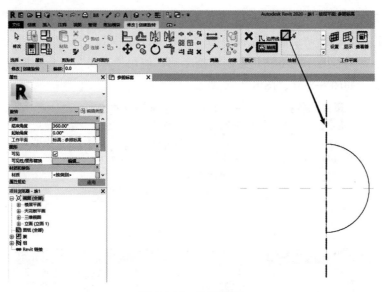

图 6-2-57　绘制轴线

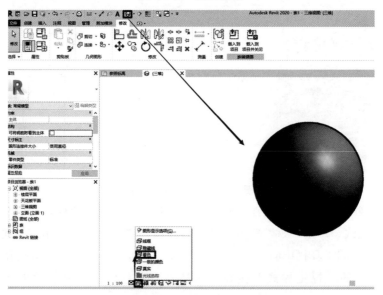

图 6-2-58　三维视图查看模型

（四）放样命令

放样的作用方式是通过绘制或载入的二维闭合轮廓，沿着垂直于绘制或拾取的路径生成三维模型。下面以绘制梁为例进行讲解。

打开 Revit 2020，单击主页面"族"下"新建"，选择并打开族样板"公制常规模型"创建族文件。选择"创建"选项卡"形状"面板中"放样"命令，首先检查并设置工作，单击"设置"按钮，检查当前的工作平面为"标高：参照标高"，检查结果无误后，单击下方"取消"按钮，不做设置，然后单击"绘制路径"命令，进入到绘制路径的草图界面，如图 6-2-59～图 6-2-61 所示。

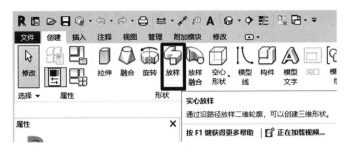

图 6-2-59　选择拉伸命令

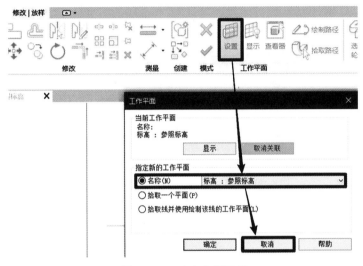

图 6-2-60　确定参照平面

图 6-2-61　选择"绘制路径"

在"绘制"面板中选择"直线"命令，以中心两条参照平面交点为起点，向右绘制长度为 4000mm 直线，单击"√"完成路径绘制，如图 6-2-62 所示。

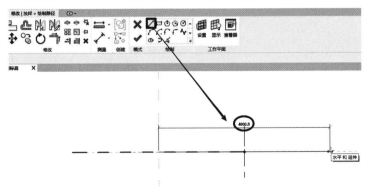

图 6-2-62　向右绘制路径

依次单击"选择轮廓""编辑轮廓"按钮，弹出对话框"转到视图"，选择"立面：左"并单击"打开视图"按钮，进入到左立面视图。选择"绘制"面板中的"直线"命令，基于中心交点位置，绘制一个长度为400mm、宽度为600mm的矩形，如图6-2-63、图 6-2-64所示。

图 6-2-63　选择、编辑轮廓

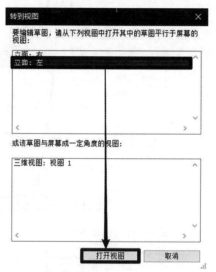

图 6-2-64　转到左立面视图

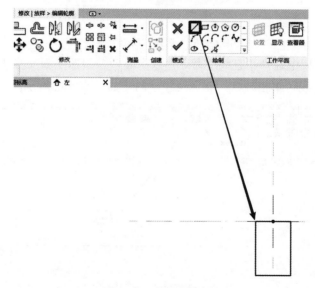

图 6-2-65　绘制矩形轮廓

单击"修改｜放样＞编辑轮廓"上下文选项卡下的"√"完成编辑轮廓，再单击"修改｜放样"上下文选项卡下的"√"完成编辑放样。选择快速访问工具栏中的"三维视图"按钮，切换到三维视图观察模型，如图 6-2-66、图 6-2-67 所示。

图 6-2-66　完成编辑放样

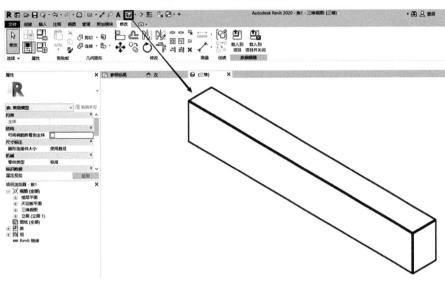

图 6-2-67　三维视图查看模型

（五）放样融合命令

放样融合的作用方式是结合融合和放样命令的使用方式，基于一段路径，两个端点位置分别绘制二维闭合轮廓，两个轮廓沿着垂直于绘制或拾取的路径生成三维模型。下面，我们以绘制变截梁为例进行讲解。

打开 Revit 2020，单击主页面"族"下"新建"，选择并打开族样板"公制常规模型"创建族文件。选择"创建"选项卡"形状"面板中"放样融合"命令，类似使用放样命令，如图 6-2-68 所示。

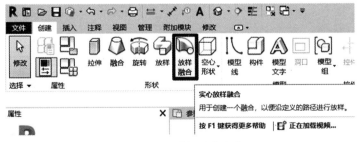

图 6-2-68　选择融合命令

在"修改｜放样融合"上下文选项卡中选择"绘制路径"命令，进入绘制路径的草图界面，选择"绘制"面板中的"起点终点半径弧"命令，以视图中心两条参照平面的交点为起点，向右3000mm位置为终点，半径为1500mm，绘制半圆路径，单击"√"完成绘制。如图6-2-69、图6-2-70所示。

图 6-2-69　选择绘制路径命令

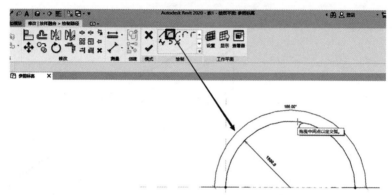

图 6-2-70　绘制半圆路径

单击"修改｜放样融合"上下文选项卡下的"选择轮廓1"按钮，之后单击"编辑轮廓"按钮，弹出"转到视图"对话框，选择"立面：前"视图并单击下方的"打开视图"按钮，进入绘制轮廓1的草图截面，如图6-2-71～图6-2-73所示。

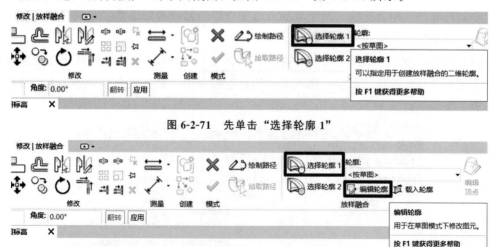

图 6-2-71　先单击"选择轮廓1"

图 6-2-72　再单击"编辑轮廓"

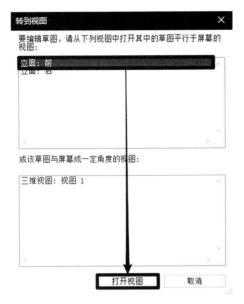

图 6-2-73 转到"前立面"视图

选择"绘制"面板中的"直线"命令，绘制截面宽度为 400mm、高度为 600mm 的矩形轮廓，并单击"√"完成绘制轮廓 1。依次单击"选择轮廓 2"和"编辑轮廓"，进入编辑轮廓 2 的草图截面，使用"绘制"面板中的"直线"命令，绘制截面宽度为 400mm、高度为 300mm 的矩形轮廓，并单击"√"完成绘制轮廓 2。如图 6-2-74～图 6-2-76所示。

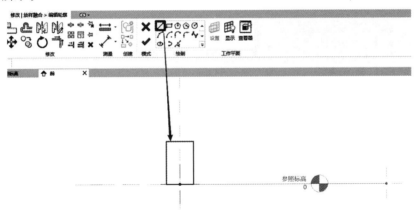

图 6-2-74 绘制轮廓 1

图 6-2-75 选择并编辑轮廓 2

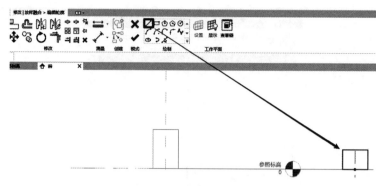

图 6-2-76　绘制轮廓 2

单击"修改｜放样融合"上下文选项卡下的"√"完成绘制变截梁模型，单击快速访问工具栏中的"三维视图"命令，切换到三维视图观察模型效果。如图6-2-77、图6-2-78所示。

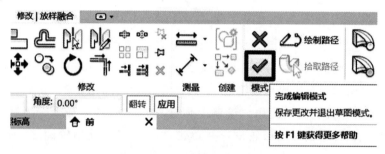

图 6-2-77　完成编辑放样融合

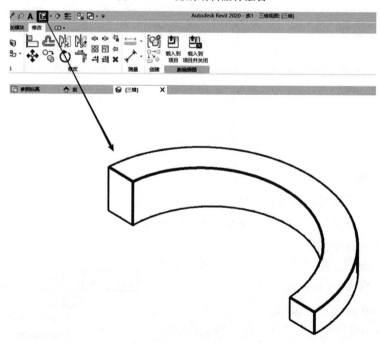

图 6-2-78　三维视图模型效果

（六）常用辅助工具

1. 临时尺寸

当绘制图形时，无论是拉伸、放样、融合等，以草图（紫色线条）绘制内容时，都会出现一个尺寸数值，该数值用于提醒当前绘制长度，在绘制完成后消失，但绘制完成后，可以通过单击选中对应线条重新找到该临时尺寸，找到后可以直接单击该数值修改以更正绘制结果，如图 6-2-79 所示。

该数值是显示平行距离和长度距离，当线条首尾与其他线条连接时，长度距离和平行距离合并展示，但长度是和选中线条垂直相交的长度。临时尺寸可以通过单击拖拽该数值的蓝色圆点来调控距离显示（只能拖到某端点或某平行线或模型表面上），再单击数值修改相关尺寸，如图 6-2-80 所示。

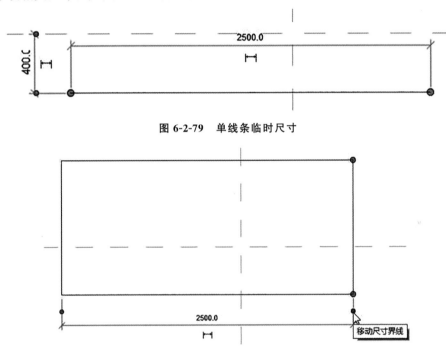

图 6-2-79　单线条临时尺寸

图 6-2-80　多线条临时尺寸

2. 参照平面

无论是绘制形状时，还是未绘制形状时，参照平面都可以在非三维视图内绘制。其本质是一个被绘制出现的二维平面，该面始终垂直于绘制它的视图，因此以线形态（可以理解为一张没有厚度的纸的侧面）表示，又为了体现区别，因此以绿色虚线显示。默认打开族样板时，一横一竖两条线即为参照平面。

参照平面的命令位置，在"创建"选项卡下"工作平面"面板中，快捷键为"RP"。常用作绘制形状时的位置参照，在做形体参数化时，参照平面可以作为单个或多个型体边界之间的参数控制枢纽，具体参数化使用内容参见本章第三节和第四节。

第二十一天

即将来临的一天，比过去的一年更为悠长。

今日作业

按照以下要求创建常规模型族参数并保存，作为今天学习效果的检验。

完成后，将项目以"第二十一天—参数制作"为名保存。

参数	值	公式	锁定
约束			
默认高程	0.0	=	☐
文字			
作业-文字参数		=	
材质和装饰			
作业-材质参数	<按类别>	=	
尺寸标注			
作业-长度参数	0.0	=	☐
数据			
作业-角度(默认)	0.00°	=	☐
其他			
作业-数值	0.000000	=	
标识数据			

族参数

第三节　族的参数创建

一、族参数介绍

族参数可以为任何族类型构件创建新实例参数或类型参数。

通过给族类型构件添加新参数，可以更自由地控制构件的属性信息，进而给不同的参数复赋值从而得到不同的类型构件，更好地满足项目需求。灵活掌握参数的添加和使用，会使建模更加游刃有余。下面以基于公制常规模型族样板为例进行讲解。

打开 Revit 2020，单击主页面"族"下"新建"，选择并打开族样板"公制常规模型"创建族文件。选择"创建"选项卡，在"属性"面板中的"族类别和族参数"中，可以查看族样板预设的默认族参数，如图 6-3-1 所示。

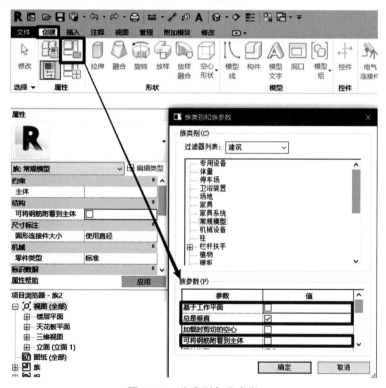

图 6-3-1　族类别与族参数

常用的预设参数有"基于工作平面""总是垂直""可将钢筋附着到主体""共享"。

基于工作平面：勾选此项后，使所有被设置为工作平面的平面（或表面）能够放置该族。

总是垂直：勾选此项后，创建的族永远垂直于放置表面，即使该族位于倾斜的构件主体，例如带坡屋顶。

可将钢筋附着到主体：勾选此项后，在项目中使用时可以为该族添加钢筋构件。

共享：勾选此项后，当一个族载入到另一族内作为另一个族的组成部分使用（这种关系称为嵌套关系，族称为嵌套族），再将被载入的嵌套族载入到项目中使用，则可以在项目中通过切换选择目标来直接选中或标记，也可在明细表中统计到这个嵌套的族，甚至可以单独创建这个嵌套的族，因为这个族被视为一个共享的（项目和族都可以用的）族。如果不勾选"共享"，则在使用该族时，主体族（被载入的）和嵌套族（载入的）创建的构件在项目中使用时，则被软件视为一个整体（就像是一个族做出来的）。

二、创建族参数

一般情况下，可以先在族类型中提前创建好族参数，之后再绘制模型，过程中可以直接将族参数关联到模型。本节主要以常用的四种参数作为示例进行讲解，分别是长度参数、文字参数、数值参数以及材质参数，具体的案例将在下一节内容中进行讲解介绍。

单击"创建"选项卡"属性"面板中"族类型"按钮，即弹出"族类型"对话框。单击该对话框下方"新建参数"按钮，弹出"参数属性"对话框，"参数类型"选择"族参数"，"参数数据"选择"类型"，"名称"输入"案例-长度"，"规程"保持默认选择"公共"，"参数类型"保持默认选择"长度"，"参数分组方式"保持默认选择"尺寸标注"，最后单击该对话框下方的"确定"按钮，完成添加长度参数，如图6-3-2、图6-3-3所示。添加其他参数的方法与此方法类似。

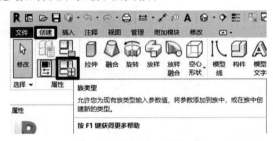

图 6-3-2　选择"族类型"

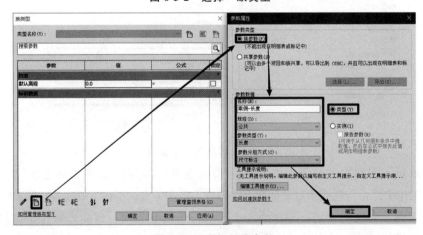

图 6-3-3　添加长度参数

在添加参数过程中，参数数据内有四项主要相关概念，分别是分类、规程、参数类型和参数分组方式。

分类：参数分为类型和实例两类，为类型参数时，在项目中修改此参数应单击"编辑类型"，在"编辑类型"窗口修改此参数；为实例参数时，在项目中修改此参数应在属性选项板下直接查找。如图 6-3-4 所示（参数分类为实例时，参数名称在"族类型"对话框里会出现"默认"符号和文字作为标识）。

◉类型(Y)

○实例(I)

图 6-3-4　参数分类

规程：一般情况下，该值不做具体修改，保持默认"公共"即可，如图 6-3-5 所示。

参数类型：一般情况下，在创建不同类型的参数时，均要对其进行设置，常见的有"文字""数值""长度""材质""角度"等，如图 6-3-6 所示。

参数分组方式：一般情况下，这个分组不会影响创建参数，分组方式会在"族类型"对话框中按照对应的分组进行显示，如图 6-3-7 所示。

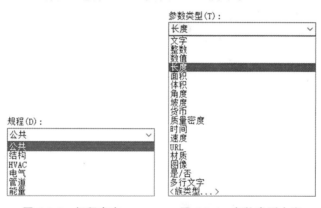

图 6-3-5　规程内容　　　　**图 6-3-6　参数类型内容**

图 6-3-7　参数分组方式内容

按照添加长度的方式，依次添加文字参数、材质参数和数值参数，最后单击"确定"完成添加参数。如图 6-3-8～图 6-3-11 所示。

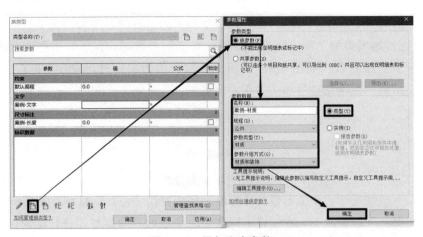

图 6-3-8　添加文字参数

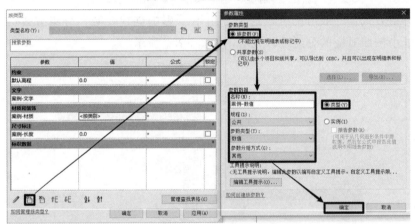

图 6-3-9　添加材质参数

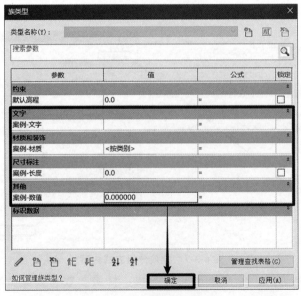

图 6-3-10　添加数值参数

图 6-3-11　结果展示

三、关联族参数

(一) 型体关联参数

一般情况下，长度参数的关联需要借助尺寸标注，通过给某具体长度的尺寸标注关联参数，达到可以进行长度参数化的效果。下面以创建拉伸模型作为示例进行讲解。

选择"拉伸"命令，在绘制面板选择"直线"命令绘制一个长度 1200mm、宽度 600mm 的矩形闭合轮廓，单击"修改｜创建拉伸"上下文选项卡"属性"面板中"族类型"按钮，对自定义添加的参数赋值，如图 6-3-12、图 6-3-13 所示。

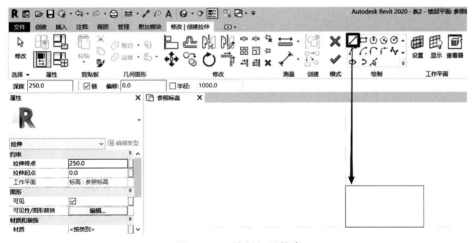

图 6-3-12　绘制矩形轮廓

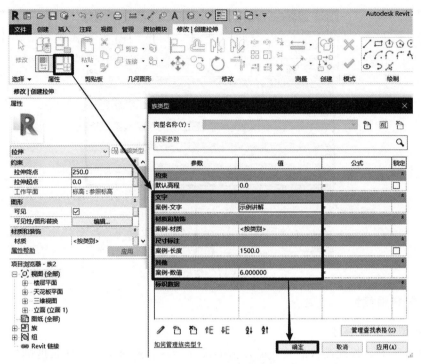

图 6-3-13　自定义参数赋值

选择"修改｜创建拉伸"上下文选项卡"测量"面板中"对齐标注"按钮，对矩形轮廓的左右两个边添加尺寸标注，并选择标注后的尺寸，在"尺寸标注"上下文选项卡"标签尺寸标注"面板设置标签为"案例-长度＝1500"参数，完成长度参数关联，如图6-3-14、图 6-3-15 所示。

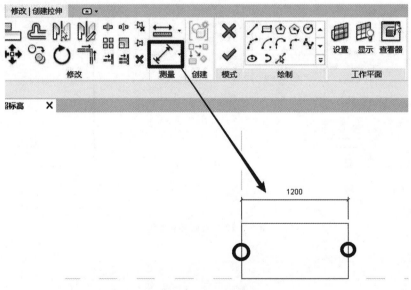

图 6-3-14　添加尺寸标注

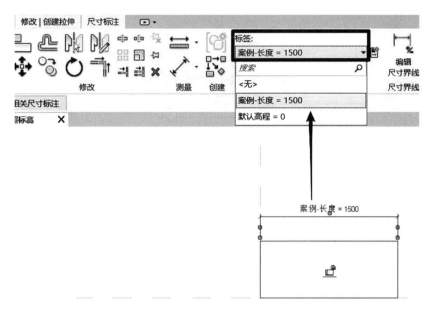

图 6-3-15　尺寸标注关联长度参数

选择族的"属性"面板,单击"材质"右侧的"关联参数"按钮,弹出"关联族参数"对话框,选择"案例-材质"自定义材质参数,单击"确定"完成材质参数关联,如图 6-3-16 所示。

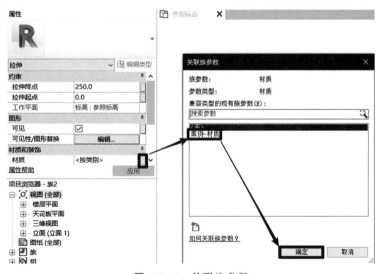

图 6-3-16　关联族参数

单击上方的"√"完成编辑拉伸模型,选择"修改"选项卡中的"属性"面板,弹出"族类型"对话框,调整"案例-长度"参数值为"2000",发现拉伸模型长度发生变化,参数关联成功,如图 6-3-17 所示。

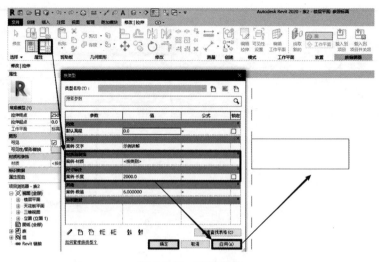

图 6-3-17　验证参数

（二）公式关联参数

参数公式可以关联不同的参数，其中最简单、最常用的就是四则运算，例如在对应长度参数的公式栏内填入"某参数×某参数/某数值"，则对应长度参数的数值将始终等于这个公式的计算结果，例如新建"公式参数 A""公式参数 B""公式参数 C"，这三个参数的类型分别是长度、长度、整数。得出新参数如图 6-3-18 所示。

参数	值	公式	锁定
约束			≫
文字			≫
案例-文字		=	
材质和装饰			≫
案例-材质	<按类别>	=	
尺寸标注			≫
公式参数A	0.0	=	☐
公式参数B	0.0	=	☐
案例-长度	0.0	=	☐
其他			≫
公式参数C	0	=	☐
案例-数值	0.000000	=	

图 6-3-18

整数参数一般作为控制构件个数或是族形状个数的控制，使用公式控制个数可达到让个数跟随高度变化的目的，适用族对象如"百叶窗"的百叶数量，"构造柱"的马牙槎数量等。

长度参数一般作为控制构件长、宽、高的尺寸控制，但使用公式可以达到不同长度共同变化的结果，使用族对象如"百叶窗"的百叶长度，"沙发"边扶手相对沙发本体的高度和距离等。

公式控制关系以上已经说明完毕，最终可用成果样例如图 6-3-19 所示。其中：

"案例–长度"的"值"等于"公式参数 A"的值。此时更改"案例–长度"的值或者是更改"公式参数 A"的值，均会导致另一个值随之更改（公式的控制是双向约束的）。

"公式参数 C"的"值"等于"公式参数 A"除以固定值"55"。此时更改"公式参数 C"或者是更改"公式参数 A"，同样会导致另一个值随之更改（公式变量简单，公式两边还是具有同等约束力）。

"案例-数值"的"值"等于"公式参数 C"除以"公式参数 B"再乘以固定值"6.7"。此时"案例-数值"参数及其"值"无法更改，呈灰色状态显示（公式变量复杂，其中有两个无法控制的参数变量，则案例-数值彻底被锁死无法更改，该参数的值只能跟随公式中的两个参数的改变而呈现结果）。

参数	值	公式	锁定
约束			˄
文字			˄
案例-文字	示例讲解	=	
材质和装饰			˄
案例-材质	<按类别>	=	
尺寸标注			˄
公式参数A	500.0	=	☑
公式参数B	600.0	=	☑
案例-长度	500.0	=公式参数A	☑
其他			˄
公式参数C	9	=公式参数A / 55 mm	☑
案例-数值	0.099900	=公式参数C / 公式参数B * 6.7 mm	
标识数据			˅

图 6-3-19

扫码获取作业解析

第二十二天

东隅已逝，桑榆非晚。

今日作业

根据今天的学习内容，完成"沙发""百叶窗"的创建，并以"第二十二天—三维图形—沙发/百叶窗"为名保存项目文件，作为今天学习效果的检验。

扫码获取作业解析

📅 第二十三天

▪▫▪ 时间就是生命，时间就是速度，时间就是力量。

今日作业

根据今天的学习内容，完成"图框"族创建，并以"第二十三天—二维图框"为名保存项目文件，作为今天学习效果的检验。

第四节　族的案例应用

关于族的创建和参数的关联整体运用，本节将通过三个综合案例进行讲解。

案例一　基于公制常规模型创建沙发

打开 Revit 2020，单击主页面"族"下"新建"，选择并打开族样板"公制常规模型"创建族文件。

首先绘制底座，选择"拉伸"命令，用"绘制"面板中的"直线"命令绘制一个长900mm、宽 600mm 的矩形，并在属性中设置"拉伸起点"为"80"，"拉伸终点"为"120"，此时默认的工作平面是"标高-参照标高"。如图 6-4-1、图 6-4-2 所示。

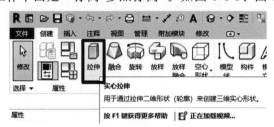

图 6-4-1　选择拉伸命令

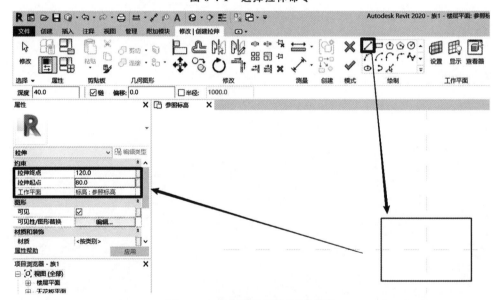

图 6-4-2　绘制拉伸闭合矩形轮廓

然后绘制沙发支座，选择"融合"命令，编辑底部轮廓，选择"绘制"面板中的"圆形"命令，在底座右上角位置绘制一个半径为 40mm 的圆，位置适当调整即可。在"属性"面板设置融合底部轮廓"第一端点"为"0.0"，顶部轮廓"第二端点"为"80.0"，单击"编辑顶部"按钮，切换到绘制顶部轮廓的草图环境，选择"绘制"面板中的"圆形"命令，和底部轮廓保持圆心相同、半径 20mm 绘制圆形，单击"√"完成绘制支座模型。如图 6-4-3～图 6-4-6 所示。

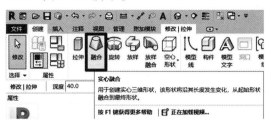

图 6-4-3 选择融合命令

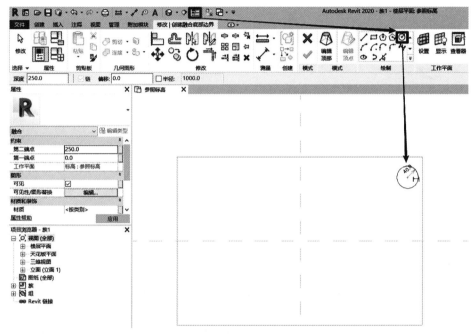

图 6-4-4 绘制底部轮廓

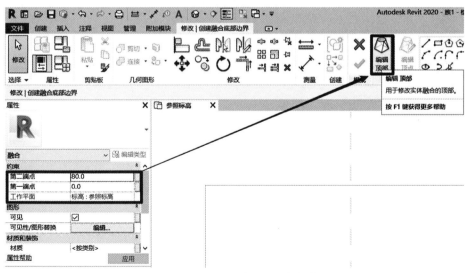

图 6-4-5 设置属性绘制顶部轮廓

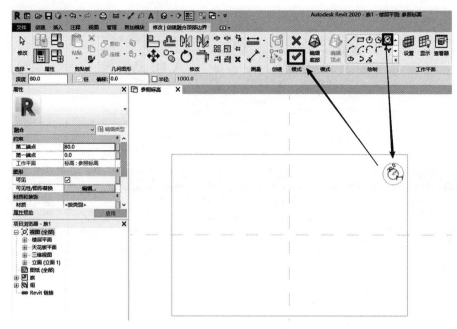

图 6-4-6　完成单个支座模型

选择"修改丨融合"上下文选项卡"修改"面板中"镜像-拾取轴"命令，拾取左右中间的竖直参照平面，将右侧的支座镜像到左侧，同样方法选中上方的两个支座，使用"镜像-拾取轴"命令，拾取上下中间的水平参照平面，将上侧的支座镜像到下侧，完成绘制支座，如图 6-4-7、图 6-4-8 所示。

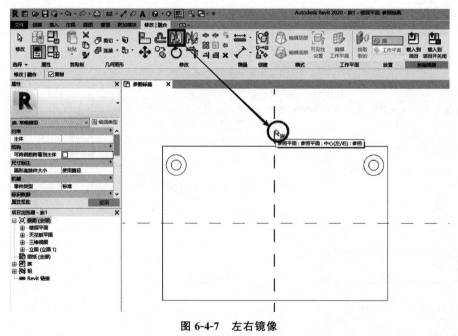

图 6-4-7　左右镜像

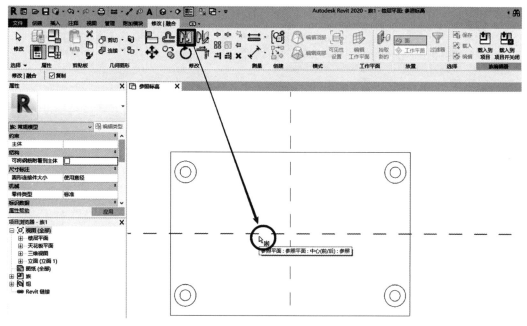

图 6-4-8　上下镜像

整体绘制沙发的靠背扶手，选择"放样"命令，单击"绘制路径"并选择"绘制"面板中的"直线"命令，绕支座外围绘制放样路径，如图 6-4-9～图 6-4-11 所示。

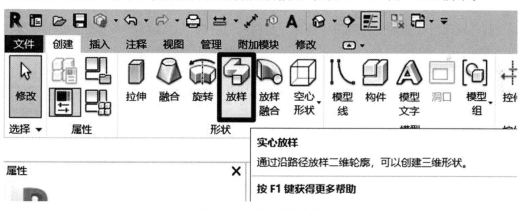

图 6-4-9　选择放样命令

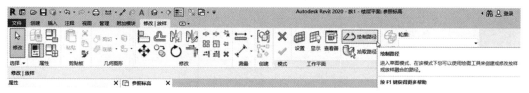

图 6-4-10　选择绘制路径命令

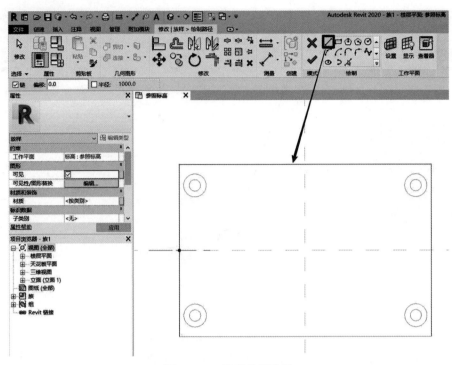

图 6-4-11　绘制放样路径

单击"选择轮廓"并选择"编辑轮廓"调出"转到视图"对话框，选择"立面-前"并"打开视图"转到前立面视图。选择"绘制"面板的"直线"命令，先绘制一个截面高度 500mm、宽度 150mm 图形，然后使用"绘制"面板的"圆角弧"命令，并在选项栏中设置"半径"为"15"，将上方两个直角修改为圆角弧，如图 6-4-12～图 6-4-14所示。

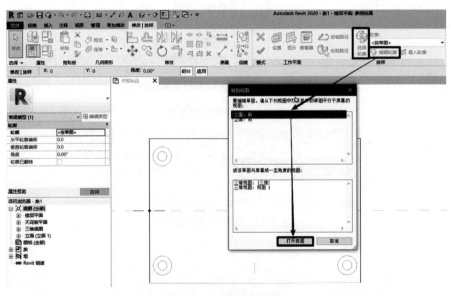

图 6-4-12　转到前立面

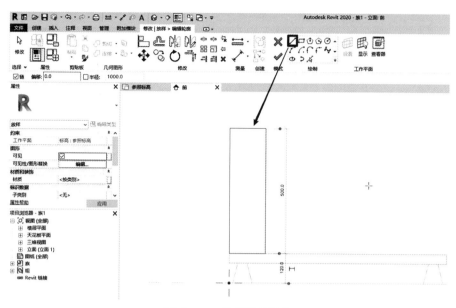

图 6-4-13　绘制放样轮廓

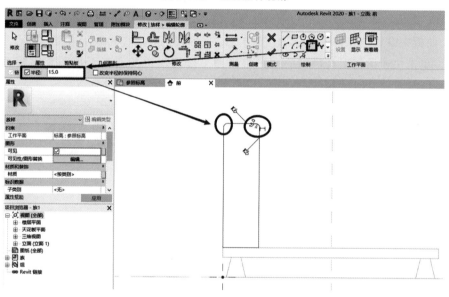

图 6-4-14　设置圆角弧

单击"修改 | 放样＞编辑轮廓"上下文选项卡中的"√"完成编辑轮廓，单击"修改 | 放样"上下文选项卡中的"√"完成绘制沙发的靠背扶手。单击快速访问工具栏中的"三维视图"按钮，切换到三维视图观察模型效果。如图 6-4-15、图 6-4-16 所示。

图 6-4-15　完成编辑放样

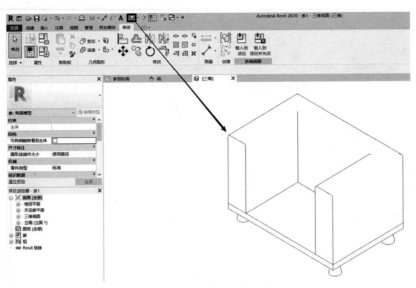

图 6-4-16 三维视图观察模型

最后绘制坐垫，单击视图窗口"参照标高"切换到楼层面视图，选择"拉伸"命令，并在"绘制"面板选择"矩形"命令，绕沙发的靠背扶手内边界绘制矩形，并在"属性"面板中设置"拉伸起点"为"120"，"拉伸终点"为"320"，单击"√"完成绘制坐垫。单击快速访问工具栏中的"三维视图"按钮，切换到三维视图观察模型效果。如图 6-4-17～图 6-4-19 所示。

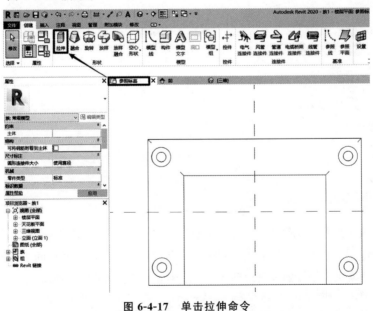

图 6-4-17 单击拉伸命令

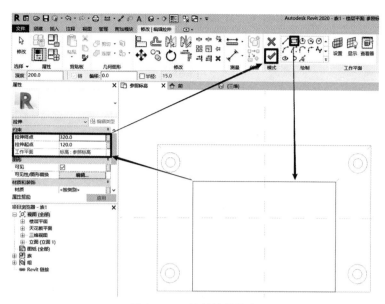

图 6-4-18 绘制拉伸轮廓

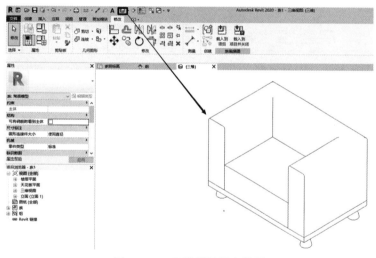

图 6-4-19 三维视图观察模型

案例二 基于公制常规模型创建参数化百叶窗

打开 Revit 2020，在主页面"族"单击"新建"，选择并打开族样板"基于墙的公制常规模型"创建族文件。

选择"族类别和族参数"命令弹出对应对话框，选择"窗"族类别，单击"确定"完成族类别选择，如图 6-4-20 所示。

选择"族类型"命令，单击下方的"新建参数"按钮，创建整数参数"百叶数量"和长度参数"百叶长度"，设定其分组均为"尺寸标注"，完成后单击"确定"，然后在族类型对话框中，赋族类别（窗类别）默认自带的长度参数"宽度""高度"预设数值分别为"600mm""1200mm"，赋整数参数"公式"栏内输入"高度/45"（其值自动出现"27"），参照此方式在"粗略高度"参数后输入"高度"，"粗略宽度"参数后输入"宽度"，"百叶长度"参数后输入"宽度－40＊2"，如图6-4-21、图6-4-22所示。

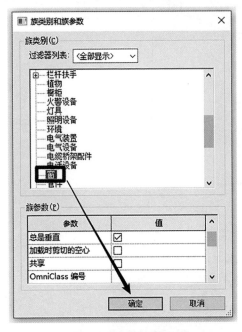

图 6-4-20　设置族类别

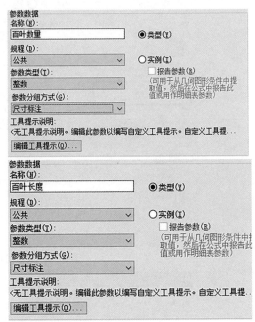

图 6-4-21　添加"百叶数量"参数

尺寸标注			
宽度	600.0	=	☐
百叶数量	27	=高度 / 45 mm	☐
百叶长度	520.0	=宽度 - 40 mm * 2	☐
粗略宽度	600.0	=宽度	☐
粗略高度	1200.0	=高度	☐
高度	1200.0	=高度	☐

图 6-4-22　为参数预设数值及公式

（1）绘制辅助线。在项目浏览器中，切换到"放置边"立面视图，然后单击"创建"选项卡下"参照平面"命令，在视图中心竖向参照平面处两侧300mm处，绘制两条参照平面，再在底部横向参照平面上900mm和2100mm处绘制两条参照平面，并使用"对齐"命令标注其间尺寸。绘制及标注结果如图6-4-23所示。

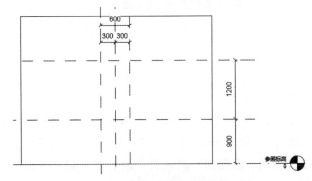

图 6-4-23　为绘制参照平面成果与说明

（2）绘制窗洞。单击"洞口"命令并选择"绘制"面板中的"矩形"命令，以视图中四条参照平面为底边进行描绘，首先单击左上角交叉点，再单击右下角交叉点，完成草图绘制，此时每条线上均会出现小锁，分别单击使其关闭，如图 6-4-24 所示。完成后单击绿色对勾，完成洞口绘制。

分别选中墙体和绘制出的洞口图元（可将光标放置于洞口边界上，按 Tab 键切换选择对象到洞口上），然后将其隐藏（快捷键 HH），以免绘制百叶窗时造成干扰。

（3）绘制窗框。单击"拉伸"命令并选择"绘制"面板中的"矩形"命令，再以视图中四条参照平面为底线绘制矩形轮廓窗户外边框，再对矩形框右边和底边出现的小锁进行锁定，结果如图 6-4-25 所示。

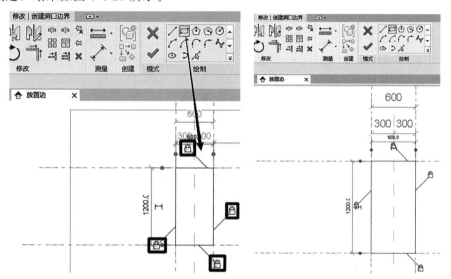

图 6-4-24　锁定草图到参照平面　　图 6-4-25　绘制"拉伸"（窗框）边界

（4）绘制窗框内边框。继续使用"绘制"面板"矩形"命令，并在选项栏中设置偏移数值为"－40"mm，沿外边框边界继续单击参照平面角点位置以绘制生成内边框。注意：若内边框在外边框外围，可通过按空格键切换内外位置，如图 6-4-26 所示。

然后为边框增加尺寸标注，选择"测量"面板中的"尺寸标注"命令，在百叶窗左侧位置依次单击外边框参照平面线和内边框草图线，生成尺寸标注并锁定尺寸标注尺寸。同样方法，在百叶窗上侧、下侧和右侧分别添加尺寸标注并锁定，最后在属性面板设置"拉伸起点"和"拉伸终点"分别为"－20"mm 和"20"mm 以设置窗框厚度，如图 6-4-27、图 6-4-28 所示。完成后，单击绿色"√"命令完成绘制。

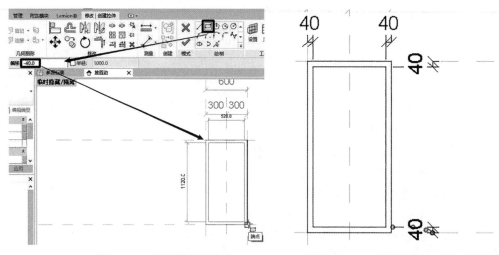

图 6-4-26　绘制窗框内边框　　　　　　　　图 6-4-27　边框添加尺寸标注并锁定

图 6-4-28　厚度设置

　　依次选择尺寸标注，在"尺寸标注"上下文选项卡选择对应的标签进行"宽度"和"高度"（该参数关联的尺寸标注，应该是单独单击900和2100两个参照平面创建的）参数关联，再选中两个"300"标注，单击其后"EQ"按钮（作用是均分，该标注的创建应是连续单击左、中、右三个参照平面创建的，才能使用"EQ"），单击"族类型"按钮调出"族类型"对话框，通过设定"宽度"和"高度"不同的参数值，观察窗框模型，验证参数关联正确，如图 6 4 29～图 6-4-31 所示。

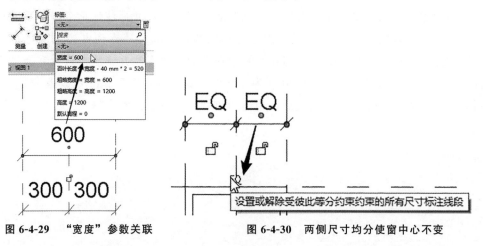

图 6-4-29　"宽度"参数关联　　　　　　　图 6-4-30　两侧尺寸均分使窗中心不变

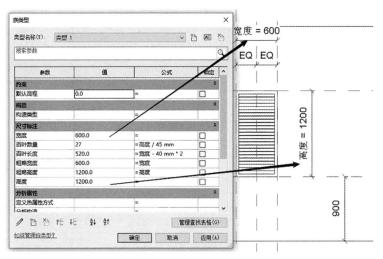

图 6-4-31　验证参数关联

（5）绘制窗户百叶。单击"拉伸命令"选择"绘制"面板中的"矩形"命令，沿窗户内边界下部位置绘制矩形轮廓，宽度为此时的窗户内边界，高度为 40mm，并在属性面板中设置百叶厚度为 10mm，以及"拉伸起点"和"拉伸终点"分别为"－5"mm 和"5"mm，如图 6-4-32 所示。

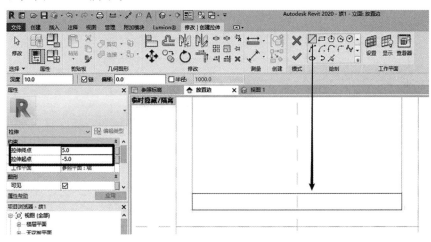

图 6-4-32　绘制底部百叶

选择"修改｜创建拉伸"上下文选项卡"修改"面板"对齐"命令，然后先选择窗户内边界右侧边，再选择百叶草图线右侧边界线，将草图线锁定在形体边。借助"尺寸标注"命令，分别单击百叶左右两侧的草图线添加尺寸标注，选中尺寸进行参数关联，选择标签"百叶长度＝520mm"，如图 6-4-33、图 6-4-34 所示。完成后，单击绿色"√"完成拉伸百叶的创建。

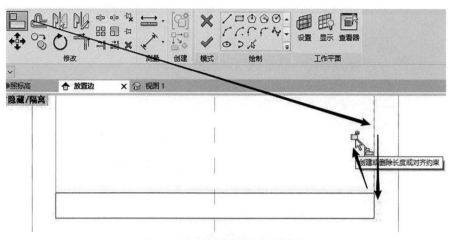

图 6-4-33　草图线锁定到形体边

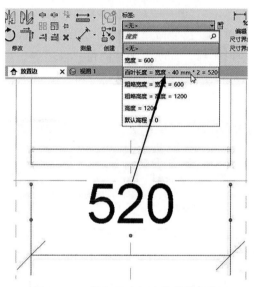

图 6-4-34　添加尺寸标注并关联参数

选中百叶，单击"修改"面板中"阵列"命令，在选项栏中注意勾选"成组并关联"和移动到"第 2 个"，在视图空白处，依次单击第一点，向上移动并输入临时距离"45mm"再按 Enter，确定阵列，单击阵列"项目数"下线条，之后选择阵列组，在选项栏中添加标签"百叶数量"进行参数关联（弹出警告关闭即可），如图 6-4-35、图 6-4-36所示。

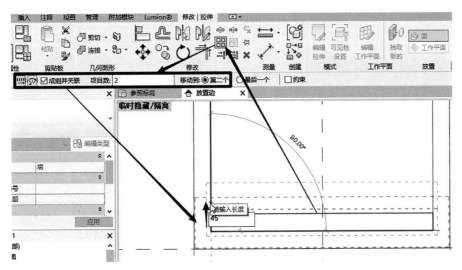

图 6-4-35　为百叶添加阵列组

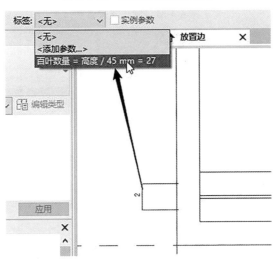

图 6-4-36　为阵列组关联参数百叶数量

分别选中窗框和百叶为其赋予合适的材质，若材质有参数化需求，也可将其材质与参数关联（阵列的百叶需要双击其中之一的百叶，进入编辑状态才能赋予材质，完成后单击对勾即可）。单击"族类型"按钮，调出"族类型"对话框，通过调整参数验证百叶和窗框的参数关联变化，通过修改参数值实现模型参数化。

案例三　制作 A3 图框

打开 Revit 2020，在主页面"族"选择"新建"，双击"标题栏"文件夹，然后选择并打开族样板"A3 公制"创建族文件。

选择"族类型"命令弹出"族类型"对话框，单击下方的"新建参数"按钮，创建长度参数"B"并单击"确定"完成参数创建，然后同法依次创建长度参数"L""a""c"。在族类型窗口中，为四个长度参数分别赋值："297""420""25""5"，如图

6-4-37、图 6-4-38 所示。最后，单击"确定"完成参数创建。

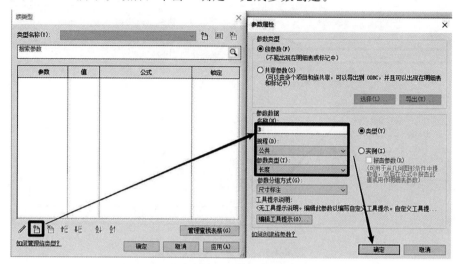

图 6-4-37　制作长度参数

图 6-4-38　制作的参数内容

单击插入选项卡下"导入 CAD"命令，在弹出的"导入 CAD 格式"窗口中找到并选中准备好的"A3 图框"CAD 文件，设置对应导入选项，如"单位"为毫米，"定位"为中心到中心，然后单击"确定"完成图框载入，如图 6-4-39 所示。

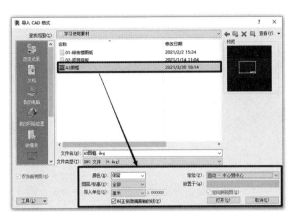

图 6-4-39　导入图框文件

选中导入图纸，使用"移动"命令使导入的图纸图框外侧边界与默认存在的图纸图框边界重合。若导入图纸为锁定状态，单击其上出现的图钉图标使其解锁即可移动。

选中导入的图纸，单击上下文选项卡中"分解"命令下三角内"完全分解"命令，将整个图框文件分解为 Revit 的线图元和文字图元。如果弹出警告，选择"是"即可。如图 6-4-40 所示。

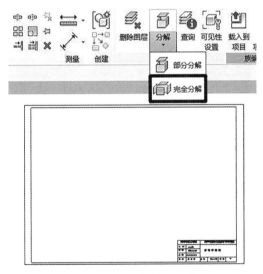

图 6-4-40　分解图框文件

选中最外侧线条边界，再按"Delete"键删除外侧边线（因为导入的外边线与原本外边线重叠），逐一单击其他边依次删除，直到导入的边线删除完毕，只保留默认的边线为止（选中后观察属性选项板，其子类别为"总外框线"则为导入边线，为"图框"则为默认边线）。

单击"注释"选项卡下"对齐"注释命令，然后单击标注图框各处线条为其添加相应的尺寸标注，添加结果如图 6-4-41 所示。

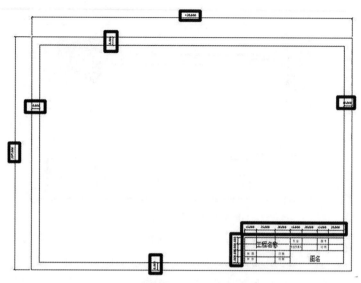

图 6-4-41 标注图框内线与默认图框线条尺寸

单击标题栏处的尺寸标注，单击其后出现的"锁"（开启状态），使其更改为关闭状态，将尺寸锁定即可。尺寸锁定状态如图 6 4 42 所示。

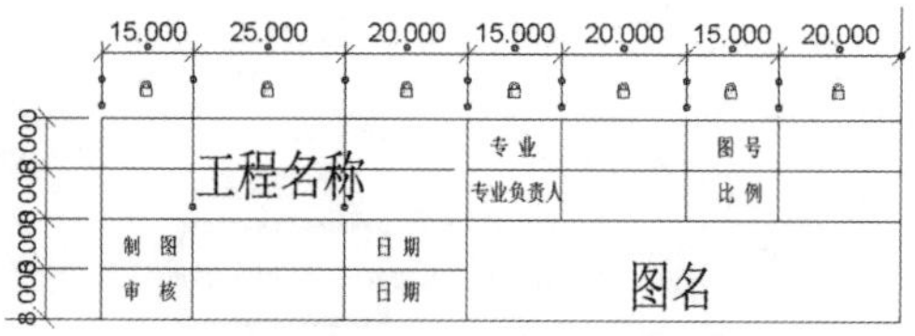

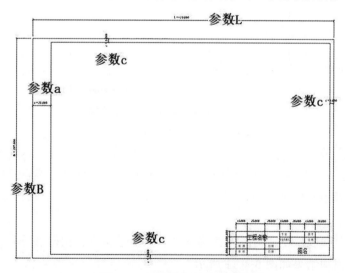

图 6-4-42 标注标题栏线条间距并锁定

分别选择周边尺寸标注命令与已经准备好的参数相关联，关联完成后如图 6-4-43 所示。

图 6-4-43 参数和尺寸标注关联

单击右下角标题栏中文字"工程名称"，按"Delete"键将其删除，再单击"创建"

选项卡下"标签"命令，然后单击"编辑类型"按钮，在弹出的"类型属性"对话框中，设置标签的文字字体、文字大小和类型名称，完成后单击"确定"退出编辑类型对话框，结束对标签文字的编辑，如图 6-4-44 所示。

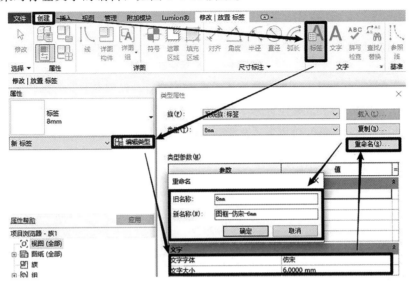

图 6-4-44　设置标签文字类型属性及名称

单击图纸标题栏处删除的文字，待弹出对话框，在左侧"类别参数"列表中选择"项目名称"，单击中间的"添加"按钮，将该参数添加到右侧"标签参数"栏内，单击"确定"完成标签参数添加，如图 6-4-45 所示。随后，使用"移动"命令或者选中后按上（↑）下（下）左（←）右（→）键改变文字位置到合适即可。

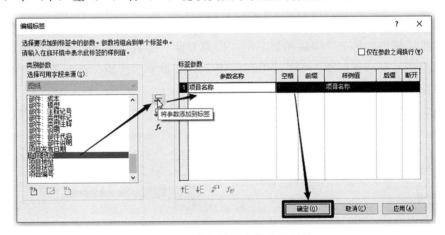

图 6-4-45　使用默认参数作为标签

参照上一步操作方式，删除"图名"，添加"图纸名称"标签到对应位置。

参照以上两个步骤，首先做出新类型（注意此处不再重命名而是复制类型），调整文字大小为"2.5"，其余设置不变。完成文字设置后，分别单击"图号""比例""制图""审核"后一栏的位置，依次将"图纸编号""比例""绘图员""审图员"参数添加完成，如图 6-4-46 所示。

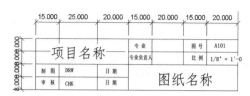

图 6-4-46　放置标签

其他部分参数，在默认的图纸参数中不具有对应内容。以"专业"为例，可在对应位置后一栏处单击"选择"标签放置位置后，在"编辑标签"窗口中单击"新建参数"按钮，在弹出窗口中选择"共享参数"分组下"选择"按钮，此时提示"未指定共享参数文件"，单击"是"，在弹出窗口中，找到提供的"图框共享参数.txt"文件并打开，如图 6-4-47 所示。

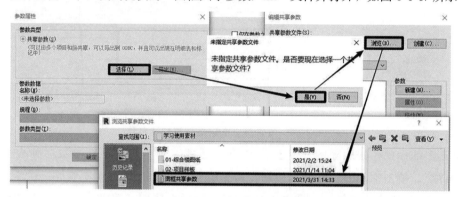

图 6-4-47　使用共享参数文件

在弹出的"共享参数"对话框里，选中"图纸专业"参数，单击"确定"完成参数选择，之后在"参数属性"对话框里单击"确定"。随后，可看到相关参数加入了"编辑标签"对话框中。选中"编辑标签"中"图纸专业"参数，将其添加到右侧，再单击"确定"，完成本次标签放置。如图 6-4-48、图 6-4-49 重复本步骤，将其他参数做成标签填入对应位置中。

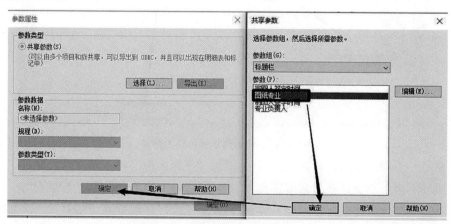

图 6-4-48　选择共享参数

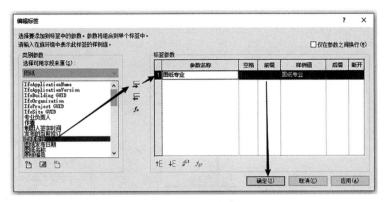

图 6-4-49 使用共享参数作为标签

完成其余标签的放置和创建，结果如图 6-4-50 所示。

图 6-4-50 放置共享参数标签

选中标签，标签周边有蓝色线框显示（此为文字范围，当在项目中使用此参数时，设置的参数内容将在此范围内显示），线框左右两端有蓝色圆点，单击两侧蓝色圆点左右拖拽，使其长度与所在栏长度一致，再调整属性选项板中"水平对齐"为中心线，以"项目名称"为例，调整完成后如图 6-4-51 所示。

图 6-4-51 调整标签对齐方式和位置

其他的标签也依照上一步骤方式调整对齐方式和文字范围。以"制图人签字时间"标签为例，标签参数由于参数内容过长导致超出栏范围，可在其调整文字范围前，先选中该标签，单击上方"编辑标签"命令，在弹出对话框中（此对话框可以更换标签，也可编辑标签在族内展示样例）右侧"标签参数"分组下"制图人签字时间"的"样例值"改为"签字时间"，单击"确定"完成样例值编辑。然后，再调整该参数的文字范围和对齐方式，其余过长内容均可参照本步骤进行调整，调整完过程及结果如图 6-4-52、图 6-4-53 所示。

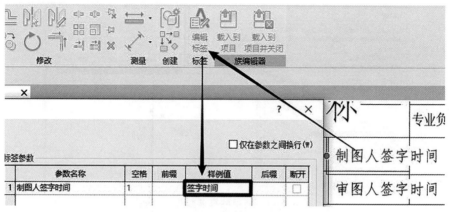

图 6-4-52　调整标签外显示

图 6-4-53　调整结果

单击"族类型"中"新建类型"按钮，创建类型"A3"，如图 6-4-54 所示。完成类型创建后，当此尺寸需要加长时，只需要新建类型后修改参数即可。

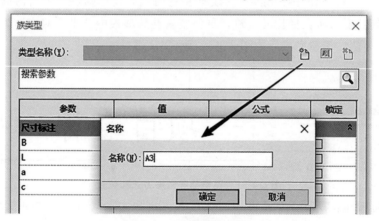

图 6-4-54　新建图框类型

按"Ctrl＋S"（保存命令快捷键），在弹出的"另存为"对话框中，设置保存名称为"A3 图框"即可。

扫码获取作业解析

📅 第二十四天

人误地一时，地误人一年。

今日作业

按照以下要求设定相关构件的图形显示保存，作为今天学习效果的检验。

（1）以第十八天创建成果为基础，设定项目内容：

①项目地址为"北京"，经纬度为"39.8016891479492，115.415626525879"。

②项目发布日期为"2021年12月31日"。

③项目名称为"基础教育幼儿园"。

（2）以第十八天创建成果为基础，设定构件显示：

①墙体显示：240厚度砌体墙为黄色，150厚度砌体墙为黑色显示，填充图案均为纯色填充，且其他墙体做法类内容（构造分层等）均不可显示。

②地面显示：不同地面做法的房间地面，分别为木地面填充显示为绿色"铺地—木地板150mm"，防滑地面填充显示为灰色"正方形100mm"，瓷砖地面填充显示为蓝色"直缝600mm×600mm"，庭内草地显示为绿色"场地—草地"。

（3）完成后，将项目以"第二十四天—定位与图示"为名保存。

第七章　项目样板设置

思维导图

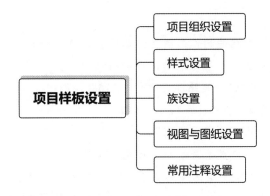

本章主要阐述项目样板设置，学习内容及目标见表 7-0-1。

表 7-0-1　学习内容及目标

序号	模块体系	内容及目标
1	业务拓展	（1）项目样板为项目建模提供统一的建模基础环境，对项目建模的质量与效率提高有着直接影响 （2）项目样板设置内容较多，主要包含项目信息、项目单位、线型图案、线样式、线宽、对象程式、填充样式、材质、标题栏、视口类型、系统族、可载入族、明细表、项目浏览器组织、视出样板、常用过滤器、常用视图及图纸等
2	任务目标	完成以 Revit 2020 自带的建筑样板（DefaultCHSCHS.rte）为基础的通用项目样板设置
3	技能目标	（1）熟悉项目组织设置 （2）熟悉样式设置 （3）熟悉族设置 （4）熟悉视图与图纸设置 （5）熟悉常用注释设置

制作样板文件与使用样板的相关流程。

（1）新建样板。单击"新建"→"项目"命令，在弹出对话框中，选择"样板文件"为"建筑样板"，选择"新建"对象为"项目样板"，如图 7-0-1 所示。完成后，单击"确定"即可。

图 7-0-1　以建筑样板为基础新建样板

（2）设置样板。设置项目浏览器组织、视图样板、常用材料以及对应填充样式，准备工作中常用到的项目族（例如，建模用的门窗、基础、栏杆扶手，出图用的文字标注、尺寸标注等），其余项目位置、对象样式等根据出图要求确定是否更改。相关设置参见本章五节内容。

（3）保存样板。使用保存命令，将设置完成的样板保存，保存名称一般以"×××（项目名称）样板"为名保存，此处为"XZJY 样板"。完成后关闭该样板即可，如图7-0-2所示。

图 7-0-2　保存样板并命名

（4）单击"新建"→"项目"命令，在弹出对话框中，单击"浏览"按钮，选择"XZJY 样板"，确定"新建"对象为"项目"，再单击"确定"。完成样板的选择，使用过程如图 7-0-3 所示。此后依据制作的样板，开始进行工作。

图 7-0-3　使用样板

在了解样板制作和使用整个流程后，接下来详细介绍具体的样板设置方式。

第一节　项目组织设置

一、项目单位设置

根据项目土建部分的要求设置整个项目的单位格式与精度。

（1）选择"文件"选项卡下"新建"功能后的"项目"命令，用 Revit 自带的构造样板为样板文件，另存为"XZJY-建筑项目样板文件.rte"，另存位置自定，如图 7-1-1 所示。

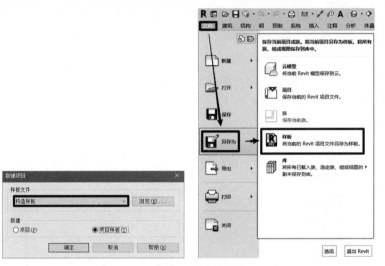

图 7-1-1　以构造样板为基础新建样板

（2）选择"管理"选项卡下"设置"面板中的"项目单位"命令，可看到"项目单位"按"规程"成组，如图 7-1-2 所示。

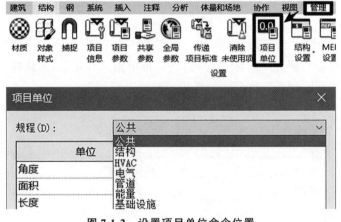

图 7-1-2　设置项目单位命令位置

（3）在"项目单位"对话框默认的"公共"规程下，显示当前项目默认的单位格式，可以根据项目需要进行修改。例：单击"坡度"弹出右侧"格式"对话框，可以设置坡度单位、小数位、单位符号，按需进行设置，如图 7-1-3 所示。

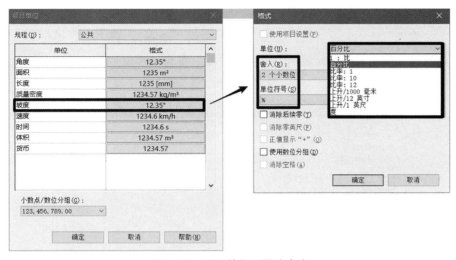

图 7-1-3 项目单位可更改内容

二、项目信息设置

把当前项目的信息输入到项目样板中，其信息会在 Revit 图纸中进行同步展示。其中"客户姓名"对应图纸标题栏中的"建设单位"，"项目名称"对应图纸标题栏中的"工程名称"，"项目编号"对应图纸标题栏中的"工程号"。

单击"管理"选项卡下"设置"面板中的"项目信息"，查看项目信息内容，如图7-1-4 所示。

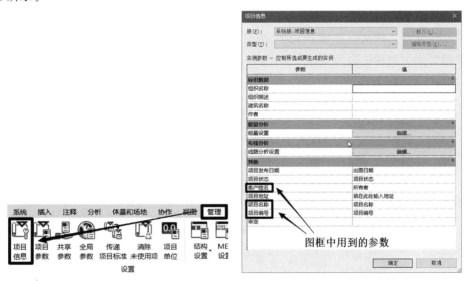

图 7-1-4 设置项目信息

三、项目位置设置

项目位置设置可从三方面进行：项目所在地设置、项目正北设置、项目基点设置。

（一）项目所在地设置

单击"管理"选项卡下"项目位置"面板中的"地点"，在"项目地址"栏中输入"北京"，或通过拖动定位点到地图上的项目位置，单击"搜索"按钮，项目地址栏显示为"中国北京"，单击"确定"完成设置，如图 7-1-5 所示。

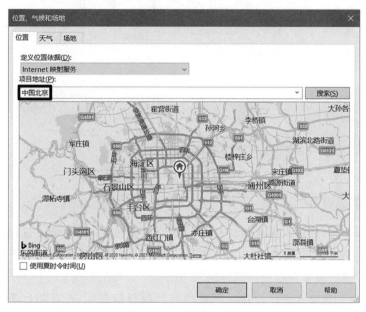

图 7-1-5　设置项目位置

以"北京市海淀区中黎科技园-小筑教育"项目为例，先设置项目名称，在"项目地址"输入"北京市海淀区中黎科技园-小筑教育"，如图 7-1-6 所示。然后，单击"定义位置依据"下方列表，选择"默认城市列表"并更改项目所在地的经纬度，单击"确定"，如图 7-1-7 所示。

图 7-1-6　指定项目位置

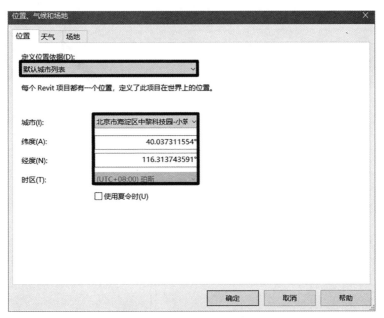

图 7-1-7 指定项目具体定位

(二)项目正北设置

"项目北"为控制全局的视图方向,"正北"为当前项目绝对坐标的正北方向。Revit初始设置为"项目北"是为了建模或者设计时方便工程师的操作,即图纸的上北下南的北向。而"正北"方向则是项目总图的实际地理位置的实际方向。

在"属性"选项板上选择"方向"为"正北"作为"方向",单击"应用",以更改视图方向,如图 7-1-8 所示。

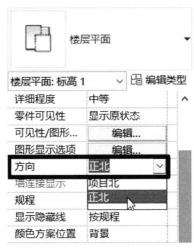

图 7-1-8 调整项目方向

选择"管理"选项卡下"项目位置"面板中"位置"下拉列表中的"旋转正北"命令,在选项栏中"从项目到正北方向的角度"输入从指北针到软件中默认北方向的角度。图 7-1-9 所示箭头方向为软件中默认的北方向,指北针方向为项目在现实中的实际方向（在项目图纸总图内可找到指北针符号），它们之间的夹角即为需要输入的度数。

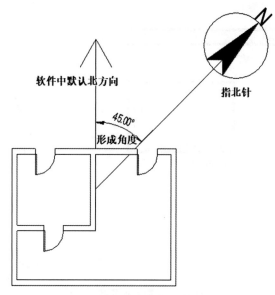

图 7-1-9　项目方向示意图

在选项栏"从项目到正北方向的角度"输入"45°00′00″"，并按下 Enter，模型将自动在视图中沿逆时针方向旋转至指定的角度，如图 7-1-10 所示。此时指北针符号（代表正北方向）逆向旋转与软件默认北方向重合，项目的正北方向在软件中与实际北方向对应，如图 7-1-11 所示。此设置不方便建模，适合在模型建立完毕之后设置。例如，设置完成后"正北"方向可以确保模拟自然光照射在建筑模型上的位置，与实际位置相同，并确保正确地模拟太阳在天空中的路径，所以我们需要正确设置项目正北。

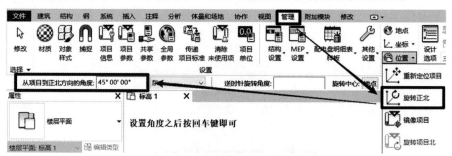

图 7-1-10　旋转项目正北

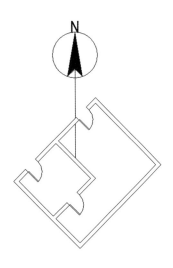

图 7-1-11　旋转项目正北结果

（三）项目基点设置

本项目基点水平方向确定为①轴线和 A 轴线的交点，竖直方向确定为正负零标高所在平面。假设，设计中项目基点处的场地坐标为 ［168.000（南北），666.000（东西），20.000（立面）］（项目坐标位置可参照图纸中的设计说明），单位为 m（如图 7-1-13 所示，图中单位为 mm）。

选择"管理"选项卡下"项目位置"面板内"坐标"下拉列表中的"在点上指定坐标"命令，然后在"场地"视图中单击"项目基点"，如图 7-1-12 所示。在弹出的"指定共享坐标"对话框中做如图 7-1-13 所示设置，同时检查确认立面中项目基点位于正负零标高所在平面。

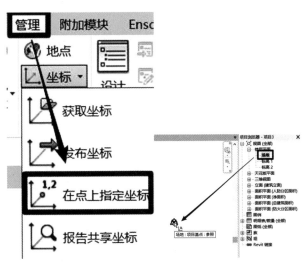

图 7-1-12　改变项目基点位置

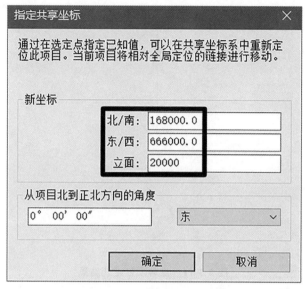

图 7-1-13　指定项目基点位置

第二节　样式设置

一、材质设置

材质设置可以控制模型图元在视图和渲染图像中的显示方式。创建新材质的方法有两种，一种是创建新的材质，另一种是复制现有的类似材质。建议采用第二种方法创建新材质，然后按需编辑名称和其他属性，这样一些相同的属性特征可以保留或微调。如果没有可用的类似材质，再创建新的材质。

在样板文件中，可根据项目的实际需求设置好材质库以便调用。

（一）新建材质

（1）打开材质浏览器，选择"管理"选项卡下"设置"面板中的"材质"命令，选择"新建材质"。在材质浏览器的项目材质列表中会出现名称为"默认为新材质"的材质，右键单击"默认为新材质"选择"重命名"选项更改材质名称（例：紫红色-砌块）。如图 7-2-1、图 7-2-2 所示。

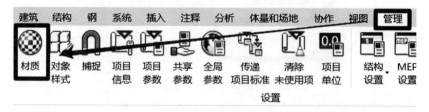

图 7-2-1　管理材质

图 7-2-2 新建材质

（2）打开"资源浏览器"并选择需要的材质图，可单击"外观库"在分类里面查找需要的材质，也可单击上方"搜索"命令直接搜索材质，单击"替换"按钮，如图 7-2-3 所示进行设置，得到如图 7-2-4 所示的材质外观效果。

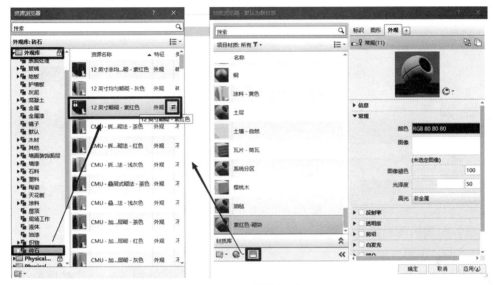

图 7-2-3 替换材质

图 7-2-4 材质创建完成

（二）复制材质

打开"材质浏览器"，选择"管理"选项卡下"设置"面板中的"材质"命令，在原有的材质上右键单击"复制"，重命名为"混凝土-现场浇注混凝土-C30"，如图 7-2-5 所示，这样材质外观便不需要替换，可加快工作效率。

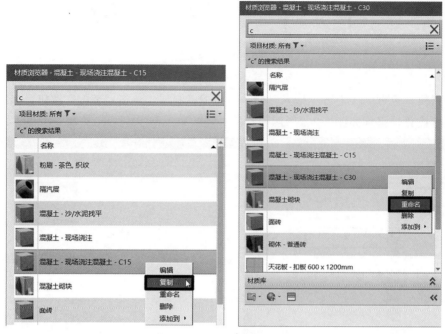

图 7-2-5 复制并重命名材质

（三）材质的图形设置

材质的"图形"属性中分为"着色""表面填充图案"和"截面填充图案"。"着色"能够赋予构件颜色，设置构件在三维视图中的透明度，以及构件表面与截面的填充样式。图 7-2-6 所示为将楼板颜色设置为蓝色的操作。

注意：图形设置仅在着色模式或一致颜色模式中可见。

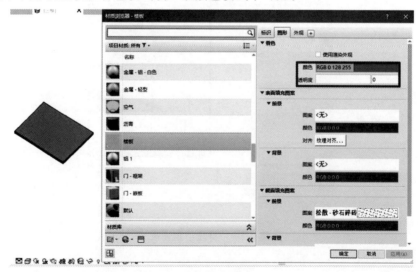

图 7-2-6 材质着色

二、填充样式设置

(一) 通过构件类型属性设置填充样式

修改"类型属性"对话框填充区域中的"粗略比例填充样式"和"粗略比例填充颜色",如图7-2-7所示。能够修改的构件有"柱""梁""墙""板""坡道""楼梯""门""窗"等,设置方式同材质填充样式。图7-2-7所示为楼板在三维视图中被剖切状态下的截面填充。

注意:

(1) 模型视觉样式为"着色""一致颜色",且详细程度为"粗略",才能在视图中看到填充的效果。

(2) 这里的填充样式设置的是构件的截面样式设置。

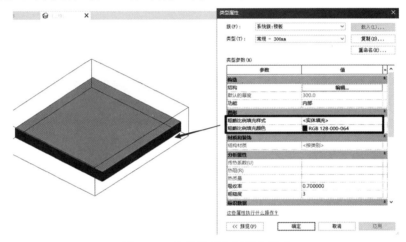

图 7-2-7 构件类型控制填充样式

(二) 通过材质图形设置填充样式

(1) 选择"管理"选项卡下"材质"命令,在弹出的"材质"窗口中右侧"图形"中单击"图案"出现填充图案,选择合适的图案,单击"确定",如图7-2-8所示。

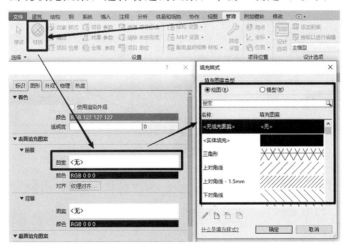

图 7-2-8 材料控制构件表面填充样式

"表面填充图案"分为"前景"与"背景"，当"前景"和"背景"的填充样式不同时，二者均会显示出来，但当"前景"和"背景"的填充样式相同时，只显示"前景"的填充样式和颜色，"背景"的不显示。

（2）"图形"窗口中的"颜色"控制着填充图案的线条颜色，如图 7-2-9 所示。

图 7-2-9　材料表面填充样式颜色控制

（3）"图形"窗口中的"截面填充图案"可进行模型截面的设置，设置方法同"表面填充图案"，图 7-2-10 所示为楼板在三维视图中被剖切状态下展示的截面（在剖面视图中显示截面与三维截面效果一致）。

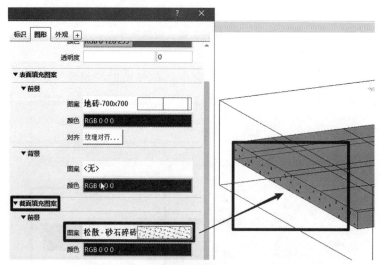

图 7-2-10　材料控制构件截面填充样式

通过"视图"中"属性"选项板"可见性/图形替换"中的"投影/表面"的"填充图案"和"截面"的填充图案，可设置填充样式，如图 7-2-11 所示，设置方式同"通过材质图形设置填充样式"。

注意：

（1）"可见性/图形替换"设置可一次性设置所有同类别的构件。

（2）当视图的"视觉样式"设置为"着色""一致颜色""线框""隐藏性"在视图中均可看见填充的效果。

（3）在图 7-2-11 中进行的填充样式设置将会覆盖材质原本的填充样式。

图 7-2-11　视图控制构件显示

三、创建填充样式

（一）通过"管理"界面新建填充样式

（1）选择"管理"选项卡下"设置"面板中"其他设置"下拉列表中的"填充样式"命令，单击"新建填充样式"，如图 7-2-12 所示。

（2）在"填充样式"对话框的"填充图案类型"下，根据需要选择"绘图"或"模型"，或单击"新填充图案"。

图 7-2-12　管理填充样式

（3）单击"新建填充样式"出现样式弹框，在"设置"选项下选择"平行线"，或改为"交叉填充"，并且可以对线条的角度与线条之间的间距进行设置。假设需要制作 700×700 的地砖，修改名称为"地砖-700×700"，"线角度"设置为"90"，"线间距"设置为"7mm"，单击"确定"完成设置，如图 7-2-13~图 7-2-15 所示。

注意：因为视图上的比例是 1∶100，而图案填充的比例是 1∶1，设置的线间距在视图上会放大 100 倍，所以这里的"线间距"是设置为 7mm 而不是 700mm。

图 7-2-13　填充—平行线　　图 7-2-14　填充—交叉填充　　图 7-2-15　填充—方形砖

（二）通过管理界面"材质"选项新建填充样式

选择"管理"选项卡下"材质"命令，在弹出的"材质"窗口中右侧"图形"中单击"图案"出现填充图案，单击"新建填充样式"，如图 7-2-16 所示，设置同"通过'管理'界面新建填充样式"。

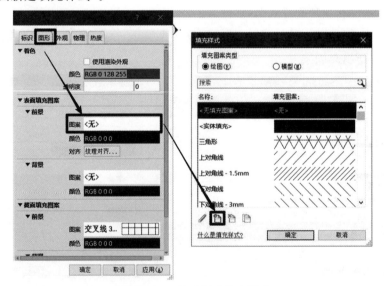

图 7-2-16　材质新建填充样式

（三）通过"类型属性"选项新建填充样式

修改"类型属性"对话框"图形"中的"粗略比例填充颜色/样式"，在弹出"填充样式"窗口时选择"新建填充样式"，如图 7-2-17 所示，设置同"通过'管理'界面新建填充样式"。

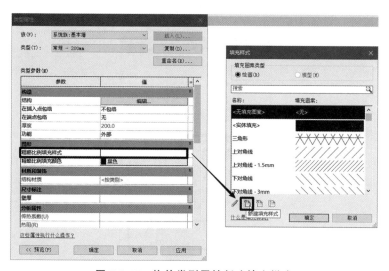

图 7-2-17　构件类型属性新建填充样式

四、"绘图"填充与"模型"填充区别

填充样式分为"绘图"与"模型"两个选项，如图 7-2-18 所示。"绘图"设置的填充图案不会在旋转模型时同步旋转，填充图案会随着"视图比例"改变而改变。"模型"设置的填充图案会在旋转模型时同步旋转，填充图案不受"视图比例"改变的影响，且"模型"只能在"表面填充图案"的"前景"处设置，如图 7-2-19 所示。

图 7-2-18　绘图与模型

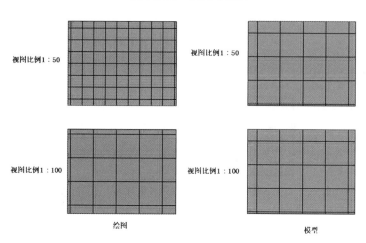

图 7-2-19　绘图与模型区别

由于"模型"设置的填充图案不受"视图比例"改变的影响，所以"线间距"按照实际距离设置即可，设置为 700mm，如图 7-2-20 所示。

图 7-2-20　方砖填充

五、对象样式

对象样式可为项目中不同类别的模型图元、注释图元和导入对象等指定线宽、线颜色、线型图案。单击"管理"选项卡下"其他设置"面板中的"对象样式"，在"模型对象""注释对象"的"过滤器列表"中勾选"建筑"类别。如图 7-2-21、图 7-2-22所示。

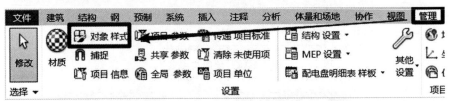

图 7-2-21　构件对象样式管理

图 7-2-22　筛选构件对象样式

"模型对象"是针对模型图元外观中表面与截面线条的线宽、颜色、线型图案的设置（材质一般不更改）。"建筑"类别中设置墙体的对象样式如图 7-2-23 所示。

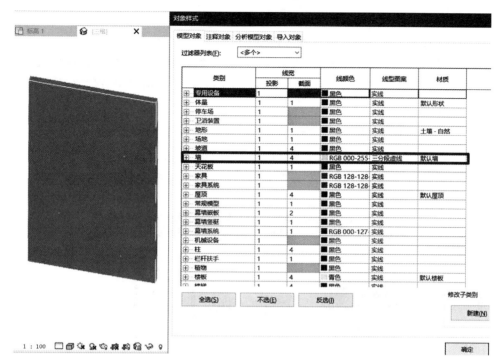

图 7-2-23 墙对象样式设置

第三节 族设置

本节主要介绍建筑项目样板中的族设置。Revit 中的族主要有构件族和注释族。建筑项目样板中的族是根据项目的实际情况预先在样板中设置的常用族。

一、构件族

根据项目的实际情况，事先在样板中设置常用的族，可以提升建模效率，如图 7-3-1 所示。

构件族分为系统族和可载入族。

系统族主要有墙（饰条、分隔缝）、楼板（楼板边缘）、屋顶、天花板、幕墙、栏杆扶手、楼梯、坡道、条形基础等。

图 7-3-1 系统族

可载入族主要有门、窗、卫浴设备、照明设备、专业设备、家具、橱柜、场地构件、植物、基础、梁、柱等。

在载入族之前，可以通过查看图纸了解项目所需要的构件，例如需要什么类型的窗户，是百叶窗还是平开窗等，提前载入有利于提升之后的建模效率。

单击"插入"选项卡下"从库中载入"面板中的"载入族"命令，弹出族库文件夹，在族库中选择需要的构件，如水平卷帘门。提前载入到项目中方便之后项目建模，如图 7-3-2 所示。

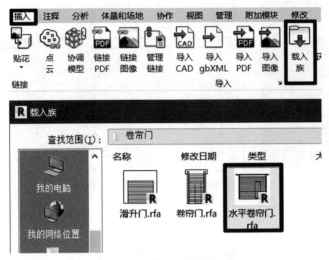

图 7-3-2 载入族操作演示

二、注释族

注释族也可分为系统族和可载入族。注释类的系统族主要为各类尺寸标注族，如图 7-3-3 所示。

图 7-3-3 系统族—尺寸标注

注释类的可载入族主要为标记族和符号族。根据施工深化出图的表达需要，在建筑样板中设置施工图所需的标记族和符号族。

建筑专业常用的标记族有各类构件的标记、材质标记、房间标记及面积标记。

单击"注释"选项卡下"标记"面板下拉箭头标中的"载入的标记和符号"，如图 7-3-4 所示。

图 7-3-4 可载入族—标记和符号

在"过滤器列表"中选择"建筑"类别，根据建模需求，为每个列出的族类别选择标记族和符号族，如图 7-3-5 所示。

图 7-3-5　标记设置

第二十五天

今天应做的事情没有做，明天再早也是耽误了。

今日作业

按照以下要求调整视图组织和排序方式，并创建相关图纸作为今天学习效果的检验。

（1）以第二十四天创建成果为基础，设定项目视图的组织和排序方式为：

①以"视图分类"为一级分类方式，使视图以"出图""建模"分为两组。

②以"族与类型"为二级分类方式，使视图以默认平面分类方式依次进行二次分组。

③以"相关标高"为视图上下排序方式，使平面视图根据标高高度从高到低依次排序。

（2）以第二十四天创建成果为基础，参照第十六天、第十七天作业图示内容，创建对应出图的平面视图，并添加相关文字、尺寸、名称标记等内容。

（3）完成后，以"第二十五天—组织与出图准备"为名保存项目文件。

第四节 视图与图纸设置

视图样板是一系列视图属性的标准设置，使用视图样板能够确保项目样板规范的一致性。视图样板可以控制相当多的视图属性，并通过对现有的视图样板进行复制修改来创建新视图样板，也可以在当前视图中创建新视图样板。本节主要介绍建筑视图样板的主要种类及应用范围。

一、浏览器组织设置

浏览器组织工具可以对视图进行编组和排序，图 7-4-1 所示为默认的视图排序。

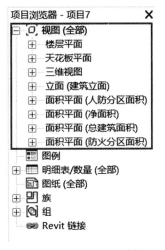

图 7-4-1 视图组织浏览

如果想要将视图根据使用的需要划分为"出图"与"建模"两类显示，具体操作步骤如下：

（1）添加项目参数。

因为 Revit 没有根据作用进行分类的参数，所以需要自行添加。

单击"管理"选项卡下"设置"面板中的"项目参数"命令，在"项目参数"对话框中单击"添加"，"参数属性"按图 7-4-2 所示输入，单击"确定"，在视图"属性"栏中的"文字"分组中会出现"作用分类"参数。如图 7-4-3 所示。

图 7-4-2　制作项目参数到视图类别

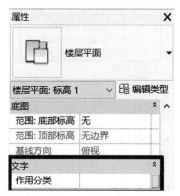

图 7-4-3　平面视图中的项目参数

（2）添加视图浏览器组织方案。

新建新的视图浏览器组织方案，并添加第一步制作的参数进行分类设置。

单击"视图"选项卡下"窗口"面板内"用户界面"下拉列表中的"浏览器组织"选项，在"视图"中"新建"视图如"XZJY-视图-作用"分类，并按图 7-4-4 添加参数进行设置。使视图浏览器按照"作用分类"成组，然后按"族与类型"成组（视图的"族与类型"为同一等级，即"视图族"和"视图类型"均为分类关系）。

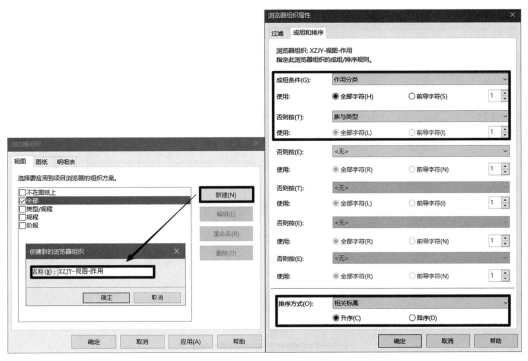

图 7-4-4 制作视图组织方式和排序方式

设置完成之后，勾选"XZJY-视图-作用"分类并单击"确定"，"项目浏览器"如图 7-4-5 所示，图中"???"表示暂时没有给单独的视图添加分类。

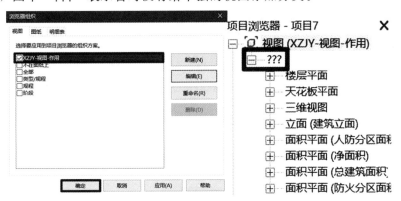

图 7-4-5 使用新视图组织和排序方式

（3）右键单击"项目浏览器"的"标高 1"，"复制"一个新的"标高 1 副本 1"，如图 7-4-6 所示。单击"项目浏览器"中"标高 1"，在"属性"选项板的"作用分类"中输入"建模"并单击"应用"。单击"项目浏览器"中"标高 1 副本 1"，在"属性"选项板的"作用分类"中输入"出图"并单击"应用"。如图 7-4-7、图 7-4-8 所示。

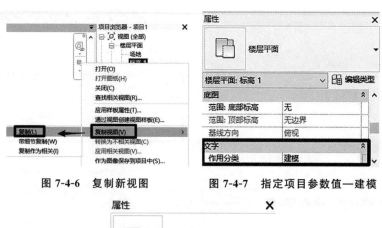

图 7-4-6　复制新视图　　　　　　　图 7-4-7　指定项目参数值—建模

图 7-4-8　指定项目参数值—出图

"项目浏览器"中视图分组方式，如图 7-4-9 所示为"出图"与"建模"两类。其中"???"处内部视图的"作用分类"因未添加对应分组内容所以无法正常显示，将参数数值全部添加完毕即自动消失。

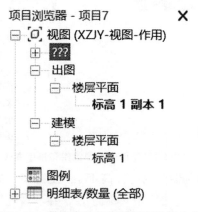

图 7-4-9　指定参数值后视图新组织方式

（4）视图名称命名方式：在视图本体名称前加上专业及应用代码。专业符号为 A（建筑）、S（结构）；应用代码为 P（出图）、M（建模）。如"AP-1F"为建筑专业出图1F平面。名称展示如图 7-4-10 所示。

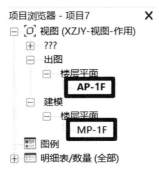

图 7-4-10 视图名称规范

二、视图样板的分类

视图样板根据应用的视图类型，可分为平面视图样板、立面视图样板、剖面视图样板、三维视图样板和图例视图样板。

平面视图样板：主要应用于楼层平面视图、结构平面视图和详图平面视图。

立面、剖面视图样板：主要应用于立面视图、剖面视图、详图剖面视图。

三维视图样板：主要应用于三维视图、相机视图和漫游视图。

Revit 中还提供了视图样板的另外一种分类方式，即根据视图的规程属性，将视图样板分为协调、建筑、结构、机械、电气、卫浴六种。但同一专业的视图，不仅只有单一规程的视图，所以该分类方式在此不作详述。

三、建筑视图样板的视图属性

建筑视图样板为一系列满足建筑专业视图要求的视图属性的标准设置，如图 7-4-11 所示。以下列举视图样板的主要属性设置。

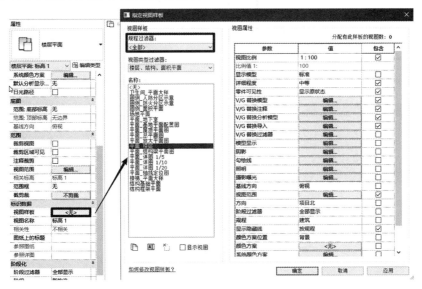

图 7-4-11 平面视图样板选择

（1）"视图比例"：根据应用视图的所需比例设置该视图属性的参数值。

（2）"详细程度"：当视图比例大于 1∶50 时，参数值一般选择"中等"；当视图比例小于 1∶50 或者视图为详图视图时，参数值一般选择"精细"，如图 7-4-12 所示。图 7-4-13 为"粗略"与"精细"的对比图。

参数	值	包含
视图比例	1∶100	☑
比例值 1:	100	
显示模型	标准	☐
详细程度	中等	☑
零件可见性	粗略	☑
V/G 替换模型	中等	☑
V/G 替换注释	精细	☑

图 7-4-12　详细程度设置

图 7-4-13　详细程度区别

（3）"V/G 替换模型"：在视图中，可按模型的类别控制模型的可见性，包括模型表面的线样式和填充图案。可按"模型类别"控制模型的半色调显示，让设置的构件做一个灰色显示，以着重显示需要的部分及模型展示的详细程度，如图 7-4-14 所示。

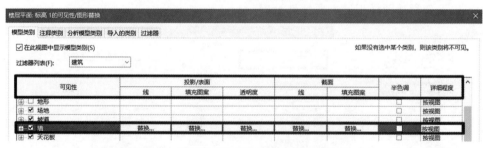

图 7-4-14　视图可见性按类别控制构件显示状态

（4）"V/G 替换注释"：在视图中，可按注释的类别及子类别控制注释的"可见性""图形替换"和"半色调"显示。与"V/G 替换模型"同理。

（5）"V/G 替换导入"：在视图中，控制导入的 CAD 文件及族中导入文件的"可见性""投影/表面"和"半色调"显示，如图 7-4-15 所示。

图 7-4-15 视图可见性控制导入 CAD 文件显示

四、视图范围

每个平面图都具有视图范围属性，该属性也称为可见范围。可自定义编辑视图的"视图范围"，如图 7-4-16 所示。

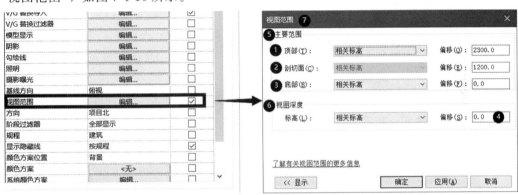

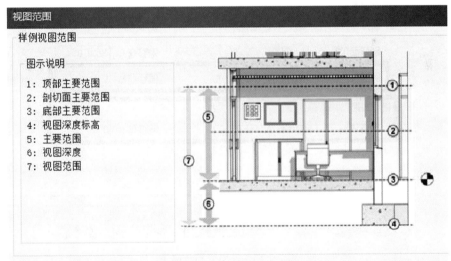

图 7-4-16 视图范围示意图

（一）详细设置说明

（1）顶部：设置主要范围的上边界。根据标高和距此标高的偏移定义上边界。图元根据其对象样式的定义进行显示。高于偏移值的图元不显示。

（2）剖切面：设置平面视图中图元的剖切高度，使低于该剖切面的建筑构件以投影显示，而与该剖切面相交的其他建筑构件显示为截面。显示为截面的建筑构件包括墙、屋顶、天花板、楼板和楼梯。剖切面不会截断构件。

（3）底部：可见范围的底部高度。低于底部与深度的图元不显示，低于底部、高于深度的图元无法被框选。

（4）视图深度的高度：低于此处设置的标高和偏移所指定的高度范围，则不可见。主要范围为剖切面以下至底部的视图范围，或剖切面以上至顶部的视图范围。

（5）视图深度：处在此范围的图元只能被点选中，无法被框选中。一般用于只想看到不想误选中的情况。使用视图深度显示低于当前标高的可见对象，这些对象包含楼梯、阳台和一些可透过楼板洞口的可见对象。

（6）视图范围：视图范围用于控制视图中图元的显示。

（二）视图方向

一般的平面视图中，楼层平面默认以剖切线为基准，向下观察，天花板平面默认以剖切线为基准，向上观察，结构平面，可单击"编辑类型"，修改其视图的观察方向向下或向上。下面详细介绍视图方向的观察原理。

（1）向下（楼层平面，结构平面-向下）：剖切面以下，此处"视图深度"的"偏移"是以"底部"为基准，高度值等于或低于"（3）底部"的值，图 7-4-17 所示为默认楼层平面的视图范围。

图 7-4-17 视图范围—向下

（2）向上（天花板平面，结构平面-向上）：剖切面以上，此处"视图深度"的"偏移"是以"顶部"为基准，高度值等于或高于"（1）顶部"的值，图 7-4-18 所示为默认天花板平面的视图范围。

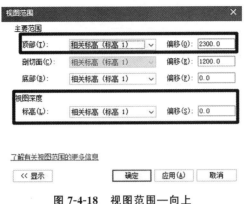

图 7-4-18　视图范围—向上

第五节　常用注释设置

一、文字注释设置

说明性的文字可以通过文字注释添加到图形中。文字注释会随视图比例的变化自动调整大小，以确保其在图纸中的字高统一。在将文字注释添加到图形中时，可以控制引线、文字换行和文字格式的显示。

单击"注释"选项卡下"文字"面板中的"编辑类型"，在"类型属性"对话框中任意复制一种类型，命名为"XZJY-微软雅黑-3-0.8"，并按照图 7-5-1 调整。

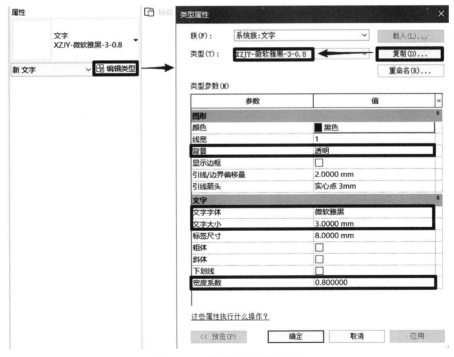

图 7-5-1　注释文字属性设置

二、尺寸标注设置

尺寸标注在项目中显示测量值，包括对齐标注、线性标注、角度标注、半径标注、直径标注、弧长标注、高程点标注、高程点坐标、高程点坡度等。以上标注均为系统族，可为每个标注系统族建立所需类型。

（1）单击"管理"选项卡下"设置"面板内"其他设置"下拉列表中的"箭头"。在"类型属性"对话框中，复制任意类型，按照图7-5-2输入数据，生成新箭头类型"XZJY-标注斜线"，该类型可用于设置尺寸标注的箭头样式。

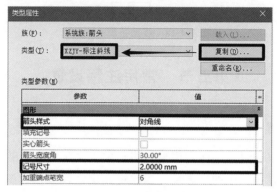

图7-5-2　尺寸标注箭头设置

（2）单击"注释"选项卡下"尺寸标注"面板下拉列表，选择"线性尺寸标注类型"，复制任意类型，按照图7-5-3所示输入数据，生成新线性尺寸标注类型"XZJY-线性标注"，线性尺寸标注类型，可被对齐标注和线性标注命令使用。

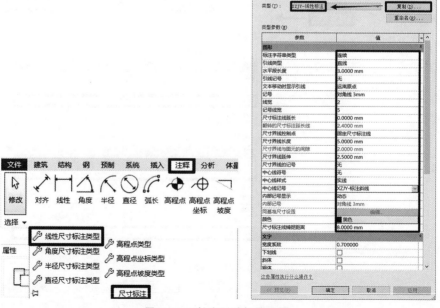

图7-5-3　长度尺寸标注设置

三、视图创建

视图创建分为立面创建、剖面创建和详图索引创建。每个视图都对应生成一个视图标记。标记与视图相辅相成，删除标记或视图，其相对应的视图或标记也将删除。

在"视图"选项卡中分别单击"创建"面板中的"剖面""详图索引""立面"，使用样板中自带的类型，在视图中适当位置生成"剖面标记""详图索引标记""立面标记"（相应的视图伴随标记的建立而生成），如图7-5-4所示。

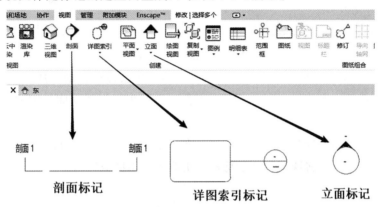

图7-5-4　出图常用视图创建

（1）"剖面标记"。剖面符号创建在平面或立面中，单击"剖面"命令，单击想要剖切查看模型的首尾两端即可完成剖面创建，创建后自动生成剖面视图。选中剖面符号后，可手动拖动箭头以设置剖面的查看范围，如图7-5-5所示。

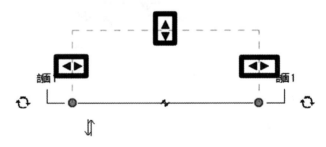

图7-5-5　剖面视图创建

（2）"详图索引标记"。单击"详图索引"命令，然后框选想要单做详图详细显示的位置。

注意：只有详图视图放置于图纸中时，详图标记才显示"详图标号"和所在图纸的编号，如图7-5-6所示。立面视图亦是如此。

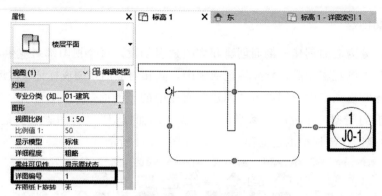

图 7-5-6　详图视图创建

（3）"立面标记"。单击"立面符号"，在空白处单击即可自动生成立面符号与视图。单击中间圆圈符号出现四个方框，任意一方框位置代表该视图立面视图的朝向位置，勾选即可完成对应方向的立面视图创建（应注意视图名称的更改），如图 7-5-7 所示。放置完成之后，单击立面符号黑色三角箭头处，然后在"属性"选项板中如图 7-5-7 所示调整属性（取消勾选"裁剪视图"，"远剪裁"更改为"不剪裁"）。

图 7-5-7　立面符号创建与设置调整

四、注释符号设置

注释符号是应用于族的标记或符号。与文字注释一样，注释符号会随视图比例的变化自动调整大小，使其在图纸上的大小与视图比例保持一致。

标记一般指标记族，是用于识别图元的注释，可将标记族附着到选定图元，标记也可以包含出现在明细表中的属性。标记族可以根据图元的不同属性自由创建，常用的有门标记、窗标记、房间标记等，如图 7-5-8 所示。

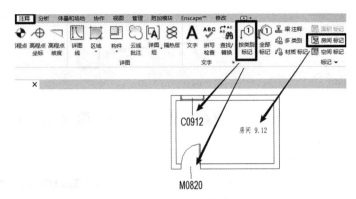

图 7-5-8 标记创建

符号一般指常规注释族（广义的符号包含更多），是注释图元或其他对象的图形表示。常用符号有指北针、图集索引、坡度符号等。下面以"门标记"为例进行讲解。

（1）在"文件"中新建"注释符号"，在相应文件夹中选择"公制门标记"，如图7-5-9所示。

图 7-5-9 新建注释族—门标记

（2）调整族参数，在"属性"栏中勾选实例参数"随构件旋转"复选框，如图7-5-10所示。

图 7-5-10 调整门标记属性

（3）单击"创建"选项卡下"文字"面板中的"标签"命令，单击任意空白处后按图 7-5-11 操作。

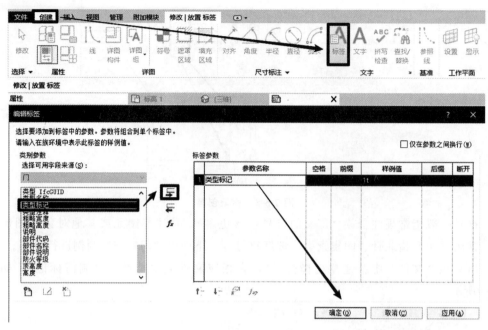

图 7-5-11　添加标签

（4）调整标签位置与属性，标签居中放置，属性设置如图 7-5-12 所示。

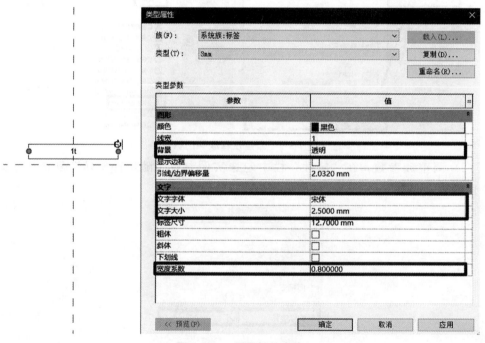

图 7-5-12　设置标签字体

（5）保存为"XZJY-标记-门-类型名称 .rfa"并载入到项目中，门标记族制作完成。

扫码获取作业解析

📅 第二十六天

荒废时间，等于荒废生命。

今日作业

> 按照以下要求检测模型碰撞情况并制作相关图纸报告，作为今天学习效果的检验。
>
> 以第二十五天创建成果为基础，运行 Revit 软件的"碰撞检查"命令，检测当前模型碰撞情况，并将碰撞检测结果按照今天所学内容，将相关碰撞情况填入"图纸碰撞检测报告"中或"模型碰撞检测报告"中，并将模型碰撞使用"连接"命令解决。完成后，以"第二十六天—图纸模型碰撞"为名保存项目文件。

第八章　模型应用

思维导图

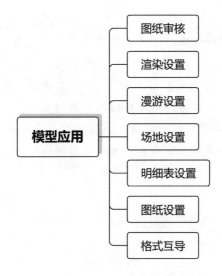

第一节　图纸审核

一、本节概述

本节主要阐述如何进行图纸审核，学习内容及目标见表 8-1-1。

表 8-1-1　学习内容及目标

序号	模块体系	内容及目标
1	业务拓展	（1）图纸的质量决定了施工质量 （2）图纸的完善程度能影响施工速度 （3）人会出错，图纸就会有错，模型的存在就是最大限度减少错误
2	任务目标	完成图纸审图两个模板的创建
3	技能目标	（1）了解模型对图纸审核的方式 （2）熟悉反馈图纸问题时应具有的基本元素 （3）制作文中提到的审图反馈模板

二、任务实施

Revit 软件最直观的应用就是建模过程，以及建模完成后发现的各种图纸问题。

（一）图纸问题汇总报告要素

工程建设前期或过程中，一般需要向设计师或设计院反馈图纸问题，即图纸问题汇总报告。报告应有固定的格式，遵守相应的规范，并应明确指出具体问题及其位置，如图 8-1-1 所示。一份完整的图纸问题汇总报告应具有以下元素。

（1）图纸信息：图纸编号、图纸名称、图纸版本。

（2）位置信息：轴网编号或详图编号的截图以及图上文字描述或红笔圈定。

（3）问题信息：细化的文字描述。

（4）设计回复：细化的文字描述。

图 8-1-1　图纸问题报告

（二）图纸问题汇总报告分类

根据建模过程，图纸问题汇总报告可分为建模审核报告和模型碰撞报告两类。前者是建模过程中根据图纸信息创建模型时检查到的较为直观的图纸尺寸问题、构件定位问题，后者是建模完成后或者是阶段性完成后，使用软件功能对模型进行的碰撞检测。

建模审核报告的格式与建模过程在本书前文已有介绍，此处详细介绍模型碰撞报告的相关内容。

模型碰撞报告得出的问题可分为两种：一种是建模过程中由于处理模型不仔细导致的模型直接碰撞，如墙体和柱的重合。Revit 软件中，墙体与结构柱没有默认的连接（扣减）设置，当需要快速绘制墙体时经常选择将墙体直接穿过结构柱，后续在处理模型连接时，如果没有检查到位或者未检查，那么在模型完成后，不仅会计算出多余的工程量，还会检测出碰撞问题。另一种是各专业模型创建完成后，由于工程量较大，模型是分组、分人、分别创建的，在将模型整合后，导致的模型碰撞。例如，建筑专业图纸中，设计的门窗大小与结构图纸中的梁、柱互相碰撞，在二维图纸中这类问题很难发现，但在三维模型中却很容易，因此可以通过碰撞检测来快速检测模型中所有门窗与结构构件的碰撞情况。

模型碰撞检测出设计冲突后，在模型碰撞报告中，根据实际情况将碰撞构件的 ID 添加到碰撞报告中，样例如图 8-1-2 所示。

图 8-1-2　模型问题报告

具体的碰撞功能操作流程如下：

（1）打开创建的项目模型文件，单击"协作"选项卡下"坐标"面板中"碰撞检查"命令。在弹出的下拉列表里单击"运行碰撞检查"命令（单击此命令前，不得选择任何构件或图元），如图 8-1-3 所示。

图 8-1-3　运行碰撞检测

（2）在弹出的"碰撞检查"窗口内，选择需要检测的碰撞对象，当前碰撞选项以类别为区分进行选择，可勾选"结构柱"和"墙"为碰撞检测对象，单击"确定"完成，随后软件会自动进行碰撞检测，如图 8-1-4 所示。

图 8-1-4　选择碰撞检测对象

（3）检测过程中，可观察到界面左下角状态栏处出现检测进度条，在检测完成前可按"Esc"键或单击左下角"取消"按钮，取消本次碰撞检测，如图 8-1-5 所示。当检测完成后会出现两种情况，即无碰撞的"Revit"窗口和有碰撞的"冲突报告"窗口，如图8-1-6、图 8-1-7 所示。

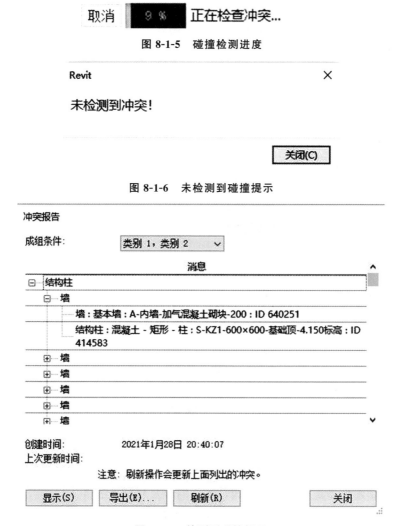

图 8-1-5　碰撞检测进度

图 8-1-6　未检测到碰撞提示

图 8-1-7　检测到碰撞提示

（4）在"冲突报告"窗口出现时，软件其他操作仍可正常进行，如绘制构件、切换视图等。因此，可以打开某个碰撞分组，单击其中一个构件名称，与之对应的构件将以黄色透明状态显示，但该构件可能处于房屋内部因被遮挡而不可见。

可调整视图"视觉样式"显示为"线框"，再适当在三维视图中转动视角，即可发现黄色线框部分。或者单击"冲突报告"中对应构件后，单击下方"显示"按钮，视图将自动切换，根据需要多次单击以查询到显示该构件的视图。或者单击"管理"选项卡下"查询"面板中"按 ID 选择"命令，在弹出的对话框中，输入要查询构件的 ID（"冲突报告"窗口中构件名称后的数字即 ID），单击"确定"，即可直接选中该构件，然后单击"修改"选项卡下视图面板中"选择框"命令，即自动跳转到三维视图（如果不在三维视图）并自动生成一个"剖面框"，且仅框住所查询的图元，后续可单击剖面框拖拽其造型操纵柄（蓝色三角箭头）改变剖面框大小，以确定所选构件在整个建筑里的相对位置。

（5）根据提示的构件，选择相适应的碰撞调整方式，如墙、柱重叠碰撞，可选择"连接"命令使其不再重叠（该命令可参照梁的相关讲解）；如门窗位置与结构构件碰撞，在得到设计反馈结果后，调整其模型大小、位置。在调整碰撞后，可单击"刷新"，将已解决的碰撞问题从列表中"刷新"掉，以免重复查询。

（6）在未解决完所有碰撞前，可选择"导出"，将碰撞结果导出为独立文件以作保存。在意外关闭"冲突报告"窗口后，可单击"碰撞检查"命令，在下拉列表中选择"显示上一个报告"选项，即可再次打开此窗口，而不需要重新检测，如图8-1-8所示。

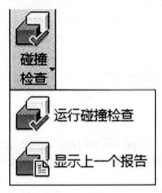

图 8-1-8　运行碰撞或查看上一次检测结果

第二节　渲染设置

一、本节概述

本节主要阐述模型渲染应用的方式，学习内容及目标见表8-2-1。

表 8-2-1　学习内容及目标

序号	模块体系	内容及目标
1	业务拓展	效果图的好坏实实在在地影响着人的选择
2	任务目标	完成一次完整的室外渲染成果
3	技能目标	（1）掌握使用"地点"改变阳光照射角度和位置的方式 （2）掌握使用"阳光和阴影"设置改变阳光位置和阴影显示的方式 （3）掌握使用"三维视图"和"相机"对建筑内外"渲染"的方式

二、任务实施

模型绘制完毕后，在Revit软件中可以对模型进行简单图片渲染制作，本节介绍如何使用"对整体进行渲染"以及"对局部进行渲染"创建渲染图片。

（一）地理位置

打开"管理"选项卡下"项目位置"面板中"地点"命令，拖拽弹出的窗口，使其变大一倍，然后在"项目地址"中输入"大同市"，按"Enter"键，在下方小房子图样的"位置标记"处弹出的两个选项中选择"山西省大同市"（可以通过鼠标在下方地图处放大缩小，单击左键放置更精确的坐标），如图 8-2-1 所示，单击"确定"完成位置设置。

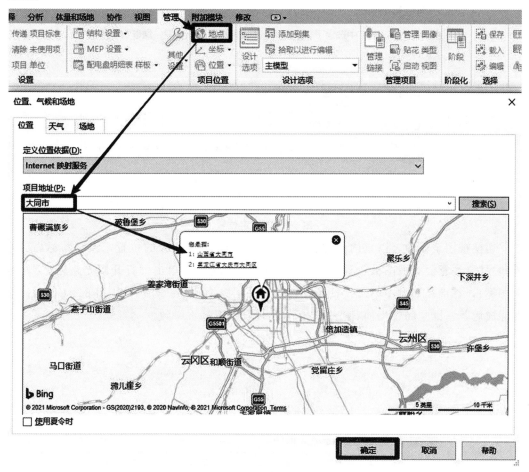

图 8-2-1　设置案例项目位置

根据"一层平面图"图纸中指北针方向，切换视图到"室内地坪"视图中，修改正北方向为正确方向，修改方式已在"项目样板创建"中有过介绍，此处不再赘述。

（二）阳光与阴影

切换视图到三维视图中，单击视图窗口下方"视图控制栏"处的"打开阳光路径"（小太阳样式图标），选择列表中"打开日光路径"，选择弹出窗口中的"改用指定的项目位置、日期和时间"，再单击"打开阴影"（蓝白色小球，太阳图标右边第一个），以使阴影出现，如图 8-2-2、图 8-2-3 所示。

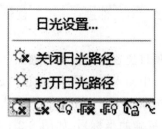

图 8-2-2　打开日光和阴影

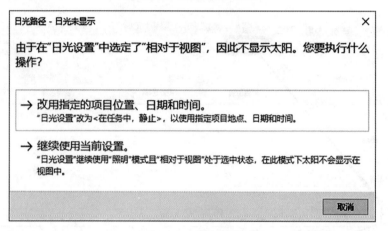

图 8-2-3　指定位置

切换视图至立面，以室内地坪标高为准，向下低 300mm 的位置，绘制新标高"室外地坪"（注意要有视图被创建）。切换视图至三维视图，单击"打开阳光路径"（小太阳图标），在选择列表中单击"日光设置"并设定相关日期、时间，如图 8-2-4 所示。设置完成后，三维空间中当前日光、坐标等与现实位置基本一致。

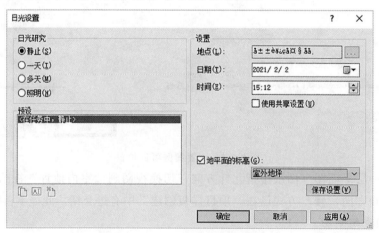

图 8-2-4　日光和地面高度指定

（三）渲染设置

1. 三维视图渲染设置

（1）切换到三维视图，单击"视图"选项卡"演示视图"面板中的"渲染"工具，打开"渲染"窗口，对窗口中的功能按需进行修改，如图 8-2-5 所示。

图 8-2-5　渲染命令使用

在"质量"下"设置"右侧的下拉框中选择"中"（一般电脑设置），注意应根据电脑配置选择不同的渲染质量，电脑配置越高选择的渲染设置越高，以保证得到更真实的图片。

"输出设置"下"分辨率"的设置可以提高渲染质量的清晰度，使渲染结果放大时仍保持清晰。"屏幕"与"打印机"的区别除渲染分辨率各有高（打印机）低（屏幕）外，最大的区别在于打印机渲染完成后，如当前窗口可见范围外仍有部分构件由于视图窗口大小限制无法观察到，打印机仍会将其渲染（注意：不要将零散构件放置到平时不注意的建筑外围，导致渲染范围过大，渲染时间过长），而屏幕则只渲染当前视图范围内部分内容。

"照明"下设置中，照明"方案"有两类，但均有"仅日光""仅人造光""日光和人造光"的区别，分别应对白天、晚上、傍晚或黎明的渲染需求（只是控制日光或灯光是否渲染，而非直接预设渲染情景）。

一般人造光是由放置的灯光设备发出的，单击其下"人造灯光"按钮（使用仅人造光、日光和人造光方案才会亮显），在弹出的窗口中，可"新建"灯光组后，选中"灯光"使用"移动到组"移动到做好的灯光组中，统一的控制"开关"下的"勾选"，决定其是否开灯，如图 8-2-6 所示。

图 8-2-6　灯光设备管理

日光是通过"日光设置"来调整的，单击其后"…"按钮，设置相关日光参数，其相关细部参数及设置问题可参考本节前文。

窗口"背景样式"设置中"天空"系列设置，需要在相机渲染时才能展示天空景色，而且要求相机能看到天空。注意：被建筑遮挡也无法渲染出天空云景。

"图像"的曝光在渲染前后均可以设置，主要是对渲染图片中光感效果进行设置，当照明方案不同时，"曝光"设置也将自动跟进调整，可以根据各"方案"对"曝光"进行调整。

其他设置可以暂不修改，此处设置"质量"为"中"，"输出设置"为"屏幕"，方案为"仅日光"，其余设置选择默认。设置完成后，单击窗口左上角"渲染"按钮，即弹出"渲染进度"窗口，进度条显示100％后，图片渲染完成。如图8-2-7～图8-2-9所示。

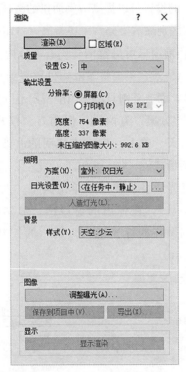

图 8-2-7　渲染设置调整

图 8-2-8　渲染进度

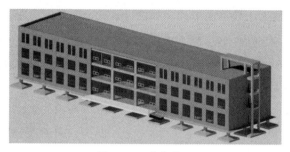

图 8-2-9　渲染效果

（2）单击"渲染"窗口中的"保存到项目中"工具，弹出"保存到项目中"窗口，设置保存名称为"整体渲染图片"，或者单击"导出"将渲染结果导出为独立文件。单击"渲染"窗口下"确定"按钮，关闭窗口。单击"保存到项目中"工具后，会同时在"项目浏览器"中新增"渲染"视图类别，含有刚保存到项目中的"整体渲染图片"，如图 8-2-10、图 8-2-11 所示。

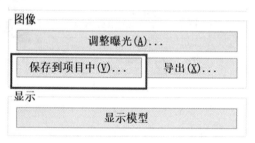

图 8-2-10　保存渲染效果到项目中

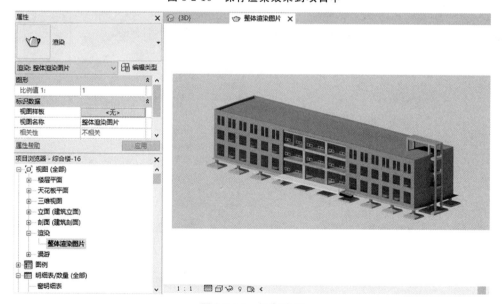

图 8-2-11　保存结果

（3）关闭"渲染"窗口，单击"开始"选项卡，单击"导出"→"图像和动画"→"图像"命令，将渲染的图片导出。导出时注意，导出的渲染设置像素数越高，画面越清晰，但是太大易导致无法导出而卡死，如图 8-2-12、图 8-2-13 所示。

图 8-2-12　导出项目中渲染成果

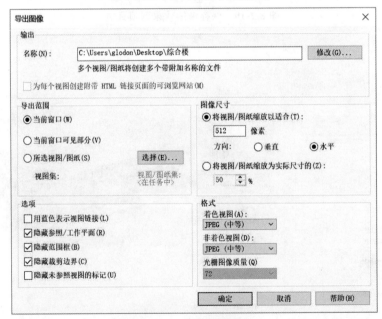

图 8-2-13　导出图片设置

2. 相机视图渲染设置

（1）在平面视图状态下（一般室外地面或首层视图），单击"视图"选项卡"创建"

面板中的"三维视图"下拉菜单中的"相机"工具，单击视图空白处放置相机，光标向模型位置移动，再次单击确定相机视角。如图 8-2-14、图 8-2-15 所示。

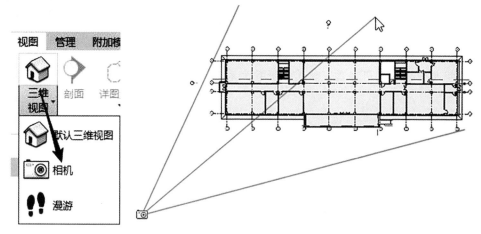

图 8-2-14 使用相机   图 8-2-15 相机位置

（2）相机布置完成后，在"项目浏览器"中"三维视图"视图类别内含有刚才相机形成的"三维视图 1"（相机视图），双击进入该视图，切换当前相机视图的"视觉样式"为真实模式，可见视图中有蓝色边框（被选中的相机边框），结果如图 8-2-15、图 8-2-16 所示。

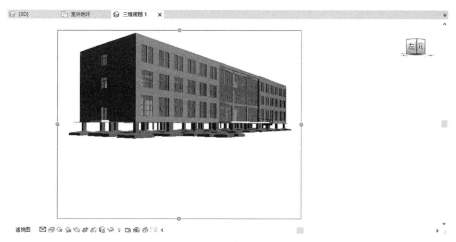

图 8-2-16 相机视图

（3）单击"视图"选项卡"图形"面板中的"渲染"工具，打开"渲染"窗口，可以对窗口中的功能按需（质量等设置）进行设计。渲染完成后，既可以"保存到项目中"，也可以"导出"到 Revit 软件之外作为单独的图片文件保存。

扫码获取作业解析

第二十七天

谁把一生的光阴虚度，便是抛下黄金未买一物。

今日作业

按照以下要求创建漫游，作为今天学习效果的检验。

以第二十六天创建成果为基础，创建漫游路径，围绕项目建筑行走并观察项目全貌。完成后，以"第二十七天—项目漫游"为名保存项目文件。

第三节　漫游设置

一、本节概述

本节主要阐述模型漫游应用的方式，学习内容及目标见表 8-3-1。

表 8-3-1　学习内容及目标

序号	模块体系	内容及目标
1	业务拓展	漫游可以更拟人的方式观察建筑内外的设计情况，查看外部的设计问题
2	任务目标	完成一次完整的项目室外漫游成果
3	技能目标	（1）掌握绘制"漫游"路线的方式 （2）掌握调整"漫游相机"的高度和观察方向的方式 （3）掌握调整"漫游相机"位置的方式 （4）掌握导出"漫游"过程为视频的方式

二、任务实施

在 Revit 软件中可以对模型进行简单漫游动画制作，本节介绍如何使用"漫游""编辑漫游""导出漫游动画"等命令创建漫游动画。

（一）创建漫游路线

进入"室内地坪"楼层平面视图，单击"视图"选项卡"创建"面板中的"三维视图"下拉菜单内"漫游"命令。然后，从建筑物外围进行逐个单击（单击的位置为相机关键帧位置，也就是视角漫游的节点位置。单击放置前，可以调整选项栏处的"偏移"和"自"，以调整相机相对于标高的高度，适当高度可以做出人扛相机或飞行器的观察效果），注意单击的位置距离建筑物远一些（单击放置的节点也应密集些，防止路线弯曲），以保持后期看到的漫游模型为整栋建筑。如图 8-3-1、图 8-3-2 所示。

漫游路径设置完成后，单击"修改｜漫游"上下文选项卡中"完成漫游"工具，此时"项目浏览器"中自动新增了"漫游"视图类别和名为"漫游 1"的动画视图，如图 8-3-3 所示。

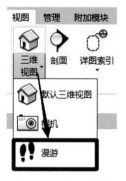

图 8-3-1　使用漫游

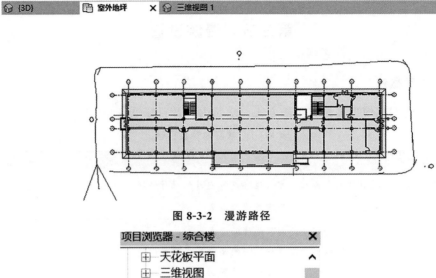

图 8-3-2　漫游路径

图 8-3-3　漫游视图

（二）编辑漫游相机

（1）双击"漫游 1"打开该视图，然后关闭"漫游 1"和"室外地坪"以外的视图（单击视图标签后的 X 即可）。使用快捷键"WT"（视图平铺命令快捷键），将两视图平铺展示。单击"漫游 1"视图中的矩形框，可见"室外地坪"视图中漫游路线变为可见状态（创建完成后，路线将会默认隐藏），结果如图 8-3-4 所示。

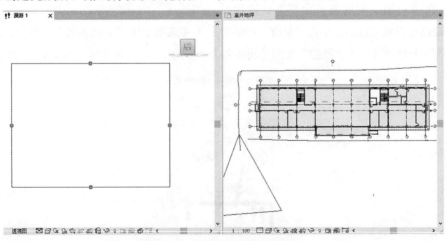

图 8-3-4　漫游相机和漫游路径

（2）单击左侧"室内地坪"楼层平面视图空白处，使之处于激活状态（此时依然是选中漫游状态），再单击"漫游"面板中的"编辑漫游"命令，漫游路径上出现红色原点。红色原点即漫游动画的关键帧，大喇叭口即当前关键帧下看到的视野范围，"小相机"图标为当前漫游视点位置，如图 8-3-5、图 8-3-6 所示。

图 8-3-5　编辑漫游

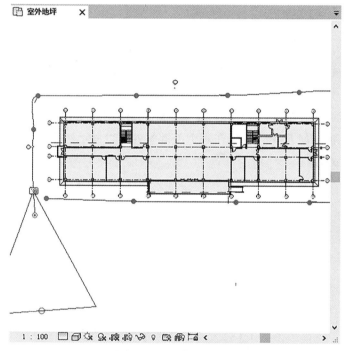

图 8-3-6　漫游相机调整

（3）单击"修改｜相机"选项卡下"上一关键帧""下一关键帧"命令，可观察到"室外地坪"视图中相机位置在单击的红色圆点处移动（放置漫游路径时单击的位置，软件中称为关键帧），多次单击"上一关键帧"，将其位置移动到第一个节点处，以便观察建筑。单击"漫游 1"视图中的矩形框，向外拖拽蓝色原点，使可见模型区域更广。也可以通过修改"属性"选项板中"远剪裁偏移"数值为"50000"（单位为 mm），使当前关键帧的相机看到更多模型，如图 8-3-7 所示。

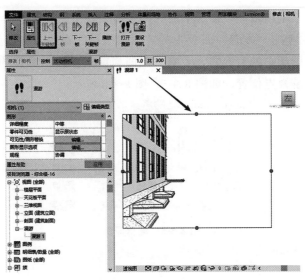

图 8-3-7　漫游相机显示

（4）单击"室内地坪"楼层平面视图，使之处于激活状态。单击"编辑漫游"选项卡"漫游"面板中的"上一关键帧""下一关键帧"命令，在每个关键帧处，调整相机朝向（单击拖拽蓝边红心圆点，到建筑物方向）、调整视野范围（单击拖拽蓝边空心圆点前后拖拽）对准 BIM 模型，确保在每个关键帧处可以显示到模型，如图 8-3-8 所示。

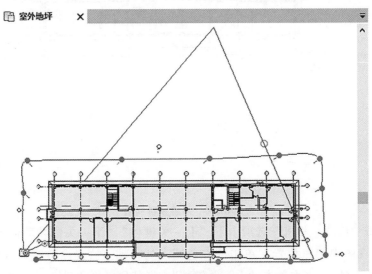

图 8-3-8　调整漫游相机朝向

（5）单击"编辑漫游"选项卡"漫游"面板中的"播放"工具，将做好的漫游动画进行播放。注意：播放漫游时，会以当前视图中相机所处的关键帧处开始，如果相机处于最后一个关键帧节点处，则漫游动画无法播放。

（6）单击选项栏处"300"按钮，进入"漫游帧"窗口，在窗口中可设置本次漫游的"总帧数"（一帧代表一个渲染画面）和"帧/秒"数量（每秒帧数越多，则画面越细腻，总帧数除以每秒帧数即漫游时间总长度），也可以取消勾选"匀速"，设置每个"关键帧"之间的"加速器"数值（适当调节每个关键帧之间的相机行进速度，调整结果可在"已用时间"处观察），注意其最高和最低不得超出"0.1～10"的范围。此处按照个人想法设置即可，设置完成后，再次"播放"漫游，查看编辑效果。

（三）导出漫游视频

打开"文件"选项卡，单击"导出"→"图像和动画"→"漫游"命令，弹出"长度/格式"窗口。该窗口中可设置漫游动画导出前的最后设置，如"帧范围"可设置要导出的帧数范围，即裁剪漫游时间；"格式"中的"视觉样式"可调整漫游的模型显示方式（注意："渲染"即每帧画面质量都以渲染为标准进行导出，若渲染设置过高则导出时间会相当漫长），"尺寸标注"为导出视频的画面大小（画面长宽比例）。

根据个人想法设置完成后，单击"确定"按钮，弹出"导出漫游"窗口，设定导出的视频名称，再单击"保存"按钮，在弹出的"视频压缩"窗口中选择"压缩程序"为"Microsoft Video 1"即可，最后单击"确定"按钮，完成画面导出，如图 8-3-9～图 8-3-11所示。

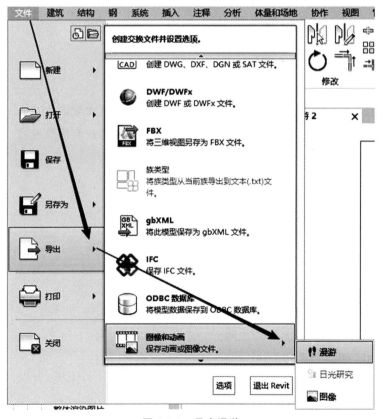

图 8-3-9　导出漫游

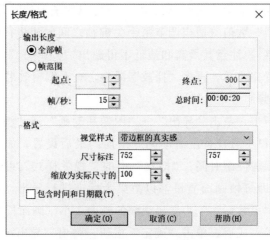

图 8-3-10　漫游画面时长设置

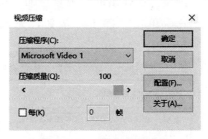

图 8-3-11　漫游视频压缩

　　导出的漫游动画可以脱离 Revit 软件进行播放展示，格式默认为"avi"格式，该导出格式使用系统自带播放器可能无法播放，建议使用其他播放器播放视频。

📅 第二十八天

⬛◼时难得而易失也。

今日作业

　　按照以下要求为项目布置施工场地模型并设置项目施工阶段，作为今天学习效果的检验。

　　以第二十七天创建成果为基础，根据今天所学内容，为项目布置合理的施工现场，并创建相关场布阶段，然后为其相关构件赋予合适的创建和拆除阶段，完成项目阶段化设置。完成后，以"第二十八天—项目阶段化"为名保存项目文件。

第四节　场地布置

一、本节概述

本节主要阐述如何运用模型布置施工场地，并调整相关属性设置简单的施工动画的方式，学习内容及目标见表 8-4-1。

表 8-4-1　学习内容及目标

序号	模块体系	内容及目标
1	业务拓展	可视化场布可以帮助施工管理人员更有效地设计施工现场布置方式
2	任务目标	完成综合楼案例的场布和阶段化设置
3	技能目标	（1）掌握导入"CAD"文件的方式 （2）掌握调整构件和项目的"阶段化"的方式

二、任务实施

在 Revit 软件中，使用各种已经做好的场布可载入族，加上部分系统族和内建族的联合应用，可以做出可视化的场布方案，便于施工人员快速调整和管理现场情况。此外，搭配 Revit 软件中特有的"阶段"功能，能够做出手动版的动态化场布方案展示。

（一）场布图纸可视化

1. 载入图纸

（1）进入"首层地坪"平面视图，选择"插入"选项卡下"导入"面板内的"导入 CAD"命令。在弹出窗口中找到"配套文件夹"内的图纸"场布平面图"，修改窗口中相关设置："图层/标高"为"可见"（以防过多导入隐藏图层），"导入单位"为"毫米"（此单位以图纸比例为准，1∶100 为毫米即可），"定位"为"自动-中心到中心"（使图纸中内容的中心对准视图中心），其余设置选择默认（文件类型根据场布的文件类型相应变化，本次随书文件提供的是".dxf"格式）。选中"场布平面图"，单击"确定"完成图纸导入，如图 8-4-1 所示。

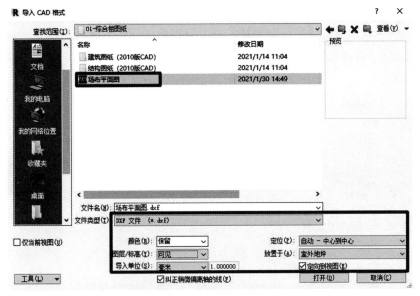

图 8-4-1 场布 CAD 文件导入

（2）导入完成后，单击选中导入的图纸，检查是否被锁定（选中后出现图钉样式图标），若被锁定，应将图纸解除锁定（单击图钉图标）。图纸检查完成后，使用"对齐"命令将导入的 CAD 图纸和已经画好的轴网对齐到同一位置，再将其锁定使其无法轻易移动（选中图纸，选择"修改"选项卡下"修改"面板内"锁定"命令，该命令为图钉样式，若之前已被锁定后又被解除锁定，再次单击图钉图标即可），如图 8-4-2 所示。

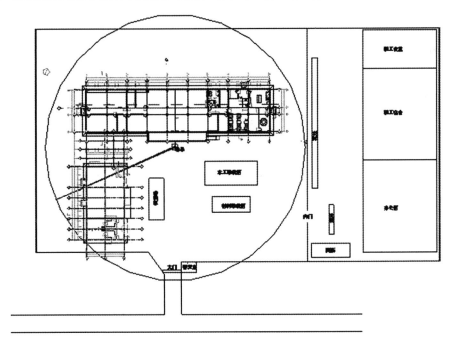

图 8-4-2 场布 CAD 导入结果

2. 布设构件

（1）使用"载入族"命令，全选载入所有提供的场布可载入族，单击"确定"完成族载入，如图 8-4-3 所示。

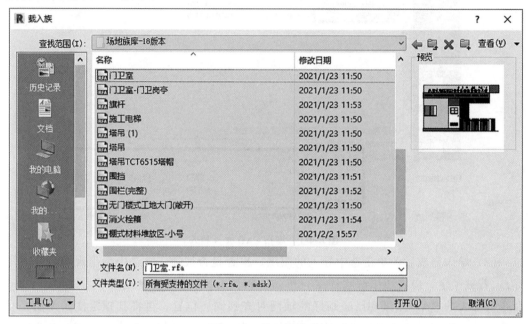

图 8-4-3 载入场地族

（2）根据导入图纸的相关构件图示位置，单击"体量和场地"选项卡下"场地构件"命令，在"属性"选项板"类型选择器"内找到合适的相关构件，选中后将构件布设到对应位置上，布设完成后如图 8-4-4 所示。相关布设方式应注意当前标高为室外地坪。

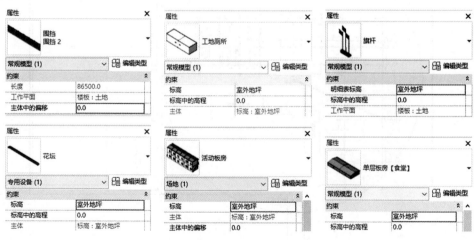

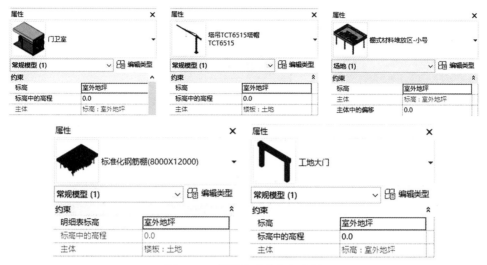

图 8-4-4 场地构建载入与布置

（3）在所有场布构件均完成布设后，单击"楼板"命令，以场地外边界为准布置楼板边界。复制且编辑楼板类型名称为"土地"，"厚度"为"3000"（此为可变值，根据项目基础实际厚度定义土地厚度），"材料"为"土地"，完成后如图 8-4-5 所示（部分场布构件需要放置到实体面上，可以先画土地再放构件）。

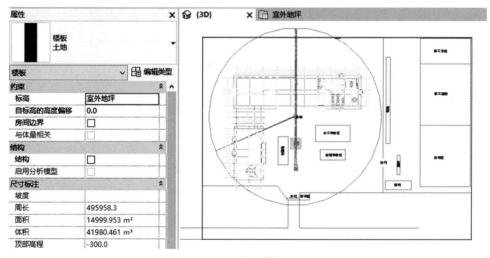

图 8-4-5 绘制楼板土地

（4）单击"建筑"选项卡"构件"命令下三角，选择列表内"内建模型"命令，如图 8-4-6 所示。在弹出窗口中选择"地形"族类别，再单击"确定"，如图 8-4-7 所示。在随后给出的"名称"窗口中赋予名称为"基坑"，单击"确定"以开始创建"内建族"，如图 8-4-8 所示。

图 8-4-6　内建空心

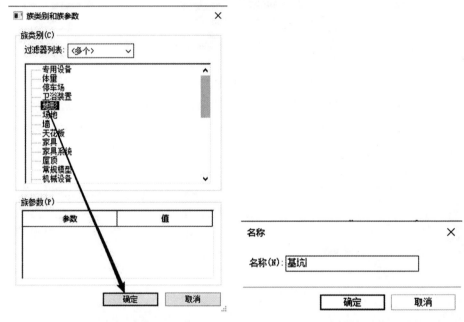

图 8-4-7　选择空闲类别　　　　　　　图 8-4-8　为空心类别名称

（5）内建族三维形体创建方式与"土建族应用"章节内容一致，此处不再详细讲解。首先单击"空心融合"命令，绘制底部范围区域位置与大小为地下垫层基础外边处宽出"100"mm，再单击"编辑顶部"命令，其顶部范围为底部范围再扩大"1100"mm，最后设置其属性"第一端点"为"-2500"mm，"第二端点"为"-300"mm。结果如图 8-4-9 所示。

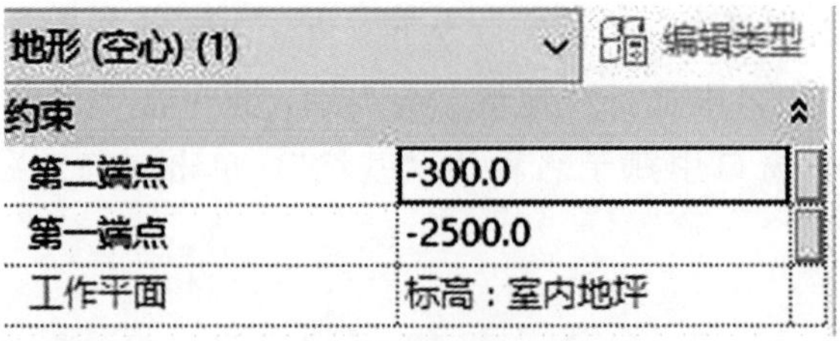

图 8-4-9　空心顶底高度

（6）单击绿色"对勾"完成空心模型绘制。选择"修改"选项卡下"剪切"命令，分别单击空心和楼板，以将楼板地面剪切出基坑，过程与结果如图 8-4-10 所示。然后，单击"完成模型"命令，以完成本次内建族创建。

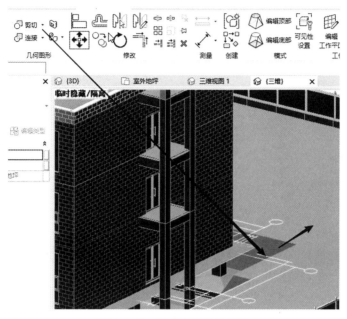

图 8-4-10　空心剪切实体结果

（二）场布阶段化

1. 设置视图属性

设置视图属性为场布构件阶段与场布的阶段过滤器。

阶段与阶段过滤器是构件创建与拆除的属性设置，也是视图对构件对应阶段的可见与否、如何可见的相关设置依据。

（1）选择"管理"选项卡下"阶段"命令，在弹出"阶段化"窗口中可见"工程阶段"（设定构件对应工程创建时间）"阶段过滤器"（设定四类阶段中，该类阶段如何显示构件，但与工程阶段所设置阶段无直接关联）"图形替换"（按照过滤器调整显示设置），如图 8-4-11、图 8-4-12 所示。

图 8-4-11　阶段化命令　　　　　　　图 8-4-12　工程阶段

（2）应注意"工程阶段"中内容是文字性描述内容，需要后两部分内容配合才具有实际作用。而一般构件创建完成时默认与视图当时所设阶段一致（视图默认设置为"新构造"），可将该阶段与图中所设任意一阶段合并（此处无删除选项）。

（3）"阶段过滤器"设置如图8-4-13所示，此外其他内容应删除或修改与图中一致。该过滤器中"过滤器名称"为说明性文字，"新建""现有""已拆除""临时"四项根据构件所设工程阶段，与视图当前所设阶段相比才会与四项过滤器设置保持一致。

	过滤器名称	新建	现有	已拆除	临时
1	全部显示	按类别	已替代	已替代	已替代
2	现有	不显示	已替代	不显示	不显示
3	现有+临建	不显示	已替代	不显示	已替代
4	现有+临建+新建	按类别	按类别	不显示	已替代
5	现有+拆除+临建	不显示	按类别	按类别	按类别
6	现有+拆除+临建+新建	按类别	按类别	按类别	按类别
7	现有+新建	按类别	按类别	不显示	不显示

图 8-4-13　工程阶段构件显示

构件有"创建阶段"与"拆除阶段"两种设置，均为工程阶段，是该构件的固定创建时间阶段与固定被拆除消失阶段。而视图的"工程阶段"可以理解为当前时间段。

当构件创建"工程阶段"与视图"工程阶段"一致时，则构件当前状态为"新建"。如构件为"阶段1"时，视图为"阶段1"。

当构件创建"工程阶段"与视图"工程阶段"相对落后时，则构件当前状态为"现有"。如构件为"创建阶段1"时，视图为"阶段2"。

当构件创建与拆除的"工程阶段"与视图"工程阶段"一致时，则构件当前状态为"临时"。如构件创建阶段为"阶段1"，拆除阶段为"阶段1"，视图的工程阶段为"阶段1"。

当构件拆除"工程阶段"与视图"工程阶段"相对落后时，则构件当前状态为"已拆除"。如构件为"阶段1"时，视图为"阶段2"。

应对以上四种情况，构件分别有三项显示状态可选择，分别为"按类别（按构件默认状态显示）""已替代（按"图形替换"页设置方式去显示构件）""不显示（隐藏构件）"。

（4）"图形替换"设置如图8-4-14所示（本次建议不做任何设置，将所有替换条件清除即可）。当构件状态满足"阶段过滤器"设置时，"阶段过滤器"中"已替代"即为按照此处设置替换构件的图形显示方式。图形替换的方式与"样板创建"中"可见性/图形替换"功能的修改一致。

图 8-4-14　控制阶段化构件显示

2. 设置场布构件、展示施工模拟

阶段化的构件结合视图的阶段变化，可以展示项目的施工过程、展示项目在施工过程中施工现场、场地临建的不断变化与调整，便于相关人士根据可视化的场布情况，了解不同的场布方案对施工过程的影响。本次以综合楼结构主体为例展示简单的施工模拟。

（1）切换视图到三维视图中，将建筑部分的建筑墙面、门窗、散水、踢脚、栏杆等全部隐藏。

（2）单击选中楼板的外地面，在"属性"中更改其"创建的阶段"为"阶段0"，选中塔吊、围墙、板房等临建建筑，更改其"创建的阶段"为"阶梯1"，"拆除的阶段"为"阶梯6"，"基础"和一层"柱"为"阶段3"，二层"底梁"为"阶段4"，在二层部分底梁加二层柱子，三层柱子与梁为"阶段5"，"屋顶"和屋顶处的顶板屋顶及女儿墙为"阶段6"。

（3）在未执行任何命令的情况下，调整视角角度观察整个场地，然后调整视图中"阶段化属性"为"现有＋临建＋新建"，再将"阶段"依次更换为"阶段1""阶段2"……观察场地中构件施工模拟情况。

（4）完成后，单击"保存"命令，保存当前成果。

第二十九天

大部分人都是在别人荒废的时间里崭露头角。

今日作业

按照以下要求创建图纸、明细表，作为今天学习效果的检验。

以第二十八天创建成果为基础，制作第十六天、十七天的图纸（视图放入图框内），并添加门窗数量统计表，统计门窗的名称、宽度、高度、所在标高信息，最后"第二十九天—出图计量"作为今天保存的项目文件名称。

第五节　明细表设置

一、本节概述

本节主要阐述如何运用明细表统计模型信息，学习内容及目标见表8-5-1。

表 8-5-1　学习内容及目标

序号	模块体系	内容及目标
1	业务拓展	明细表其实也是一个以数字、文字这类数据化形式的模型显示方式
2	任务目标	（1）完成综合楼案例项目的混凝土工程量模型信息统计 （2）完成综合楼案例项目的门窗个数的模型信息统计
3	技能目标	（1）掌握创建"明细表"获取指定模型信息的方式 （2）掌握过滤指定模型信息的"明细表"的创建和调整方式 （3）掌握调整明细表的字体和文字对齐的方式

二、任务实施

明细表是 Revit 软件中对所有已创建构件进行统计的工具，无论是工程量还是构件数量的统计，在实际工程中都是极重要的实用应用。

明细表是 Revit 视图中的一种，是将已创建的三维模型以数据的形式表现出来，因此模型的修改会同步到明细表中，明细表中数据的更改也会同步到模型中。

（一）创建明细表

在"视图"选项卡中，单击"明细表"下拉箭头，选择"明细表/数量"，弹出"新建明细表"窗口，选择需要的构件明细表（比如柱、梁、墙、板等），这里选择墙，并设置明细表的名称"小筑教育-墙体明细表"，单击"确定"，如图8-5-1、图8-5-2所示。

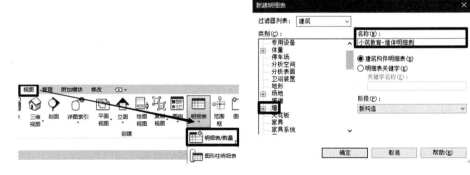

图 8-5-1　新建构件明细表
图 8-5-2　设置明细表名称选择统计类别

在"明细表属性"窗口的"字段"栏选择需要的字段（字段为控制明细表统计的内容），选择左侧字段"类型"单击"添加参数"按钮，将"类型"添加到右侧（类型即构件的类型名称）"明细表字段"中，重复上述操作将"面积""体积""合计"也输入到右侧"明细表字段"中，单击"确定"自动生成明细表。一般工程字段选择会针对不同的构件进行不同的选择，比如柱选择的字段为类型、体积、结构材质、长度、合计，窗选择的字段为类型、宽度、高度、底高度、合计，如图8-5-3、图8-5-4所示。

图 8-5-3　选择统计信息

A	B	C	D
类型	面积	体积	合计
常规 - 200mm	88 m²	17.60 m²	1
常规 - 200mm	64 m²	12.80 m²	1
常规 - 200mm	88 m²	17.60 m²	1
常规 - 200mm	64 m²	12.80 m²	1
常规 - 90mm 砖	40 m²	3.60 m²	1
常规 - 90mm 砖	24 m²	2.16 m²	1
常规 - 90mm 砖	40 m²	3.60 m²	1
常规 - 90mm 砖	24 m²	2.16 m²	1
常规 - 90mm 砖	24 m²	2.15 m²	1
常规 - 90mm 砖	42 m²	3.82 m²	1
常规 - 90mm 砖	24 m²	2.15 m²	1
常规 - 90mm 砖	42 m²	3.82 m²	1

图 8-5-4　统计结果

（二）设置明细表

（1）设置"阶段化过滤器"应注意调整为不影响明细表统计整个项目的"无"，否则将会按照阶段化的状态统计相关构件，影响最终计量。通过设置"过滤器"可以过滤不想显示的数值，比如要过滤面积小于$30m^2$的墙体，操作如下：在明细表"属性"选项板上选择"过滤器"，然后在"过滤条件"中选择"面积"与"大于"设定数值"$30m^2$"，单击"确定"，明细表中面积小于$30m^2$的墙体就会被过滤，如图8-5-5、图8-5-6所示。

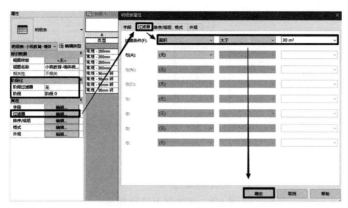

图 8-5-5 设置过滤器并限制不符合条件的族显示

	A	B	C	D
	类型	面积	体积	合计
	常规 - 90mm 砖	40 m²	3.60 m²	1
	常规 - 90mm 砖	40 m²	3.60 m²	1
	常规 - 90mm 砖	42 m²	3.82 m²	1
	常规 - 90mm 砖	42 m²	3.82 m²	1
	常规 - 200mm	64 m²	12.80 m²	1
	常规 - 200mm	64 m²	12.80 m²	1
	常规 - 200mm	88 m²	17.60 m²	1
	常规 - 200mm	88 m²	17.60 m²	1

（`<小筑教育-墙体明细表>`，标高 1）

图 8-5-6 调整后结果

（2）设置"排序/成组"明细表中的构件会按照数据大小的顺序进行排序，比如要使墙体按照面积大小进行排序，操作如下：在明细表"属性"选项板上选择"排序/成组"，然后在"排序/成组"中选择"面积"与"升序"，单击"确定"，如图 8-5-7、图 8-5-8所示。勾选"逐项列举每个实例"时，项目中所有构件均会显示出来，取消勾选"逐项列举每个实例"时，项目中相同数据的构件只会显示一个。

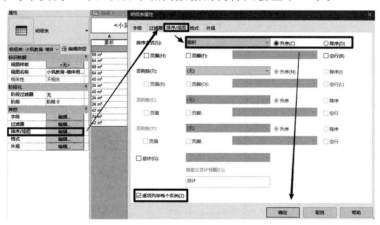

图 8-5-7 调整明细表的组织和排序方式

A	B	C	D
类型	面积	体积	合计
常规 - 90mm 砖	24 m²	2.16 m²	1
常规 - 90mm 砖	24 m²	2.16 m²	1
常规 - 90mm 砖	24 m²	2.15 m²	1
常规 - 90mm 砖	24 m²	2.15 m²	1
常规 - 90mm 砖	40 m²	3.60 m²	1
常规 - 90mm 砖	40 m²	3.60 m²	1
常规 - 90mm 砖	42 m²	3.82 m²	1
常规 - 90mm 砖	42 m²	3.82 m²	1
常规 - 200mm	64 m²	12.80 m²	1
常规 - 200mm	64 m²	12.80 m²	1
常规 - 200mm	88 m²	17.60 m²	1
常规 - 200mm	88 m²	17.60 m²	1

图 8-5-8　墙体信息统计结果

（3）通过设置"格式"可以调整明细表中字段的格式，比如设置墙体面积的单位为平方米，小数点后两位，操作如下：在明细表"属性"选项板上选择"格式"，然后在"字段"中选择"面积"，单击"字段格式"取消勾选"使用项目设置"，"单位"选择"平方米"，"舍入"选择"2 个小数位"，最后单击"确定"，发现面积字段增加了小数点后两位，如图 8-5-9、图 8-5-10 所示。

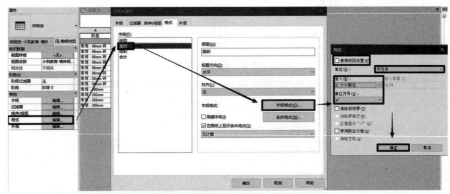

图 8-5-9　设置统计信息单位格式

A	B	C	D
类型	面积	体积	合计
常规 - 90mm 砖	23.85 m²	2.15 m²	1
常规 - 90mm 砖	23.85 m²	2.15 m²	1
常规 - 90mm 砖	24.00 m²	2.16 m²	1
常规 - 90mm 砖	24.00 m²	2.16 m²	1
常规 - 90mm 砖	40.00 m²	3.60 m²	1
常规 - 90mm 砖	40.00 m²	3.60 m²	1
常规 - 90mm 砖	42.40 m²	3.82 m²	1
常规 - 90mm 砖	42.40 m²	3.82 m²	1
常规 - 200mm	64.00 m²	12.80 m²	1
常规 - 200mm	64.00 m²	12.80 m²	1
常规 - 200mm	88.00 m²	17.60 m²	1
常规 - 200mm	88.00 m²	17.60 m²	1

图 8-5-10　设置成果

"格式"中还有一个"计算"，当在"排序/成组"中取消勾选"逐项列举每个实例"时，项目中相同数据的构件只显示一个，其对应的数据也只显示一个，"计算"中选择"计算总数"明细表会自动将数据相同构件的数据相加计算出总数。操作如图8-5-11所示，计算之前与计算之后的对比如图 8-5-12 所示。

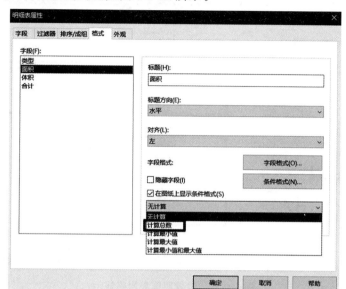

图 8-5-11　统计结果总计

A	B	C	D
类型	面积	体积	合计
常规 - 90mm 砖	23.85 m²	2.15 m²	2
常规 - 90mm 砖	24.00 m²	2.16 m²	2
常规 - 90mm 砖	40.00 m²	3.60 m²	2
常规 - 90mm 砖	42.40 m²	3.82 m²	2
常规 - 200mm	64.00 m²	12.80 m²	2
常规 - 200mm	86.05 m²	17.21 m²	1
常规 - 200mm	88.00 m²	17.60 m²	1

A	B	C	D
类型	面积	体积	合计
常规 - 90mm 砖	47.69 m²	2.15 m²	2
常规 - 90mm 砖	48.00 m²	2.16 m²	2
常规 - 90mm 砖	80.00 m²	3.60 m²	2
常规 - 90mm 砖	84.80 m²	3.82 m²	2
常规 - 200mm	128.00 m²	12.80 m²	2
常规 - 200mm	86.05 m²	17.21 m²	1
常规 - 200mm	88.00 m²	17.60 m²	1

图 8-5-12　统计结果

（4）明细表的"外观"设置可以在出图的时候使外观效果更佳，查看时也更为清楚。一般使用默认的外观就能满足项目需求，操作如下：在明细表"属性"选项板中选择"外观"，进入"外观"设置，如图 8-5-13 所示。其中，"网格线"是指明细表中的横竖线，取消勾选网格线，明细表则只剩下文字；"轮廓"是指明细表外框，可通过改变其线型改变明细表的外框样式；"数据前的空行"是指标题与文本之间是否存在空行。如图 8-5-14 所示。

图 8-5-13　设置明细表网格显示

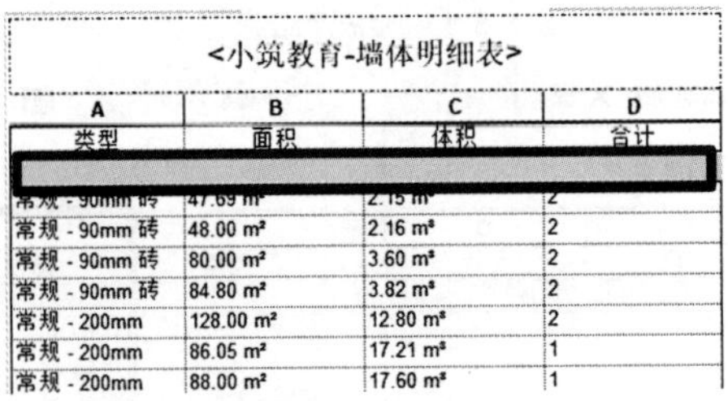

图 8-5-14　设置结果

"文字"部分主要是对标题文本、标题和正文的字体大小设置。可以选择标题和页眉是否显示。注意：希望显示标题和页眉时，需要在"外观"属性中勾选"标题"和"页眉"，同时也要在"排序/成组"属性中勾选"页脚"和"页眉"，如图 8-5-15 所示，得到结果如图8-5-16所示。

图 8-5-15　设置统计信息分组

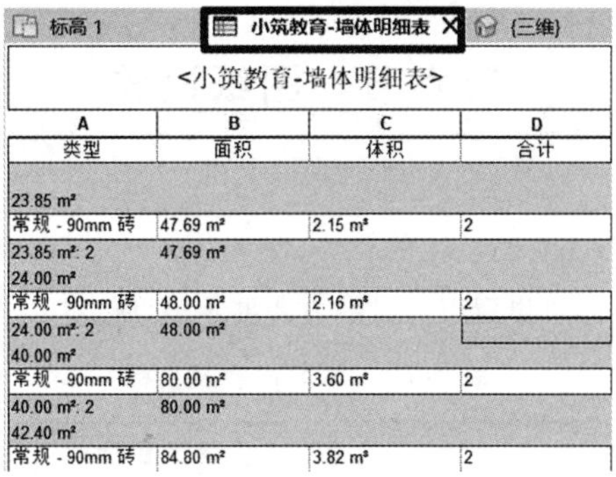

图 8-5-16　设置分组结果

（三）导出明细表

单击"文件"选项卡，选择"导出"中的"报告"，单击"明细表"，如图 8-5-17 所示。弹出保存窗口后，设置文件储存位置、名称与文件类型，即可导出明细表，如图 8-5-18所示。明细表只能保存为".txt"格式。

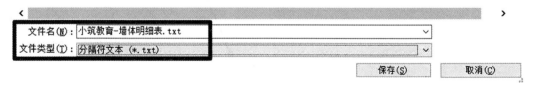

图 8-5-17　明细表导出

| 文件名(N): | 小筑教育-墙体明细表.txt |
| 文件类型(T): | 分隔符文本 (*.txt) |

保存(S)　　取消(C)

图 8-5-18　明细表导出名称设置

第六节　图纸设置

一、本节概述

本节主要阐述如何运用图纸设置以二维的方式展示模型信息，学习内容及目标见表 8-6-1。

表 8-6-1　学习内容及目标

序号	模块体系	内容及目标
1	业务拓展	模型的数据集成度高尺寸材料展示也更直观，但一些详细信息还是以二维图纸的方式去展示更全面
2	任务目标	（1）完成综合楼案例项目的结构图纸创建 （2）完成综合楼案例项目的建筑图纸创建
3	技能目标	（1）掌握创建"图纸"的方式 （2）掌握标记展示模型信息的方式 （3）掌握符号辅助展示模型信息的方式

二、任务实施

（一）新建图纸

在"视图"选项卡下选择"图纸"命令，之后在弹出的对话框中选择要创建的图纸图幅（即选择图框）。如图 8-6-1 所示，一般施工项目选择"A3 公制"。单击"确定"创建图纸视图，对应的视图名称同样会显示在项目浏览器中，如图 8-6-2 所示。

图 8-6-1　新建图纸选择图框

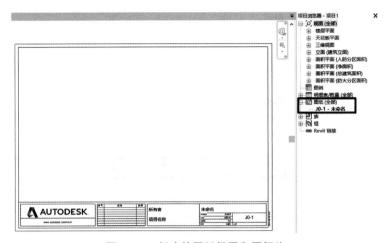

图 8-6-2　新建的图纸视图和图框族

（二）将视图添加至图纸

在"项目浏览器"中选择要添加的视图，如"标高 1"，直接拖拽"标高 1"至图纸中央，如图 8-6-3 所示。

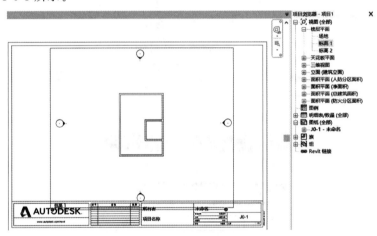

图 8-6-3　拖拽视图到图纸视图内

（三）添加图纸信息

单击图纸图框，在"属性"选项板中可对图纸中的信息进行添加及修改，如图8-6-4所示。或者"双击"图纸中的信息进行修改，如图 8-6-5 所示，将图纸名称改为"小筑教育-首层图"，选中图框后在图框中对应位置单击图纸名称"未命名"，直接修改即可。或者在"属性"选项板中"图纸名称"参数下修改名称为"小筑教育-首层图"。或者在项目浏览器中，在图纸分组下右键单击"J0-1-未命名"选择"重命名"，弹出"图纸标题框"修改图纸名称，如图 8-6-6 所示。

此处使用任意方式修改，完成后对应所有显示图纸名称的位置均会同步修改。

图 8-6-4　图纸信息设置

图 8-6-5　图框信息显示

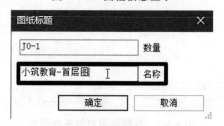

图 8-6-6　图框信息设置

（四）添加模型信息

添加到图纸中的模型是无法直接修改的，所以要在当前图纸中添加模型信息，就需要先激活视图。单击添加至图纸中的模型视图，在"修改｜视口"选项卡中单击"激活视图"，如图 8-6-7 所示。激活之后便可在图纸中添加模型信息，修改完成后，在视图范围外，即原视图黑色边框外（黑色边框大小与视图内内容所在反馈位置相关），双击鼠标左键即可结束激活状态。

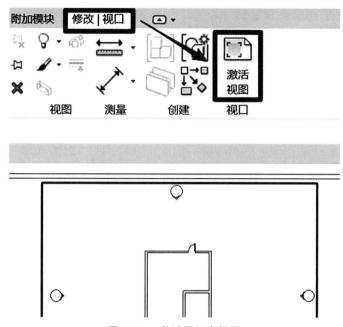

图 8-6-7　激活图纸内视图

使用"注释"选项卡中的命令添加模型信息，如添加"尺寸标注"，操作方法如下：在"注释"选项卡中选择"对齐"命令，单击需要测算的位置，例如墙体的厚度，单击墙体两边，然后在空白处单击一下，即可生成尺寸标注，如图 8-6-8 所示。如添加"高度标注"，操作方法如下：在"注释"选项卡中选择"高程点"命令，单击需要测算的位置，例如当前层楼板板面的高度，光标放置楼板表面（视图渲染样式为线框模式时不可用）并单击，然后移动光标单击第二下确定高程符号前后位置，再移动光标单击第三下确定高程符号左右位置，即可生成高程点，如图 8-6-9 所示。

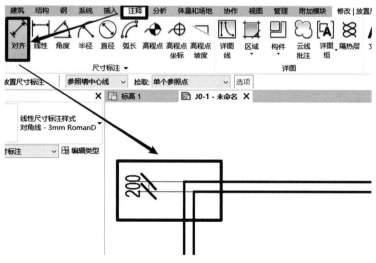

图 8-6-8　标注图纸内视模型尺寸

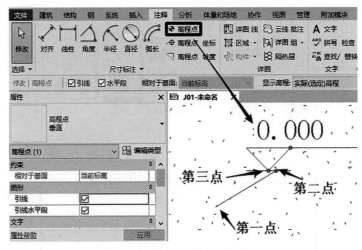

图 8-6-9　标记图纸内图示高度

除尺寸标注外，通常图纸中还需要标识门窗信息，此时可使用"按类别标记"，操作方法如下：在"注释"选项卡中选择"按类别标记"命令，在"选项栏"定义标记族类型、是否需要引线等（一般不需要改动），之后直接单击图元逐个进行标记即可，如图 8-6-10 所示。若需要标记的图元较多，逐个标记较费时，可使用"全部标记"命令，操作如下：在"注释"选项卡中选择"全部标记"命令，即弹出"标记所有未标记的对象"框，如图 8-6-11 所示进行设置，单击"确定"，图中所有门窗会自动添加标记。

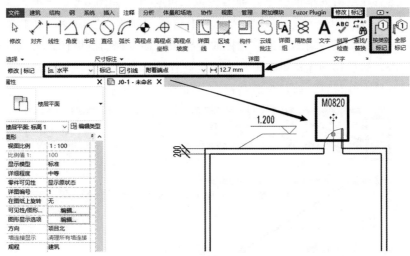

图 8-6-10　按类别标记构件

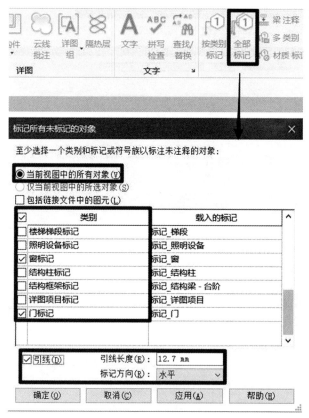

图 8-6-11　按照类别对族标记

（五）导出 CAD

导出 CAD 格式的操作方法如下：

单击"文件"选项卡选择"导出"，选择"CAD 格式"，单击需要的文件格式"DWG"/"DXF"/"DGN"/"ACIS"，选择"DWG"，弹出窗口"DWG 导出"。在"DWG 导出"中选择"…"命令，可以对其进行图层、线型、文字、单位等修改，如图 8-6-12 所示。在"DWG 导出"中选择"仅当前视图/图纸"或者"任务中的视图/图纸集"，如图 8-6-13 所示。"仅当前视图/图纸"指当前窗口中打开的视图，"任务中的视图/图纸集"则可以自由选择想要导出的视图或者图纸，设置如图 8-6-14 所示。单击"下一步"，弹出保存窗口，设置文件储存位置、名称与 CAD 格式版本即可导出图纸，如图 8-6-15 所示。

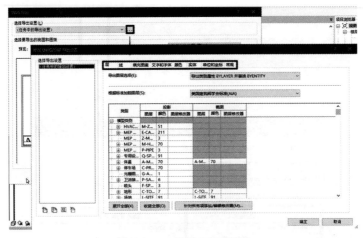

图 8-6-12　导出 CAD 设置

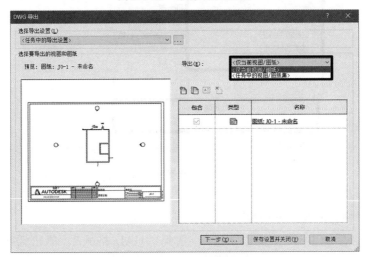

图 8-6-13　筛选可导出视图

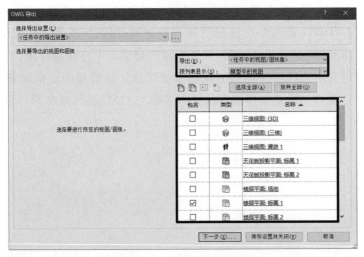

图 8-6-14　选择可导出视图

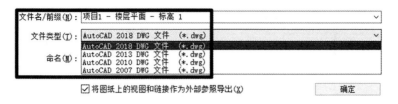

图 8-6-15 选择可导出视图版本

扫码获取作业解析

第三十天

以此态度求学，则真理可明，以此态度做事，则功业可就。

今日作业

将第二十九天创建成果导出为书中对应软件的各种格式。所有导出成果命名以导出格式为准，并统一加入前缀"第三十天—数据输出"。

第七节　格式互导

一、本节概述

本节主要阐述如何将已建成模型导出为其他软件可用的格式，从而实现信息共享，学习内容及目标见表 8-7-1。

表 8-7-1　学习内容及目标

序号	模块体系	内容及目标
1	业务拓展	信息共享是互联网时代快速发展的核心，也是 BIM 在建筑业能够快速扎根发展的原因
2	任务目标	了解 Revit 可导出的格式和方式
3	技能目标	(1) 了解 Revit 本身可用的模型信息导出方式 (2) 了解 Revit 常见可用插件的模型信息导出方式

二、任务实施

Revit 模型建立完毕之后，需要利用其他 BIM 类软件做 BIM 应用，才能达到指导现场施工的效果，如模型碰撞检测、4D 施工动画等，这些均需要通过其他软件来实现。本节将重点讲解如何将制作好的 Revit 模型与建筑行业其他主流 BIM 软件（如 Navisworks 软件、Fuzor 软件、广联达 BIM5D 软件等）进行模型数据互导，以方便模型后期的多层次应用，最终实现 BIM 指导施工。

本章涉及的插件或软件下载，请参考随书附赠资料。

（一）Revit 软件输出格式

通过 Revit "保存" 或 "另存为" 保存的文件格式如下："项目样板" 文件格式为 ".rte"，"项目" 文件格式为 ".rvt"，"可载入族样板" 文件格式为 ".rft"，"可载入族" 文件格式为 ".rfa"。

通过 "文件" 栏中 "导出" 按钮导出的文件如图 8-7-1 所示。

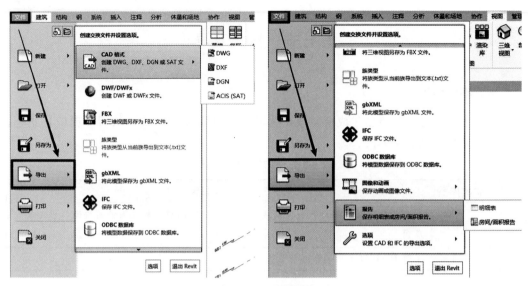

图 8-7-1　导出设置

（1）导出 CAD 格式。单击"文件"选项卡选择"导出"，然后选择"CAD 格式"，单击需要的文件格式"DWG"/"DXF"/"DGN"/"ACIS"，弹出窗口如图8-7-2所示。在"导出"中选择"仅当前视图/图纸"或者"任务中的视图/图纸集"（仅"当前视图/图纸"指当前窗口中打开的视图，"任务中的视图/图纸集"则可以自由选择想要导出的视图或者图纸），设置如图 8-7-3 所示。单击"下一步"，待弹出保存窗口后设置文件储存位置、名称与 CAD 格式版本即可导出图纸，如图 8-7-4 所示。

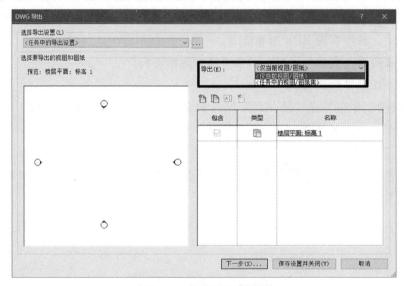

图 8-7-2　筛选可导出视图

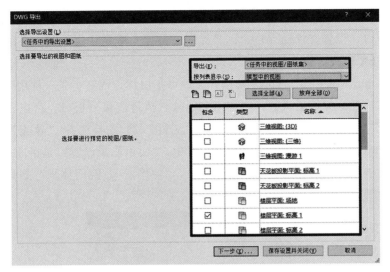

图 8-7-3　选择可导出视图

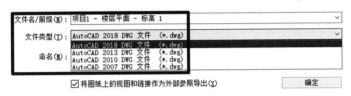

图 8-7-4　选择可导出视图内容

（2）导出 DWF/DWFx 格式。DWF/DWFx 格式是一种高度压缩文件，因此比模型文件要小，传递更加快速。单击"文件"选项卡选择"导出"，然后选择"DWF/DWFx"，弹出窗口如图 8-7-5 所示，设置同导出 CAD 格式。

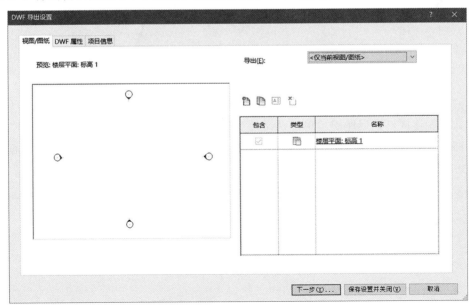

图 8-7-5　选择可导出视图

（3）导出 FBX 格式。单击"文件"选项卡选择"导出"，然后选择"FBX"，直接弹出保存位置窗口，设置文件储存位置、名称即可保存。需要注意的是，必须在三维视图才能导出为 FBX 格式。

（4）导出 gbXML 格式。gbXML 格式文件可扩展标记语言，是一种用于标记电子文件使其具有结构性的标记语言。一般使用其他软件执行能量分析时，可以将模型导出为 gbXML 格式，施工基本不会用到。单击"文件"选项卡选择"导出"，然后选择"gbXML"，弹出选项窗口如图 8-7-6 所示。其中，"使用能量设置"是指通过 Revit 模型必须已经创建能量分析模型才能够使用此选项，"使用房间/空间体积"是指模型必须创建有房间或空间才能使用此选项。

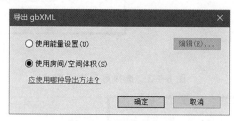

图 8-7-6　选择可导出信息

（5）导出为 IFC 格式。单击"文件"选项卡选择"导出"，然后选择"IFC"，待弹出窗口，设置文件储存位置、名称，单击"导出"即可，如图 8-7-7 所示。

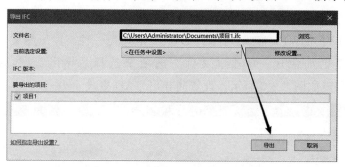

图 8-7-7　选择导出位置和文件名称

（6）导出到 ODBC 数据库（开发数据库连接）可以将模型构件数据导出到 ODBC（开发数据库连接）数据库中。单击"文件"选项卡的"导出"，然后选择"ODBC 数据库"，即弹出对话框。在"文件数据源"对话框中，单击"新建"以创建新的数据源名称（DSN），如图 8-7-8 所示。在"创建新数据源"对话框中选择一个驱动程序，单击"下一步"，此驱动程序与要导出到的软件程序关联，如图 8-7-9 所示。

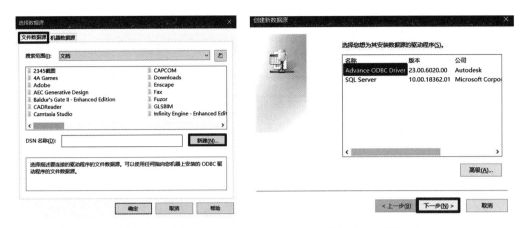

图 8-7-8　新建数据源名称　　　　　图 8-7-9　选择驱动

输入 DSN 名称，或定位到目标文件夹并指定文件名，单击"下一步"，如图 8-7-10 所示，然后弹出确认对话框，单击"完成"。如果信息错误，单击"上一步"并对其进行纠正，如图 8-7-11 所示。

图 8-7-10　指定保存位置　　　　　图 8-7-11　保存完成

（7）将视图导出为图像文件。导出图像时，Revit 会将每个视图直接打印到光栅图像文件中，然后可将此图像用于在线显示或打印素材。单击"文件"选项卡"导出"，单击"图像和动画"，选择"图像"。在"导出图像"对话框中，单击"修改"以根据需要修改图像的默认路径和文件名。在"导出范围"下，指定要导出的图像："当前窗口""当前窗口可见部分"或"所选视图/图纸"（"所选视图/图纸"选项可以选择项目任意视图/图纸）。

在"图像尺寸"下，指定图像显示属性，要指定图像的输出尺寸和方向。如果需要放大或缩小图像，选择"将视图/图纸缩放为实际尺寸的"并输入百分比。

在"选项"下，选择所需的输出选项，默认情况导出图像中的链接以黑色显示，如需显示蓝色链接，选择"用蓝色表示视图链接"。如果想在导出的视图中隐藏不必要的图形部分，选择下列任何选项均可："隐藏参照/工作平面""隐藏范围框""隐藏裁剪边界"和"隐藏未参照视图的标记"。

在"格式"下，选择"着色视图"和"非着色视图"的输出格式。如果指定了"图像尺寸"的"将视图/图纸缩放为实际尺寸的"百分比，为"光栅图像质量"选择 DPI

（每英寸点数），单击"确定"，如图8-7-12所示。

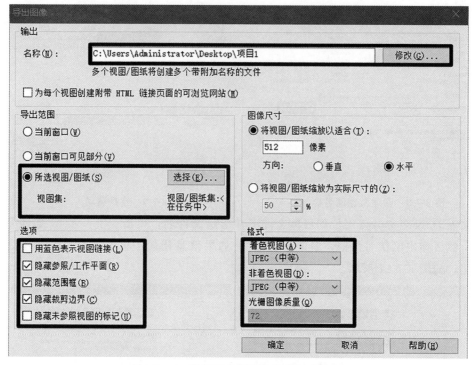

图8-7-12　选择导出视图及调整导出设置

二、Revit 导入 Navisworks

1. Navisworks 简介

Navisworks（全称 Autodesk Navisworks）软件能使同属于 Autodesk 公司的软件在数据传输方面毫无障碍，而且软件比较轻量化，适合进行实时审阅模型，一般不会因为文件过大而导致模型审阅卡顿问题。在 Navisworks 软件中，可以对 BIM 模型进行浏览查看、碰撞检查、渲染图片、动画制作、进度模拟等操作，以配合现场投标、施工过程指导等工作，缺点是 Navisworks 制作的动画质量不高。

2. 导入方法

Navisworks 安装完毕后，在 Revit 软件单击"附加模块"选项卡，选择"外部工具"下拉菜单中的"Navisworks 2020"命令，如图8-7-13所示。

图8-7-13　导出插件位置

待弹出"导出场景为"窗口，设置存放路径，文件命名如"小筑教育"，默认保存的文件类型为"nwc"格式。单击"保存"按钮，弹出"导出进度条"窗口，稍等片刻，全部导出完成后进度条消失，如图 8-7-14 所示。

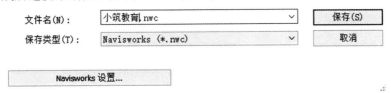

图 8-7-14　导出选项

打开桌面的 Navisworks Manage 2020，在"常用"选项栏中选择"附加"下拉箭头，单击"附加"，如图 8-7-15 所示，选择"小筑教育 . nwc"即可将模型载入到 Navis-works，如图 8-7-16 所示。

图 8-7-15　附件导出文件　　　**图 8-7-16　选择导入**

（三）Revit 导入 Fuzor

1. Fuzor 简介

Fuzor 软件是针对 BIM 开发的一款全能型 VR 插件，但 Fuzor 的功能远远不止于此它的强大功能还体现在以下几点：

（1）关联性：在 Fuzor 中，可以调取 Revit 模型中的材质库及族库对相应的模型进行参数化编辑。

（2）实时性：实时更新同步 Revit 模型，即在 Revit 里对模型做任何操作均会马上同步到 Fuzor 上。Fuzor 中 LiveLink 命令是两者之间沟通的一座桥梁，此功能可以双向完美同步两者模型间的任何变化。

（3）分析性：Fuzor 拥有与 Navisworks 相同的碰撞检查功能，并且同样能够导出相应的碰撞报告。

（4）仿真性：Fuzor 拥有与 Lumion 同样的动画编辑能力，其制作成本低、速度快，能够帮助用户高效率、低成本地做出想要的视频作品。

2. 导入方法

Revit 软件可以直接与 Fuzor 软件实现数据互通。安装 Revit 和 Fuzor 程序后，在 Revit 软件中会自动添加"Fuzor Plugin"选项卡，点开选项卡，单击"Launch Fuzor"，在弹出窗口进行设置，如图 8-7-17 所示，单击"OK"，Fuzor 软件自动弹出，并且 Revit 模型也会自动输入到 Fuzor 软件中。

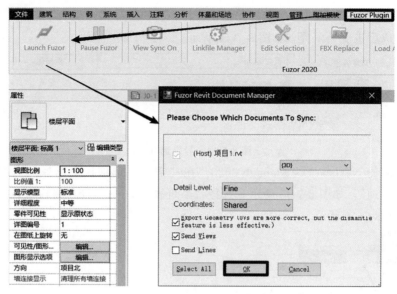

图 8-7-17　导出 Fuzor 软件格式

（四）Revit 导入 Lumion

1. Lumion 介绍

Lumion 是一个实时的 3D 可视化工具，用来制作电影和静帧作品，涉及的领域包括建筑、规划和设计，也可以传递现场演示。Lumion 的强大功能在于它能够做出高质量的动画与渲染图片。

2. 导入方法

Revit 导出 Lumion 需要安装导出插件"Act-3DBVLumion"，安装完成后在 Revit 软件中会自动添加"Lumion"选项卡。在 Lumion 选项卡中，单击"Export"弹出窗口，如图 8-7-18 所示，单击"Export"弹出保存窗口，设置名称与储存位置，如图 8-7-19 所示（保存格式为 dae）。

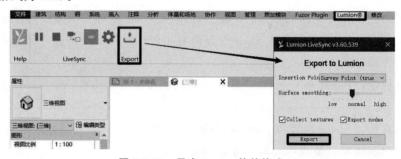

图 8-7-18　导出 lumion 软件格式

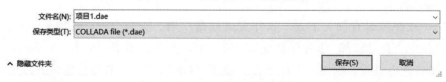

图 8-7-19　选择保存位置和名称

附录 Revit 常用快捷键汇总

常用快捷键

快捷键	命令作用	快捷键	命令作用
DR	门	MV	移动
WA	墙：建筑	HH	隐藏图元
WN	窗	HI	隔离图元
CL	柱：结构柱	HR	重设临时隐藏/隔离
DI	对齐尺寸标注	AL	对齐
EL	高程点	TR	修剪/延伸为角
CO≠CC	复制	SA	选择全部实例：在整个项目中

结构构件创建快捷键

快捷键	命令作用	快捷键	命令作用
BM	结构框架：梁	CL	结构柱
BR	结构框架：支撑	FT	结构基础：墙
BS	结构梁系统	SB	楼板：结构

建筑构件创建快捷键

快捷键	命令作用	快捷键	命令作用
CM	放置构件	RM	房间
DR	门	WA	墙：建筑
GR	栅格	WN	窗

修改命令快捷键

快捷键	命令作用	快捷键	命令作用
AL	对齐	OF	偏移
AR	阵列	PN	锁定
CO≠CC	复制	PT	填色
CP	连接端切割：应用连接端切割	RC	连接端切割：删除连接端切割
CS	创建类似实例	RE	比例
DE	删除	RO	旋转
DM	镜像-绘制轴	SF	拆分面
EH	在视图中隐藏：隐藏图元	SL	拆分图元
EOD	替换视图中图形：按图元替换	TR	修剪/延伸为角
LI	模型线	UP	解锁

续表

快捷键	命令作用	快捷键	命令作用
MM	镜像-拾取轴	VH	在视图中隐藏：隐藏类别
MA	匹配类型属性	MV	移动

注释快捷键

快捷键	命令作用	快捷键	命令作用
DI	对齐尺寸标注	GP	模型组：创建组
DL	详图线	RT	标记房间
EL	高程点；高程点	TG	按类别标记

视图快捷键

快捷键	命令作用	快捷键	命令作用
Fn9	系统浏览器	TL	细线模式
KS	快捷键	VG＃VV	可见性/图形替换
WT	平铺窗口	WC	层叠窗口

视图控制栏快捷键

快捷键	命令作用	快捷键	命令作用
CX	切换显示约束模式	HR	重设临时隐藏/隔离
GD	图形显示选项	IC	隔离类别
HC	隐藏类别	RY	光线追踪
HH	隐藏图元	SD	带边框着色
HI	隔离图元	WF	线框